高职高专建筑工程类专业 "十三五" 规划教材

GAOZHI GAOZHUAN JIANZHUGONGCHENGLEI ZHUANYE SHISANWU GUIHUA JIAOCAI

建筑力学 _{第3版}

JIANZHULIXUE

◎主　编　刘可定　谭　敏
◎副主编　黄颖玲　胡婷婷　伍　文
　　　　　赵亚敏　刘柏村　刘　翔
◎主　审　周一峰

中南大学出版社
www.csupress.com.cn

内容简介

　　本书是高职高专建筑工程类专业"十三五"规划教材,依照高等职业技术教育土建类专业力学课程的基本要求,充分吸收高职教育力学课程改革的成果,将"八大员"力学考试大纲内容融入教材,着力体现"职业性"与"高等性"的高职教育特色。对传统静力学、材料力学和结构力学的内容进行了精选,对知识体系做了必要和有效的调整,理论体系由浅入深,内容编排符合认知规律,基本理论满足专业要求。全书采用"想一想"、"读一读"等图文并茂的方式将理论与实践结合在一起。

　　全书分为刚体静力学、材料力学和结构力学三部分,共22章,每章都有学习目标、本章小结和自我检测(包括填空题、选择题、计算题等)。取材尽量做到理论联系实际,以便于知识的掌握和应用。

　　本书可作为高职高专院校、成教、函授、电大等建筑工程技术、道路与桥梁工程技术、水利工程等专业的教材,也可作为广大自学者及相关专业工程技术人员的参考用书。

　　本书配有多媒体教学电子课件供教学时使用。

高职高专建筑工程类专业"十三五"规划教材编审委员会

主　任

郑　伟　　李移伦　　刘孟良　　陈安生　　李柏林

玉小冰　　吴志超　　邓宗国　　颜彩飞　　陈翼翔

副主任

（以姓氏笔画为序）

刘庆潭　　刘志范　　刘锡军　　李恳亮　　欧长贵　　周一峰

胡云珍　　夏高彦　　董建民　　蒋春平　　谢建波　　廖柳青

委　员

（以姓氏笔画为序）

万小华　　王四清　　卢　滔　　叶　姝　　吕东风　　伍扬波

刘小聪　　刘天林　　刘可定　　刘汉章　　刘剑勇　　刘　靖

许　博　　阮晓玲　　阳小群　　孙湘晖　　杨　平　　李为华

李　龙　　李亚贵　　李延超　　李进军　　李丽君　　李　奇

李　侃　　李海霞　　李清奇　　李鸿雁　　李　鲤　　肖飞剑

肖恒升　　何立志　　何　珊　　宋士法　　宋国芳　　张小军

陈贤清　　陈　晖　　陈淳慧　　陈　翔　　陈　翔　　陈婷梅

林孟洁　　易红霞　　罗少卿　　金红丽　　周　伟　　周良德

周　晖　　项　林　　赵亚敏　　胡蓉蓉　　徐龙辉　　徐运明

徐猛勇　　高建平　　黄光明　　黄郎宁　　曹世晖　　常爱萍

彭　飞　　彭子茂　　彭仁娥　　彭东黎　　蒋建清　　蒋　荣

喻艳梅　　曾维湘　　曾福林　　熊宇璟　　魏丽梅　　魏秀瑛

出版说明 INSTRUCTIONS

在新时期我国建筑业转型升级的大背景下，按照"对接产业、工学结合、提升质量，促进职业教育链深度融入产业链，有效服务区域经济发展"的职业教育发展思路，为全面推进高等职业院校建筑工程类专业教育教学改革，促进高端技术技能型人才的培养，我们通过充分的调研和论证，在总结吸收国内优秀高职高专教材建设经验的基础上，组织编写和出版了本套基于专业技能培养的高职高专建筑工程类专业"十三五"规划教材。

近几年，我们率先在国内进行了省级高等职业院校学生专业技能抽查工作，试图采用技能抽查的方式规范专业教学，通过技能抽查标准构建学校教育与企业实际需求相衔接的平台，引导高职教育各相关专业的教学改革。随着此项工作的不断推进，作为课程内容载体的教材也必然要顺应教学改革的需要。本套教材以综合素质为基础，以能力为本位，强调基本技术与核心技能的培养，尽量做到理论与实践的零距离；充分体现了《关于职业院校学生专业技能抽查考试标准开发项目申报工作的通知》（湘教通〔2010〕238号）精神，工学结合，讲究科学性、创新性、应用性，力争将技能抽查"标准"和"题库"的相关内容有机地融入到教材中来。本套教材以建筑业企业的职业岗位要求为依据，参照建筑施工企业用人标准，明确职业岗位对核心能力和一般专业能力的要求，重点培养学生的技术运用能力和岗位工作能力。

本套教材的突出特点表现在：一、把建筑工程类专业技能抽查的相关内容融入教材之中；二、把建筑业企业基层专业技术管理人员岗位（八大员）资格考试相关内容融入教材之中；三、将国家职业技能鉴定标准的目标要求融入教材之中。总之，我们期望通过这些行之有效的办法，达到教、学、做合一，使同学们在取得毕业证书的同时也能比较顺利地考取相应的职业资格证书和技能鉴定证书。

高职高专建筑工程类专业"十三五"规划教材

编 审 委 员 会

前　言 PREFACE

　　本书是高职高专建筑工程类专业"十三五"规划系列教材之一，适用于建筑、水利、道路、桥梁、市政、设计等专业，既可作为高等院校、高职高专工科类院校及成人高校教材，也可作为土建类工程技术人员的参考书。主要特色如下：

　　1. 按照高职高专的教学要求，对传统的建筑力学内容进行了精选和整合。全书体系合理，理论阐述简明，概念叙述准确，文字简洁。

　　2. 在每一章前编写了学习目标，使读者了解了重点和难点；在每一章后编写了本章小结，便于读者消化理解和复习总结。

　　3. 每章编排了"读一读"或"想一想"，突出工程概念的培养和力学在工程技术中的应用，删除了一些偏深和偏难的内容。在编写过程中，注意通过对工程实例的简化和比较，培养学生建立模型和解决实际问题的能力。

　　4. 在各章中精心编写了选择题、填空题等概念分析和工程应用实训题，以求通过"学做合一"的实训教学，开阔视野，激发学习兴趣，培养创新意识，使学生掌握应用建筑力学的基本概念，定性分析简单工程问题的技能，达到学以致用的目的。

　　本书共分22章，在编写过程中编者根据多年的教学实践经验，按"理论够用为度"的原则，在保证基本概念、基本理论及基本方法够用的基础上，更注重实际应用及实用计算。根据高职高专建筑工程技术专业人才培养目标和规格要求，在内容确定上，以满足后续专业课所需的力学基本概念、基本计算方法为主，同时也注意了建筑力学本身的系统性及直接应用于实际工程的问题。全书力求做到由浅入深，以便于学生理解和接受。

　　全书由湖南城建职业技术学院刘可定、谭敏主编，中南大学周一峰教授主审。其中第1、2章由湖南城建职业技术学院戴献军编写；第3章由长沙南方职业学院赵亚敏编写；第4、21、22章由湖南城建职业技术学院谭敏编写；第5、6章由湖南城建职业技术学院唐芳编写；第7、8、9章由湖南城建职业技术学院刘可定编写；第13、14、18章由湖南城建职业技术学院黄颖玲编写；第10、11章由湖南城建职业技术学院尹素仙编写；第12章由广州白云工商技师学院刘柏村编写；第15、16由湖南城建职业技术学院伍文编写；第17章由湖南城建职业技术学院刘翔编写；第19、20章由湖南城建职业技术学院胡婷婷编写。

本书在编写过程中参阅了大量资料，吸收、引用了部分优秀力学教材的内容。编者在此谨向这些参考文献的作者们深表谢意！

　　在此，特别感谢周良德教授对本教材的指导，感谢湖南城建职业技术学院李健、刘翔对本教材提出的宝贵意见。

　　限于编者水平和编写时间仓促，书中难免存在错误和缺点，恳请同行专家和读者批评指正。

编　者

2016 年 8 月

目 录 CONTENTS

第二部分　材料力学

第三部分　结构力学

绪　论

我们的祖先，早在 1000 多年以前就会合理利用石材、木材来建造复杂的建筑物。河北赵县赵州桥由隋代工匠李春设计建造，桥长 50.82 m，跨径 37.02 m，两端宽 9.6 m，中间略窄，宽 9 m，是世界最早的敞肩石拱桥，距今 1400 多年，经历了 10 次水灾，8 次战乱和多次地震都没有被破坏。西安大雁塔为砖砌单筒体结构，高 60 多米，1200 多年来，历经数次地震，仍保存完好。山西省应县的佛宫寺释迦塔是中国现今绝无仅有的最高、最古老的重楼式纯木结构塔，全塔高 67.3 m，比有名的北京白塔还要高 16.4 m，至今已历 940 多年，虽历经了狂风暴雨、强烈地震、炮弹轰击，仍然屹立。今天随着生产力的不断发展，新材料、新结构、新工艺的不断出来，建造几十层乃至上百层的建筑并非难事。如当前世界第一高楼迪拜塔共 162 层，总高 828 m。在这些建筑物中，每一根梁、柱都必须运用建筑力学进行分析设计。

建筑物从开始建造的时候就承受各种力的作用。例如，楼板的在施工中除承受自身的重量外，还常常承受人和施工机械的重量；墙承受楼板传来的压力和风的压力；基础则承受墙身的压力等等。在工程中习惯将这些主动作用在房屋上的力叫荷载。在建筑物中承受荷载并传递荷载而起骨架作用的部分叫结构。组成结构的单个物体叫构件。例如：梁、板、柱、墙、基础等都是构成结构的常见构件。建筑力学主要研究对象就是组成结构的构件和构件体系。

承受和传递荷载和建筑结构构件，由于荷载的作用，构件产生内力和变形，并且存在着发生破坏的可能。但是构件本身具有一定的抵抗内力和变形的能力，即有一定的承载能力，其大小与构件的材料性质、几何形状和尺寸、受力性能、工作条件以及构造情况等有关。构件所受的荷载与构件本身的承载能力是矛盾的两个方面。在结构设计中，当其他条件一定时，如果把构件的截面设计得过小，构件的承载能力小于所受的荷载，则结构就不安全了，它会因为发生过大的变形不能正常地进行工作，甚至因为强度不够而迅速地破坏倒塌。如果把构件的截面设计得过大，构件的承载能力过分地大于所受的荷载，则又会不经济，造成人力、物力上的浪费。由此可见，任何一个结构或构件的设计，既要对荷载进行分析和计算，也要对构件承载能力进行分析和计算，使所设计的构件既安全又经济。建筑力学是研究各种建筑结构或构件在荷载作用下的平衡条件以及承载能力的科学。

建筑力学由静力学、材料力学和结构力学三大部分组成。

静力学：研究物体受力的分析方法和物体在力的作用下的平衡问题。

材料力学：研究构件的强度、刚度和稳定性问题。

结构力学：研究杆系结构的几何组成规律及杆系结构的约束力、内力和位移的计算方法。

　　建筑力学是一门理论性和实践性都很强的课程。单凭教师讲课很难完整地理解和掌握，所以学生在上课前应先把有关章节和内容进行预习，带着问题听教师讲课，能够有目的性的解决问题；复习又起到巩固和加强理解所学知识的作用。而多做练习，则对总结力学规律、归纳学习方法、掌握解题技巧起到了事半功倍的作用。但是不弄清楚概念，不理解原理，盲目地做题或生搬硬套公式是不能达到预期效果的。

第一部分　刚体静力学

刚体静力学的研究对象是刚体，研究的主要内容是刚体及其刚体系统在力系作用下的平衡问题。

所谓**平衡**是指物体相对于地球处于静止或匀速直线运动的状态。平衡是物体机械运动的一种特殊形式，它的特点是物体的运动状态不发生改变。

力系是指作用在物体上的一组力。若一个力系作用于物体上并使其保持平衡，则此力系称为**平衡力系**。当物体平衡时，作用于物体上的力系所满足的条件，称为**力系的平衡条件**。

静力学主要研究两个问题：

（1）力系的简化

作用于物体上的力系如果可以用另一个力系来替代而作用效应相同，那么这两个力系互称**等效力系**。如果一个力与一个力系等效，则该力称为此力系的合力，而力系中的各个力称为合力的**分力**。

（2）力系的平衡条件及其应用

在土建工程中有着大量的力学问题。例如，用起重机起吊重物时，必须根据平衡条件确定起重量不超过多少才不致翻倒。在设计屋架时，必须将其所受的重力、风雪压力等加以简化，再根据平衡条件求出各杆件所受的力，作为确定各杆件截面尺寸的依据。其他如桥梁、水坝等建筑物，设计时也都需进行受力分析，以便得到既安全又经济的设计方案，而静力学理论则是进行受力分析的基础。即使是机械方面的设计，也往往应用静力学理论分析其零部件的受力情况。可见，静力学理论在工程实践中有着广泛的应用。

第1章 静力学基础

【学习目标】

1. 熟悉力、平衡的概念及力的性质；
2. 了解力在直角坐标轴上的投影、静力学公理、荷载及其分类；
3. 熟悉工程中常见的几种约束，掌握其约束约束力的画法；
4. 能正确画出单个物体及物体系的受力图。

1.1 基本概念

一、力

1. 力 力是物体与物体之间相互的机械作用。这种作用使物体运动状态发生改变或引起物体变形。例如：人用手推小车，小车就从静止开始运动；落锤锻压工件时，工件就会产生变形。力的效应有二：一种是使物体的运动速度大小或运动速度方向发生变化，称为力的运动效应或外效应；一种是使物体产生变形，称为力的变形效应或内效应。

2. 力的三要素 力对物体的作用效应取决于力的三要素，即力的大小、方向和作用点。

3. 力是矢量 力常用一个带箭头的线段来表示，见图 1 – 1。

本书中用黑体字如 F、P 等表示力矢量，用普通字符如 F、P 等表示力矢量的大小。

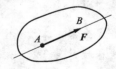

图 1 – 1

4. 力的单位 在国际单位制中，力的单位为牛顿（N）或千牛顿（kN）。

二、荷载

任何建筑物在施工过程中以及建成后的使用过程中，都要受到各种各样的作用，这种作用造成建筑物整体或局部发生变形、位移，甚至破坏。例如，建筑物各部分的自重、人和设备的重力、风力、地震，温度变化等，其中建筑物的自重、人和设备的重力、风力等作用称为**直接作用**，在工程上称为**荷载**（load）；而地震，温度变化等作用称为**间接作用**。工程中，有时不严格区分直接作用或间接作用，对引起建筑物变形、位移甚至破坏的作用一概称之为**荷载**。

荷载的分类：在工程中，作用在结构上的荷载是多种多样的。为了便于力学分析，需要从不同的角度，将它们进行分类。

1. 荷载按其作用时间的长短分为永久荷载（dead load）、可变荷载（imposed load）和偶然荷载。

2. 荷载按作用在结构上的性质分为静力荷载（steady load）和动力荷载（dynamic load）。

3. 荷载按作用位置是否变化分为移动荷载和固定荷载。

4. 荷载按其作用在结构上的分布情况分为分布荷载和集中荷载。

集中荷载：分布范围很小，可近似认为作用在一点的荷载；

线分布荷载：沿直线或曲线分布的荷载（单位：kN/m）；

面分布荷载：沿平面或曲面分布的荷载（单位：kN/m^2）；

体分布荷载：沿物体内各点分布的荷载（单位：kN/m^3）。

三、刚体

所谓刚体，是指在力的作用下不变形的物体，即在力的作用下其内部任意两点的距离永远保持不变的物体。这是一种理想化的力学模型，事实上，在受力状态下不变形的物体是不存在的，不过，当物体的变形很小，在所研究的问题中把它忽略不计，并不会对问题的性质带来本质的影响时，该物体就可近似看作刚体。刚体是在一定条件下研究物体受力和运动规律时的科学抽象，这种抽象不仅使问题大大简化，也能得出足够精确的结果。在本教材的第一部分中只研究刚体，因此，这里的静力学又称为刚体静力学。但是，在需要研究力对物体的内部效应时，这种理想化的刚体模型就不适用，而应采用变形体模型，并且变形体的平衡也是以刚体静力学为基础的，只是还需补充变形几何条件与物理条件。变形体静力学在第二部分材料力学与第三部分结构力学中研究。

例如：桥梁在车辆、人群等荷载作用下的最大竖向变形一般不超过桥梁跨度的 1/700 ~ 1/900。物体的微小变形对于研究物体的平衡问题影响很小，因而可以将物体视为不变形的理想物体即刚体。

【读一读】

虎丘塔，位于苏州城西北郊，距市中心 5 km。相传春秋时吴王夫差就葬其父（阖闾）于此，葬后 3 日，便有白虎跨于其上，故名虎丘山，简称虎丘。虎丘塔，是驰名中外的宋代古塔。始建于五代后周显德六年（959 年），落成于北宋建隆二年（961 年），比意大利比萨斜塔早建 200 多年。塔七级八面，内外两层枋柱半拱，砖身木檐，是 10 世纪长江流域砖塔的代表作。由于宋代到清末曾遭到多次火灾，故顶部的木檐均遭毁坏，现塔身高 47.5 m。由于塔基土厚薄不均，塔墩基础设计构造不完善等原因，自明代起，虎丘塔就向西北倾斜，塔顶中心偏离底层中心 2.3 m，斜度 2°40′，被称之"东方比萨斜塔"。1956 年，苏州市政府邀请古建筑专家采用铁箍灌浆办法，加固修整，终于保住了这座庙塔。1965 年列为全国重点文物保护单位之一。

虎丘塔

【想一想】

如图 1-2(a) 所示为桥式起重机，问起重机的部件会产生哪些变形？

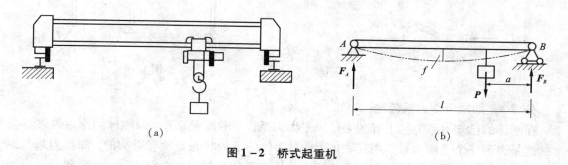

(a)　　　　　　　　　　　(b)

图 1-2　桥式起重机

1.2　静力学公理

静力学公理是人类长期积累的经验与总结，又经过实践反复检验，被证明是符合客观实际的普遍规律。它阐述了力的基本性质，是静力学理论的基础。

公理 1　力的平行四边形法则

作用在物体上同一点的两个力，可以合成一个合力。合力的作用点仍在该点，合力的大小和方向由这两个力为邻边所构成的平行四边形的对角线确定。

如图 1-3(a) 所示。力的平行四边形法则是力系合成与分解的基础。这种求合力的方法称为矢量加法。其矢量表达式为

$$F_R = F_1 + F_2$$

即作用于物体上同一点的两个力的合力矢量，等于这两个力的矢量和。

根据公理 1 求合力矢量时，也可只画出半个平行四边形就可以了。

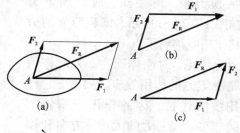

图 1-3

如图 1-3(b)、(c) 所示，这样力的平行四边形法则就演变为力的三角形法则。

公理 2　二力平衡公理

刚体仅受两个力作用而平衡的充分必要条件是：两个力大小相等，方向相反，并作用在同一直线上。如图 1-4 所示，即 $F_1 = -F_2$。

它对刚体而言是必要与充分的，但对于变形体而言却只是必要而不充分。如图 1-5 所示，当绳受两个等值、反向、共线的拉力时可以平衡，但当受两个等值、反向、共线的压力时就不能平衡了。

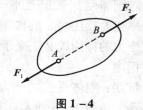

图 1-4

二力构件：只受两个力作用而平衡的刚体称为二力构件，若二力构件为直杆件时，则称为二力杆。二力构件受力的特点是：两个力的作用线必沿其作用点的连线。如图 1-6(a) 中的三铰钢架中的 BC 构件，若不计自重，就是二力构件，如图 1-6(b) 所示。

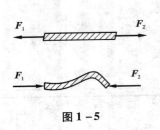

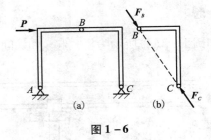

图 1－5   图 1－6

公理 3　加减平衡力系公理

在刚体的已知力系上加上或减去任一平衡力系，并不改变原力系对刚体的作用效果。

这是因为一个平衡力系作用在物体上，对物体的运动状态是没有影响的，即新力系与原力系的作用效果相同。加减平衡力系公理主要用来简化力系。但必须注意，此公理只适应于刚体而不适应于变形体。

推论 1　力的可传性原理

作用于刚体上的力，可以沿其作用线移至刚体内任意一点，而不改变该力对刚体的作用效果。

证明： 设在刚体上点 A 作用有力 F，如图 1－7(a)所示。根据加减平衡力系公理，在该力的作用线上的任意点 B 加上一对平衡力 F_1 与 F_2，且使 $F_2 = -F_1 = F$。

如图 1－7(b)所示，由于 F 与 F_1 组成平衡力系，可去除，故只剩下力 F_2，如图 1－7(c)所示，即将原来的力 F 沿其作用线移到了点 B。

由此可见，对刚体而言，力的作用点不是决定力的作用效应的要素，它已为作用线所代替。因此作用于刚体上的力的三要素是：力的大小，方向和作用线。

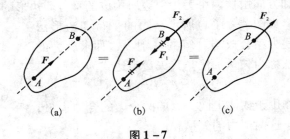

图 1－7

推论 2　三力平衡汇交定理

若刚体受到三个互不平行的力的作用而平衡时，且两力的作用线交于一点，则三个力的作用线必汇交于一点，且在同一平面内。

证明： 刚体受三力 F_1、F_2、F_3 作用而平衡，如图 1－8 所示。根据力的可传性，将力 F_1 和 F_2 移到汇交点 O，并合成

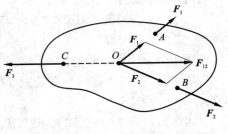

图 1－8

为力 F_{12}，则 F_3 应与 F_{12} 平衡。根据二力平衡条件，F_3 与 F_{12} 必等值、反向、共线，所以 F_3 必通过 O 点，且与 F_1、F_2 共面，定理得证。

公理 4　作用和反作用公理

作用力和反作用力总是大小相等，方向相反，作用线相同，但同时分别作用在两个相互

作用的物体上。若用 F 表示作用力，F' 表示反作用力，则

$$F = -F'$$

这个公理表明，力总是成对出现的，只要有作用力就必有反作用力，而且同时存在，又同时消失。

1.3　约束与约束力

在工程实际中，构件总是以一定的形式与周围其他构件相互联结，即物体的运动要受到周围其他物体的限制，如机场跑道上的飞机要受到地面的限制，转轴要受到轴承的限制，房梁要受到立柱的限制。这种对物体的某些位移起限制作用的周围其他物体称为约束，如轴承就是转轴的约束。约束限制了物体的某些运动，必对物体产生作用力，这种约束对物体的作用力称为约束力。工程实际中将物体所受的力分为两类：一类是能使物体产生运动或运动趋势的力，称为主动力，主动力有时也叫载荷；另一类是约束力，它是由主动力引起的，是一种被动力。

一、柔性约束（柔索）

柔性约束由绳索、胶带或链条等柔性物体构成。只能受拉，不能受压。只能限制沿约束的轴线伸长方向的位移。

柔性约束对物体的约束力是：作用在接触点，方向沿着柔性约束的中心线背离物体，通常用 F_T 表示，见图 1 – 9。

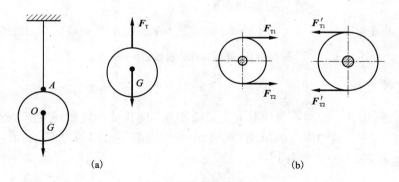

(a)　　　　　　　　　　　　　　(b)

图 1 – 9　柔性约束

二、光滑接触面约束

当两物体接触面之间的摩擦力小到可以忽略不计时，可将接触面视为理想光滑的约束。这时，不论接触面是平面或曲面，都不能限制物体沿接触面切线方向的运动，而只能限制物体沿着接触面的公法线指向约束物体方向的运动。因此，光滑接触面对物体的约束力是：通过接触点，方向沿着接触面公法线方向，并指向受力物体。这类约束力也称法向约束力，通常用 F_N 表示，见图 1 – 10。

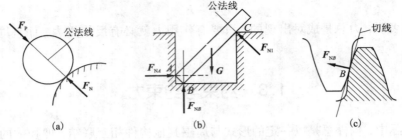

图 1-10　光滑接触面约束

三、光滑圆柱铰链约束

光滑圆柱连接铰链：两构件用圆柱形销钉连接且均不固定，即构成连接铰链。受这种约束的物体，只可绕销钉的中心轴线转动，而不能相对销钉沿任意径向方向运动。这种约束实质是两个光滑圆柱面的接触，其约束力作用线必然通过销钉中心并垂直圆孔在 a 点的切线，约束力的指向和大小与作用在物体上的其他力有关，所以光滑圆柱铰链的约束力的大小和方向都是未知的，其约束力既可用一个大小和方向都是未知的力 F_A 表示，也可用两个正交的分力 F_{Ax} 和 F_{Ay} 表示，见图 1-11。

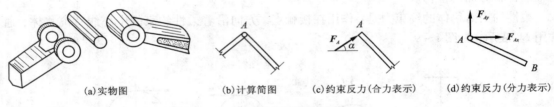

(a)实物图　　(b)计算简图　　(c)约束反力(合力表示)　　(d)约束反力(分力表示)

图 1-11　光滑圆柱连接铰链约束

四、固定铰支座

如果连接铰链中有一个构件与地基或支承面相连，便构成固定铰链支座，这种支座约束同光滑圆柱铰链约束，其约束力既可用一个大小和方向都是未知的力 F_O 表示，也可用两个正交的分力 F_{Ox} 和 F_{Oy} 表示，见图 1-12。

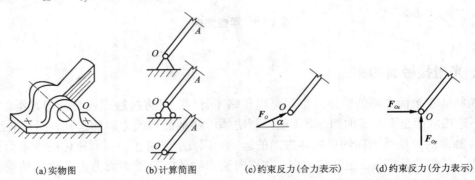

(a)实物图　　(b)计算简图　　(c)约束反力(合力表示)　　(d)约束反力(分力表示)

图 1-12　固定铰支座约束

五、可动铰支座

在桥梁、屋架等工程结构中经常采用这种约束。在铰链支座的底部安装一排辊轴，可使支座沿固定支承面移动，这种支座的约束性质与光滑面约束力不相同，其约束力必垂直于支承面，且通过铰链中心，指向未定，见图 1 – 13。

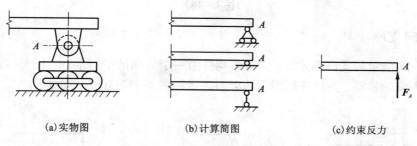

(a)实物图　　　　　　(b)计算简图　　　　　　(c)约束反力

图 1 – 13　可动铰支座约束

六、固定端支座

固定端约束能限制物体沿任何方向的移动，也能限制物体在约束处的转动。所以，固定端 A 处的约束力可用两个正交的分力 $\boldsymbol{F}_{Ax}$、$\boldsymbol{F}_{Ay}$ 和力矩为 M_A 的力偶表示，见图 1 – 14。

(a)实物图　　　　　　(b)计算简图　　　　　　(c)约束反力

图 1 – 14　固定端支座约束

七、球铰链支座

球铰链是一种空间约束，它能限制物体沿空间任何方向移动，但物体可以绕其球心任意转动。球铰链的约束力可用三个正交的分力 $\boldsymbol{F}_{Ax}$、$\boldsymbol{F}_{Ay}$、$\boldsymbol{F}_{Az}$ 表示，见图 1 – 15。

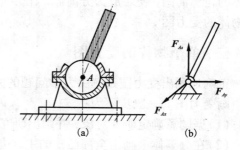

(a)　　　　　(b)

图 1 – 15　球铰链支座约束

八、链杆约束

两端利用圆柱铰链约束将其他两个物体相连而中间不受力的直杆称为链杆约束，如图 1 – 16(a)所示，链杆只能限制物体沿着链中心线指向或背离链杆移动。所以，链杆约束力的特点：沿着链杆的中心线，指向未定。链杆约束的计算简图和约束力的表示，如图 1 – 16(b)、(c)所示。

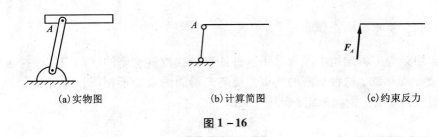

(a)实物图   (b)计算简图   (c)约束反力

图 1-16

九、定向支座

如图 1-17 所示的支座形式，不能限制构件沿一个方向的平行滑动，但可以限制构件的转动和其他方向的移动，其计算简图和约束力表示如图 1-17(b)、(c)所示。

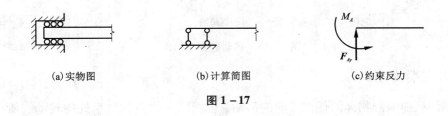

(a)实物图   (b)计算简图   (c)约束反力

图 1-17

1.4 受力图

一、概述

在工程实际中，常常需要对结构系统中的某一物体或部分物体进行力学计算。这时就要根据已知条件及待求量选择一个或几个物体作为研究对象，然后对它进行受力分析。即分析物体受哪些力的作用，并确定每个力的大小、方向和作用点。为了清楚地表示物体的受力情况，需要把所研究的物体(称为研究对象)从与它相联系的周围物体中分离出来，单独画出该物体的轮廓简图，使之成为分离体，在分离体上画上它所受的全部主动力和约束力，就称为该物体的受力图。

二、单个物体的受力图

正确地画出受力图是解决力学问题的关键，是进行力学计算的依据。

画受力图的一般步骤为：

(1)据题意确定研究对象，并画出研究对象的分离体简图。

(2)在分离体上画出全部已知的主动力。

(3)在分离体上解除约束的地方画出相应的约束力。

例1-1 重量为 G 的均质杆 AB，其 B 端靠在光滑铅垂墙的顶角处，A 端放在光滑的水平面上，在点 D 处用一水平绳索拉住，试画出杆 AB 的受力图。

解：以 AB 为研究对象，将其单独画出。作用在其上的主动力是已知的重力 G，G 作用在梯子的中点，铅垂向下；光滑墙面的约束力是 F_{NB}，它通过接触点 B，垂直于梯子并指向梯子；光滑地面的约束力是 F_{NA}，它通过接触点 A，垂直于地面并指向梯子；绳子的约束约束力是 F_{TD}，它作用在绳子与梯子的接触点 D，沿绳索中心线，背离梯子。梯子的受力如图 1-18

（b）所示。

例1-2 画图1-19（a）所示结构
ACDB 的受力图。

解：（1）取结构 ACDB 为研究对象。

（2）画出主动力：主动力为 F_P。

（3）画出约束力：约束为固定铰支座和
可动铰支座，画出它们的约束力，如
图1-19（b）所示。

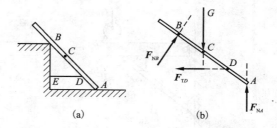

图1-18

例1-3 水平梁 AB 受集中荷载 F_P 和均
布荷载 q 作用，A 端为固定铰支座，B 端为可
动铰支座，如图1-20（a）所示，试画出梁的受
力图。梁的自重不计。

解：取梁为研究对象，并将其单独画出。
再将作用在梁上的全部载荷画上，在 B 端可动
铰支座的约束力为 F_B，在 A 端固定铰支座的
约束力为 F_{Ax} 和 F_{Ay}，如图1-20（b）所示。

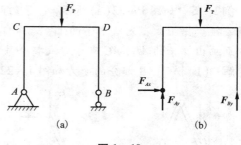

图1-19

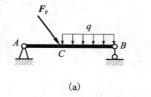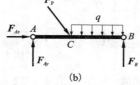

图1-20

三、物体系统的受力图

如果所取的分离体是由某几个物体组成的物体系统时，通常将系统外物体对物体系统的
作用力称为外力，而系统内物体间相互作用的力称为内力。内力总是以等值、共线、反向的
形式存在，故物体系统内力的总和为零。物体系统受力图的画法与单个物体的受力图画法基
本相同，区别在于取物体系统为研究对象画受力图时，只画外力，而不画内力。画受力图时
要分清内力与外力。

例1-4 如图1-21（a）所示，水平梁 AB 用斜杆 CD 支承，A、C、D 三处均为光滑铰链
连接。匀质梁 AB 重 G，其上放一重为 G_1 的电动机。若不计斜杆 CD 的自重，试分别画出斜
杆 CD 和梁 AB（包括电动机）的受力图。

解：（1）斜杆 CD 的受力图取斜杆 CD 为研究对象，由于斜杆 CD 的自重不计，并且只在
C、D 两处受铰链约束而处于平衡，因此斜杆 CD 为二力杆。斜杆 CD 的约束力必通过两铰链
中心 C 与 D 的连线，用 F_C 和 F_D 表示。如图1-21（c）所示。

（2）梁 AB 的受力图取梁 AB（包括电动机）为研究对象，梁 AB 受主动力 G 和 G_1 的作用。在
D 处为铰链约束，约束力 F_D' 与 F_D 是作用与反作用的关系，且 $F_D' = -F_D$。A 处为固定铰链支座
约束，约束力用两个正交的分力 F_{Ax} 和 F_{Ay} 表示，方向可任意假设。如图1-21（b）所示。

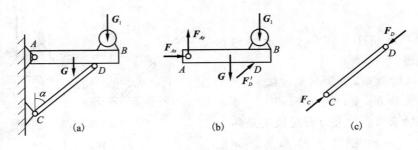

图 1 - 21

例 1 - 5　如图 1 - 22(a)所示, 梯子的两部分 AB 和 AC 在 A 点铰接, 又在 D、E 两点用水平绳连接。梯子放在光滑水平面上, 若其自重不计, 但在 AB 的中点 H 处作用一铅直载荷 F。试分别画出梯子的 AB、AC 部分以及整个系统的受力图。

解: (1)梯子 AB 部分的受力如图 1 - 22(b)所示。

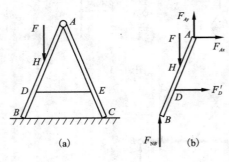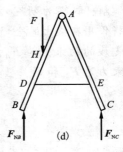

图 1 - 22

(2)梯子 AC 部分的受力图如图 1 - 22(c)。

(3)梯子整体的受力图如图 1 - 22(d)。

例 1 - 6　画出图 1 - 23 所示物体系中梁 AC、CB、整体的受力图。

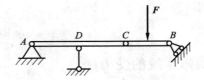

图 1 - 23

解: 梁 AC、CB 及整体的受力如图 1 - 24 所示。

总结: 画受力图应注意的问题

(1)受力图上不能再带约束。即受力图一定要画在分离体上。

(2)受力图上只画外力, 不画内力。一个力, 属于外力还是内力, 因研究对象的不同, 有可能不同。当物体系统拆开来分析时, 原系统的部分内力, 就成为新研究对象的外力。

(3)正确判断二力构件。

(4)同一系统各研究对象的受力图必须整体与局部一致, 相互协调, 不能相互矛盾。对

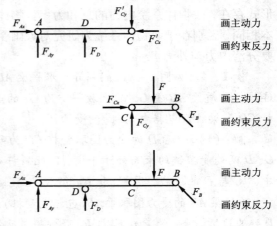

画主动力

画约束反力

画主动力

画约束反力

画主动力

画约束反力

图 1 - 24

14

于某一处的约束力的方向一旦设定，在整体、局部或单个物体的受力图上要与之保持一致。

（5）不要画错力的方向。约束力的方向必须严格地按照约束的类型来画，不能单凭直观或根据主动力的方向来简单推想。在分析两物体之间的作用力与反作用力时，要注意，作用力的方向一旦确定，反作用力的方向一定要与之相反，不要把箭头方向画错。

（6）不要漏画力。除重力、电磁力外，物体之间只有通过接触才有相互机械作用力，要分清研究对象（受力体）都与周围哪些物体（施力体）相接触，接触处必有力，力的方向由约束类型而定。

（7）不要多画力。要注意力是物体之间的相互机械作用。因此对于受力体所受的每一个力，都应能明确地指出它是哪一个施力体施加的。

本章小结

1. 静力学的基本概念

（1）平衡　物体相对于地球保持静止或作匀速直线运动的状态。

（2）刚体　在任何外力作用下，大小和形状保持不变的物体。

（3）力　物体间相互的机械作用，这种作用使物体的运动状态改变（外效应），或使物体形变（内效应）。力对物体的效应取决于力的三要素：大小、方向和作用点（作用线）。

（4）约束　阻碍物体运动的限制物。约束阻碍物体运动趋向的力，称为约束力。约束力的方向根据约束的类型来决定，它总是与约束所能阻碍物体的运动方向相反。

2. 静力学公理

静力学公理揭示了力的基本性质，是静力学的理论基础。

（1）作用与反作用公理说明了物体相互作用的关系。

（2）二力平衡公理说明了作用在一个刚体上的两个力的平衡条件。

（3）加减平衡力系公理是力系等效代换的基础。

（4）力的平行四边形公理反映了两个力合成的规律。

3. 物体受力分析的基本方法——画受力图。

在分离体上画出所有的全部作用力的图称为受力图。画受力图先要取出分离体，画约束力时，要与被解除的约束一一对应。

自我检测

一、填空题

1. 在任何外力作用下，大小和形状保持不变的物体称_____。

2. 力是物体之间相互的_____。这种作用会使物体产生两种力学效果分别是_____和_____。

3. 力的三要素是_____、_____、_____。

4. 加减平衡力系公理对物体而言，该物体的_____效果成立。

5. 约束反力的方向总是和该约束所能阻碍物体的运动方向_____。

6. 柔体的约束反力是通过_____点，其方向沿着柔体_____线的拉力。

7. 作用于物体上同一点的两个力，可以合成为一个合力，该合力的大小和方向由力的_____法则确定。

8. 二力构件上的两个力，其作用线沿该两个力_____的连线。

9. 图1-25所示平面结构，D、E为铰链，若不计各构件自重和各接触处摩擦，则属于二力构件的是杆_____。

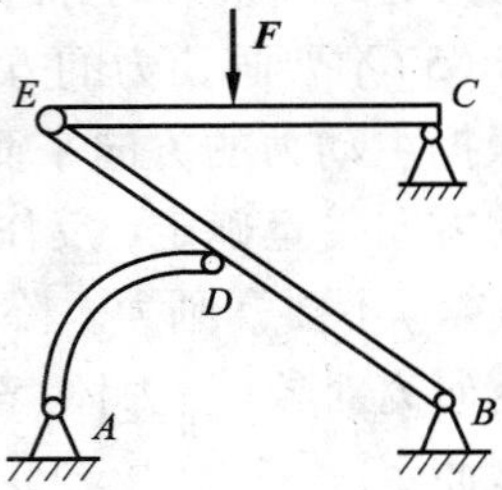

10. 画受力图的一般步骤是，先取_____，然后画主动力和约束反力。

图1-25

二、选择题

1. 静力学把物体看为刚体，是因为(　　)
A. 物体受力不变形　　　　　　　　　　B. 物体的硬度很高
C. 抽象的力学模型　　　　　　　　　　D. 物体的变形很小

2. "二力平衡公理"和"力的可传性原理"只适用于(　　)
A. 任何物体　　　B. 固体　　　C. 弹性体　　　D. 刚体

3. 在下述公理、法则、定律中，只适用于刚体的是(　　)
A. 二力平衡公理　　　　　　　　　　　B. 力的平行四边形法则
C. 加减平衡力系公理　　　　　　　　　D. 力的可传性

4. 只限制物体任何方向移动，不限制物体转动的支座称(　　)支座。
A. 固定铰　　　B. 可动铰　　　C. 固定端　　　D. 光滑面

5. 只限制物体垂直于支承面方向的移动，不限制物体其他方向运动的支座称(　　)支座。
A. 固定铰　　　B. 可动铰　　　C. 固定端　　　D. 光滑面

6. 既限制物体任何方向运动，又限制物体转动的支座称(　　)支座。
A. 固定铰　　　B. 可动铰　　　C. 固定端　　　D. 光滑面

7. 物体系统的受力图上一定不能画出(　　)。
A. 系统外力　　　B. 系统内力　　　C. 主动力　　　D. 约束反力

8. 光滑面对物体的约束反力，作用在接触点处，其方向沿接触面的公法线(　　)。
A. 指向受力物体，为压力　　　　　　B. 指向受力物体，为拉力
C. 背离受力物体，为拉力　　　　　　D. 背离受力物体，为压力

9. 柔体约束反力，作用在连接点，方向沿柔索(　　)。
A. 指向被约束体，恒为拉力　　　　　B. 背离被约束体，恒为拉力
C. 指向被约束体，恒为压力　　　　　D. 背离被约束体，恒为压力

10. 两个大小为3 N和4 N的力合成为一个力时，此合力的最大值为(　　)
A. 5 N　　　　B. 7 N　　　　C. 12 N　　　　D. 16 N

三、作图题

1. 试画出图 1-26 中各物体的受力图。假定各接触面都是光滑的。

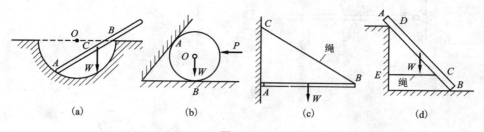

图 1-26

2. 试画出图 1-27 各梁的受力图。梁的自重不计。

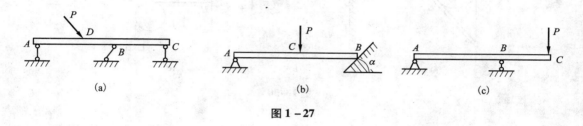

图 1-27

3. 刚架 AB，一端为固定铰支座，另一端为可动铰支座，试画出图 1-28 中各种受力情况下，刚架的受力图。刚架的自重不计。

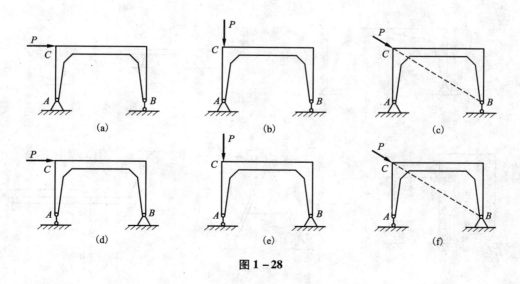

图 1-28

4. 试画出图 1-29 中 AB 杆和 CD 杆的受力图。各杆的自重不计。

5. 试画出图 1-30 所示结构中各物体的受力图。假定所有接触面都是光滑的，图中不注明重力 W 的物体，自重不计。

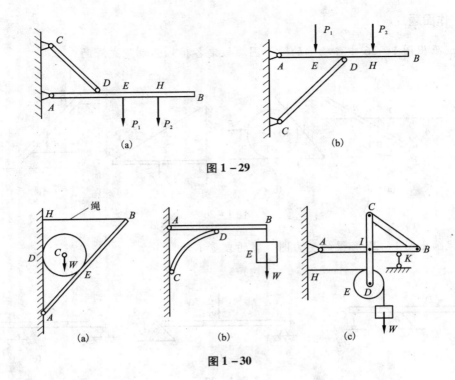

图 1−29

图 1−30

6. 试画出图 1−31 示整个物系和物系中每个物体的受力图。图中不注明重力的物体，其自重不计。

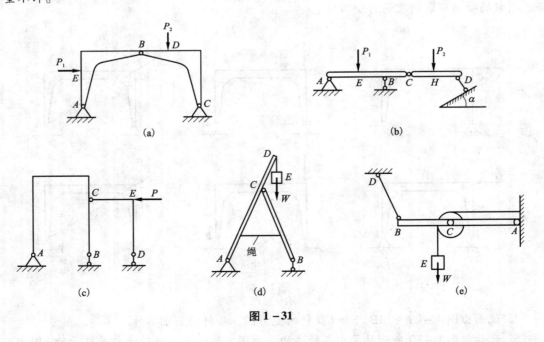

图 1−31

第 2 章 平面汇交力系

【学习目标】

1. 熟练掌握力在坐标轴上的投影。
2. 掌握合力投影定理及平面汇交力系的合成。
3. 熟练掌握平面汇交力系的平衡条件及其应用。

为了研究问题，将力系按其作用线的分布情况进行分类，凡各力作用线都在同一平面内的力系称为平面力系，凡各力作用线不在同一平面内的力系称为空间力系。在实际问题中有些结构所受的力虽是空间力系，但在一定条件下可简化为平面力系来处理。

平面力系是工程实际中常见的一种基本力系。在平面力系中，若各力的作用线均汇交于同一点，则称为平面汇交力系（图 2-1）；若各力的作用线互相平行，则称为平面平行力系（图 2-2）；若力的作用线既不相交于一点，也不都相互平行，则称为平面一般力系（图 2-3）。

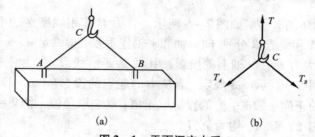

图 2-1 平面汇交力系

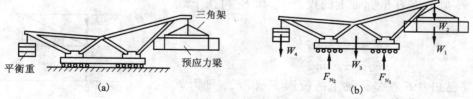

图 2-2 平面平行力系

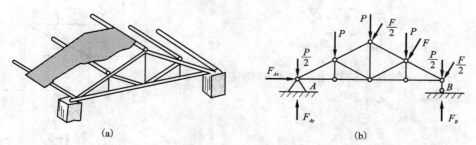

图 2-3 平面一般力系

研究力系的合成与平衡问题通常有两种方法，即几何法和解析法。本书只介绍解析法。

在实际施工中，起吊超长超宽的结构构件时，常采用平衡梁装置，如图2-4。平衡梁又称横吊梁或扁担梁，是一种在吊装作业中能平衡两套或两套以上索具受力的装置。

支撑式平衡梁吊索较长，主要用于形体较长的物体，也可以用于吊件的空中翻转作业。

扁担式平衡梁吊索较短，多用于吊装大型构件，如屋架、桁架等。

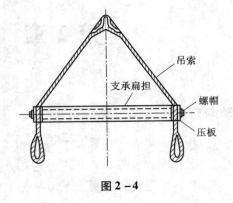

图2-4

平面汇交力系的合成与平衡

本节主要研究平面汇交力系的合成与平衡问题。力在坐标轴上的投影是研究此问题的基础，因此，首先来介绍这一概念。

一、力在坐标轴上的投影

设力 F 作用于物体的 A 点，如图2-5所示。在力 F 作用线所在的平面内取直角坐标系 Oxy，从力 F 的起点 A 和终点 B 分别向 x 轴和 y 轴作垂线，得垂足 a、b 和 a'、b'，则线段 ab 加上正号或负号，称为力 F 在 x 轴上的投影，用 F_x 表示。线段 $a'b'$ 加上正号或负号，称为力 F 在 y 轴上的投影，用 F_y 表示。并规定：当从力的起点的投影（a 或 a'）到终点的投影（b 或 b'）的方向与投影轴的正向一致时，力的投影取正值；反之取负值。图2-5（a）中的 F_x、F_y 均为正值，图2-5（b）中的 F_x、F_y 均为负值。

由图2-5可见，若已知力 F 的大小及其与 x 轴所夹的锐角 α，则力 F 在坐标轴上的投影 F_x 和 F_y 可按下式计算

$$F_x = \pm F\cos\alpha$$
$$F_y = \pm F\sin\alpha \qquad (2-1)$$

如果已知力 F 在坐标轴上的投影 F_x 和 F_y，则力 F 的大小和方向可按下式确定

$$F = \sqrt{F_x^2 + F_y^2}$$
$$\tan\alpha = \left|\frac{F_y}{F_x}\right| \qquad (2-2)$$

式中的 α 为 F 与 x 轴所夹的锐角。力 F 的指向由 F_x 和 F_y 的正负号来确定，见表2-1。

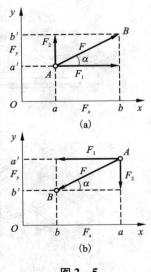

图2-5

表 2 −1

力的方向	坐　　标	投影的正负号	
		F_x	F_y
		+	+
		−	+
		−	−
		+	−

例 2 −1　试分别求出图 2 −6 中各力在 x 轴和 y 轴上的投影。已知 $F_1 = 150 \text{ N}$，$F_2 = 120 \text{ N}$，$F_3 = 100 \text{ N}$，$F_4 = 50 \text{ N}$，各力的方向如图所示。

解：力 F_2 与 x 轴平行，与 y 轴垂直，其投影可直接得出；其他各力的投影由式(2 −1)计算求得。故各力在 x、y 轴上的投影为

$F_{1x} = -F_1 \cos 30° = -150 \times 0.866 \text{ N} = -129.9 \text{ N}$

$F_{1y} = -F \sin 30° = -150 \times 0.5 \text{ N} = -75 \text{ N}$

$F_{2x} = F_2 = 120 \text{ N}$

$F_{2y} = 0$

$F_{3x} = -F_3 \cos 45° = -100 \times 0.707 \text{ N} = -70.7 \text{ N}$

$F_{3y} = F_3 \sin 45° = 100 \times 0.707 \text{ N} = 70.7 \text{ N}$

$F_{4x} = -F_4 \cos 30° = -50 \times 0.866 \text{ N} = -43.3 \text{ N}$

$F_{4y} = +F_4 \sin 30° = +50 \times 0.5 \text{ N} = +25 \text{ N}$

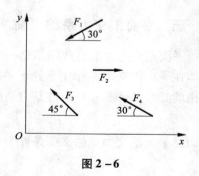

图 2 −6

二、平面汇交力系的合成

对于由 n 个力 F_1、$F_2 \cdots F_n$ 组成的平面汇交力系，首先将该力系中的各力沿 x 轴和 y 轴分解，然后将沿同一坐标轴上的各分力合成，分别得到合力 F_{Rx} 和 F_{Ry}，其大小分别为

$$F_{Rx} = F_{1x} + F_{2x} + F_{3x} + \cdots + F_{nx} = \sum F_x$$

$$F_{Ry} = F_{1y} + F_{2y} + F_{3y} + \cdots + F_{ny} = \sum F_y$$

$$(2 −3)$$

从而，平面汇交力系的合力 F_R 的计算式为：

$$F_R = \sqrt{F_{Rx}^2 + F_{Ry}^2} = \sqrt{\left(\sum F_x\right)^2 + \left(\sum F_y\right)^2}$$

$$(2-4)$$

$$\tan\alpha = \left|\frac{\sum F_y}{\sum F_x}\right|$$

式中的角 α 为合力 $\boldsymbol{F}_R$ 与 x 轴所夹的锐角。合力 $\boldsymbol{F}_R$ 的指向可根据 F_{Rx} 和 F_{Ry} 的正负号来确定。

式(2-3)表明了**合力在某轴上的投影等于各分力在同一轴上投影的代数和**。我们称这为**合力投影定理**。

例 2-2 已知某平面汇交力系如图 2-7，$F_1 = 20$ kN，$F_2 = 30$ kN，$F_3 = 10$ kN，$F_4 = 25$ kN，试求该力系的合力。

解：(1)建立坐标系 xOy 如图所示。计算合力在 x 轴、y 轴上的投影。

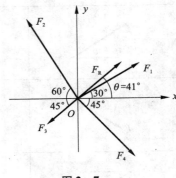

图 2-7

$$\begin{aligned}
F_{Rx} &= \sum F_x = F_1\cos30° - F_2\cos60° - F_3\cos45° + F_4\cos45° \\
&= 20 \times 0.866 - 30 \times 0.5 - 10 \times 0.707 + 25 \times 0.707 \\
&= 12.92 \text{ kN}
\end{aligned}$$

$$\begin{aligned}
F_{Ry} &= \sum F_y = F_1\sin30° + F_2\sin60° - F_3\sin45° - F_4\sin45° \\
&= 20 \times 0.5 + 30 \times 0.866 - 10 \times 0.707 - 25 \times 0.707 \\
&= 11.24 \text{ kN}
\end{aligned}$$

(2)求合力的大小

$$F_R = \sqrt{F_{Rx}^2 + F_{Ry}^2} = \sqrt{12.92^2 + 11.24^2} = 17.1 \text{ kN } (\nearrow)$$

(3)求合力的方向

$$\tan\alpha = \frac{F_{Ry}}{F_{Rx}} = \frac{11.24}{12.92} = 0.87$$

$$\alpha = 41°$$

因 $F_{Rx} > 0$，$F_{Ry} > 0$，故合力 $\boldsymbol{F}_R$ 指向右上方，作用线通过汇交力系的汇交点 O。

三、平面汇交力系的平衡

平面汇交力系的合成结果是一个合力，若合力等于零，则物体处于平衡状态。反之，若物体在平面汇交力系作用下处于平衡状态，则该力系的合力一定为零。因此，平面汇交力系平衡的必要条件和充分条件是力系的合力为零，即

$$F_R = \sqrt{F_{Rx}^2 + F_{Ry}^2} = \sqrt{\left(\sum F_x\right)^2 + \left(\sum F_y\right)^2} = 0$$

从而得平面汇交力系的平衡条件为

$$\sum F_x = 0 \qquad \sum F_y = 0 \qquad\qquad (2-5)$$

即平面汇交力系平衡的必要条件和充分条件是：**所有力在任一轴上投影的代数和必须等于零**。式(2-5)称为平面汇交力系的平衡方程。应用这两个独立的平衡方程，可以求解两个未知量。

例 2-3 图 2-8(a)所示体系，物块重 $F = 20$ kN，不计滑轮的自重和半径，试求杆 AB 和 BC 所受的力。

解：(1)取滑轮 B 的轴销作为研究对象，画出其受力图，如图 2-8(b)所示。

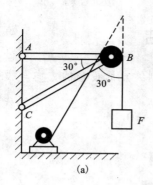
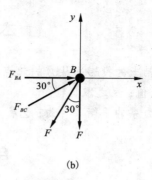

图 2 - 8

（2）列出平衡方程：

$$\sum F_y = 0, \quad F_{BC}\cos 60° - F - F\cos 30° = 0$$

解得：$F_{BC} = 74.5$ kN（↗）

$$\sum F_x = 0, \quad F_{BC}\cos 30° + F_{BA} - F\sin 30° = 0$$

解得：$F_{BA} = -54.5$ kN（←）

F_{BA} 为负值，说明该力实际指向与图上假定指向相反，即杆 AB 实际上受拉力。

例 2 - 4 如图 2 - 9 所示三角支架由杆 AB、AC 铰接而成，在 A 处作用有重力 G，求出图中 AB，AC 所受的力（不计杆自重）。

解：（1）取销钉 A 画受力图如图 2 - 9（b）所示。AB、AC 杆均为二力杆。

（2）建直角坐标系，列平衡方程：

$$\sum F_x = 0, \quad -F_{AB} + G\sin 30° = 0$$
$$\sum F_y = 0, \quad F_{AC} - G\cos 30° = 0$$

（3）求解未知量。

$$F_{AB} = 0.5G（拉）, \quad F_{AC} = 0.866G（压）$$

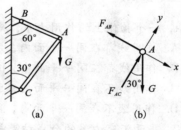

图 2 - 9

例 2 - 5 如图 2 - 10 所示简易起重机用钢丝绳吊起重力 $G = 2$ kN 的重物，不计杆件自重、摩擦及滑轮大小，A，B，C 三处简化为铰链连接；求 AB 和 AC 所受的力。

解：（1）取滑轮画受力图如图 2 - 10（b）所示。AB、AC 杆均为二力杆。

（2）建直角坐标系如图，列平衡方程：

$$\sum F_x = 0, \quad -F_{AB} - F\sin 45° + G\cos 60° = 0$$
$$\sum F_y = 0, \quad -F_{AC} - G\sin 60° - F\cos 45° = 0$$

（3）求解未知量。

将已知条件 $F = G = 2$ kN 代入平衡方程，解得：

$$F_{AB} = -0.414 \text{ kN（压）} \quad F_{AC} = -3.15 \text{ kN（压）}$$

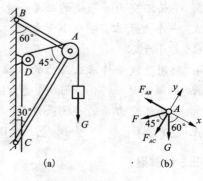

图 2 - 10

本章小结

1. 力在坐标轴上的投影当从力的起点的投影到终点的投影的方向与投影轴的正向一致时，力的投影取正值；反之取负值。

2. 平面汇交力系的平衡条件为：$\sum F_x = 0$，$\sum F_y = 0$。

自我检测

一、填空题

1. 在平面力系中，若各力的作用线均汇交于同一点，则称为_____。

2. 若各力的作用线_____，则称为平面平行力系。

3. 若力的作用线既不相交于一点，也不都相互平行，则称为_____。

4. $\sum F_x = 0$，表示力系中所有的力在_____轴上的投影的_____为零。

5. 平面汇交力系平衡的必要条件和充分条件是_____。

二、选择题

1. 一个物体上的作用力系，满足（　　）条件，就称这种力系称为平面汇交力系。

A. 作用线都在同一平面内，且汇交于一点

B. 作用线都在同一平面内，但不交于一点

C. 作用线不在同一平面内，且汇交于一点

D. 作用线不在同一平面内，且不交于一点

2. 平面汇交力系的合成结果是（　　）。

A. 一个力偶　　　　　　　　　　B. 一个力偶与一个力

C. 一合力　　　　　　　　　　　D. 不能确定

3. 平面汇交力系平衡的必要和充分条件是各力在两个坐标轴上投影的代数和（　　）

A. 一个大于零，一个小于零　　　B. 都等于零

C. 都小于零　　　　　　　　　　D. 都大于零

4. 利用平衡条件求未知力的步骤，首先应（　　）。

A. 取隔离体　　　B. 作受力图　　　C. 列平衡方程　　　D. 求解

5. 平面汇交力系的平衡条件是（　　）

A. $\sum F_x = 0$　　B. $\sum F_y = 0$　　C. $\sum F_x = 0$，$\sum F_y = 0$　　D. 都不正确

三、计算题

1. 杆 AO 和杆 BO 相互以铰 O 相连接，两杆的另一端均用铰连接在墙上。铰 O 处挂一个重物 $G = 10$ kN 如图 2-11 所示，试求杆 AO 和杆 BO 所受的力。

2. 已知 $F_1 = 100$ N，$F_2 = 50$ N，$F_3 = 60$ N，$F_4 = 80$ N，各力方向如图 2-12 所示，试分别求各力在 x 轴及 y 轴上的投影。

3. 支架由杆 AB、AC 构成，A、B、C 三处都是铰链连接，在 A 点作用有铅垂力 G。试求在图 2 - 13 所示的三种情况下，AB 与 AC 杆所受的力。杆的自重不计。

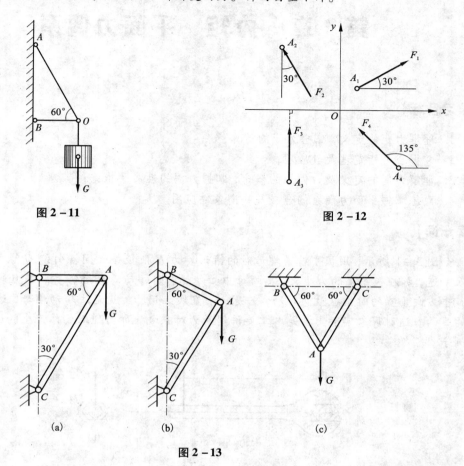

图 2 - 11

图 2 - 12

图 2 - 13

第3章 力矩 平面力偶系

【学习目标】

1. 理解力矩的定义，掌握力矩的计算；
2. 掌握合力矩定理及其应用；
3. 理解力偶的定义及力偶矩的概念，掌握力偶的性质及推论；
4. 熟练掌握平面力偶系的合成及平衡条件应用。

【读一读】

  如图3-1所示，用扳手拧紧螺母时的情形。力F使扳手连同螺钉绕O点转动，有经验的人知道，加在扳手上的力越大，离螺母中心越远，则转动螺母越容易。而且我们用力方向与扳手方向垂直的时候也最易转动，若是一条直线上用力，就无法转动螺母，达不到拧紧螺母的目的。这种现象实际上就是本章要讲到的力对点之矩即力矩对物体产生的运动效应的典型例子。

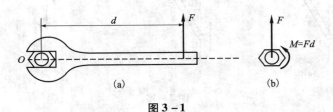

图 3-1

3.1 力对点之矩

  力对点的矩是很早以前人们在使用杠杆、滑车、绞盘等机械搬运或提升重物时所形成的一个概念。现以扳手拧螺母为例来说明。如图3-2所示，在扳手的A点施加一力F，将使扳手和螺母一起绕螺钉中心O转动，这就是说，力有使物体(扳手)产生转动的效应。实践经验表明，扳手的转动效果不仅与力F的大小有关，而且还与点O到力作用线的垂直距离d有关。当d保持不变时，力F越大，转动越快。当力F不变时，d值越大，转动也越快。若改变力的作用方向，则扳手的转动方向就会发生改变，因此，我们用F与d的乘积再加上适当的正负号来表示力F使物体绕O点转动的效应，并称为力F对O点之矩，简称力矩，以符号$M_o(F)$表示。即

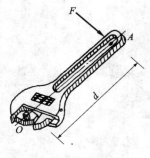

图 3-2

$$M_0(\boldsymbol{F}) = \pm Fd \qquad (3-1)$$

O 点称为转动中心，简称矩心。矩心 O 到力作用线的垂直距离 d 称为力臂，式中的正负号表示力矩的转向。通常规定：力使物体绕矩心作逆时针方向转动时，力矩为正，反之为负。因此，在平面力系中，力矩可视为代数量。

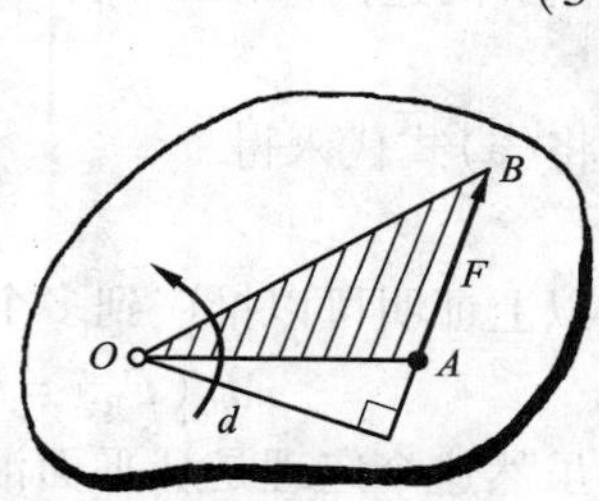

由图 3-3 可以看出，力对点之矩还可以用以矩心为顶点，以力矢量为底边所构成的三角形的面积的二倍来表示，即

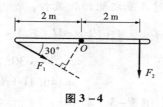

图 3-3

$$M_0(\boldsymbol{F}) = \pm 2S_{\triangle OAB} \qquad (3-2)$$

显然，力矩在下列两种情况下等于零：①力的大小等于零；②力的作用线通过矩心（力臂 $d=0$）。

力对某一点之矩不因为力沿其作用线任意移动而改变。这是因为力沿其作用线任意移动后，其大小、方向及力臂都没有改变。

力矩的单位是牛顿·米（N·m）或千牛顿·米（kN·m）。

例 3-1　分别计算图 3-4 所示的 $F_1 = 20$ kN，$F_2 = 40$ kN 对 O 点的力矩。

解：由式（3-1）有：

$$M_O(\boldsymbol{F}_1) = F_1 \cdot d_1 = 20 \times 2 \times \sin 30° = 20 \text{ kN·m}$$
$$M_O(\boldsymbol{F}_2) = -F_2 \cdot d_2 = -40 \times 2 = -80 \text{ kN·m}$$

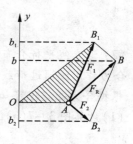

图 3-4

3.2　合力矩定理

我们知道平面汇交力系对物体的作用效应可以用它的合力 $\boldsymbol{F}_R$ 来代替。这里的作用效应包括物体绕某点转动的效应，而力使物体绕某点的转动效应由力对该点之矩来度量，因此，**平面汇交力系的合力对平面内任一点之矩等于该力系的各分力对该点之矩的代数和**。合力矩定理是力学中应用十分广泛的一个重要定理，现用两个汇交力系的情形给以证明。

证明：如图 3-5 所示，设在物体上的 A 点作用有两个汇交的力 $\boldsymbol{F}_1$ 和 $\boldsymbol{F}_2$，该力系的合力为 $\boldsymbol{F}_R$。在力系的作用面内任选一点 O 为矩心，过 O 点并垂直于 OA 作为 y 轴。从各力矢的末端向 y 轴作垂线，令 F_{1y}、F_{2y} 和 F_{Ry} 分别表示力 $\boldsymbol{F}_1$、$\boldsymbol{F}_2$ 和 $\boldsymbol{F}_R$ 在 y 轴上的投影。由图 3-5 可见

$$F_{1y} = Ob_1 \quad F_{2y} = -Ob_2 \quad F_{Ry} = Ob$$

各力对 O 点之矩分别为

$$\begin{cases} M_O(\boldsymbol{F}_1) = 2\triangle AOB_1 = Ob_1 \cdot OA = F_{1y} \cdot OA \\ M_O(\boldsymbol{F}_2) = -2\triangle AOB_2 = -Ob_2 \cdot OA = F_{2y} \cdot OA \\ M_O(\boldsymbol{F}_R) = 2\triangle AOB = Ob \cdot OA = F_{Ry} \cdot OA \end{cases} \qquad (a)$$

图 3-5

根据合力投影定理有

$$F_{Ry} = F_{1y} + F_{2y}$$

27

上式两边同乘以 OA 得

$$F_{Ry} \cdot OA = F_{1y} \cdot OA + F_{2y} \cdot OA$$

将(a)式代入得

$$M_O(\boldsymbol{F}_R) = M_O(\boldsymbol{F}_1) + M_O(\boldsymbol{F}_2)$$

以上证明可以推广到多个汇交力的情况。用式子可表示为

$$M_O(\boldsymbol{F}_R) = M_O(\boldsymbol{F}_1) + M_O(\boldsymbol{F}_2) + \cdots + M_O(\boldsymbol{F}_n) = \sum M_O(\boldsymbol{F}) \qquad (3-3)$$

虽然这个定理是从平面汇交力系推证出来，但可以证明这个定理同样适用于有合力的其他平面力系。

例 3-2 图 3-6 所示每 1 m 长挡土墙所受土压力的合力为 $\boldsymbol{F}_R$，它的大小 $F_R = 200$ kN，方向如图所示，求土压力 $\boldsymbol{F}_R$ 使墙倾覆的力矩。

解： 土压力 $\boldsymbol{F}_R$ 可使挡土墙绕 A 点倾覆，求 $\boldsymbol{F}_R$ 使墙倾覆的力矩，就是求它对 A 点的力矩。由于 $\boldsymbol{F}_R$ 的力臂求解较麻烦，但如果将 $\boldsymbol{F}_R$ 分解为两个分力 $\boldsymbol{F}_1$ 和 $\boldsymbol{F}_2$，则两分力的力臂是已知的。为此，根据合力矩定理，合力 $\boldsymbol{F}_R$ 对 A 点之矩等于 $\boldsymbol{F}_1$、$\boldsymbol{F}_2$ 对 A 点之矩的代数和，则

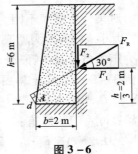

图 3-6

$$M_A(\boldsymbol{F}_R) = M_A(\boldsymbol{F}_1) + M_A(\boldsymbol{F}_2) = F_1 \cdot \frac{h}{3} - F_2 \cdot b$$

$$= 200\cos 30° \times 2 - 200\sin 30° \times 2$$

$$= 146.41 \ \text{kN·m} \ (\circlearrowleft)$$

例 3-3 求图 3-7 所示各分布荷载对 A 点的矩。

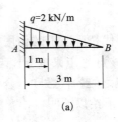

(a)

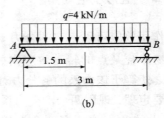

(b)

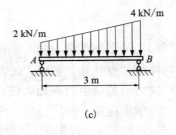

(c)

图 3-7

解： 沿直线平行分布的线荷载可以合成为一个合力。合力的方向与分布荷载的方向相同，合力作用线通过荷载图的重心，其合力的大小等于荷载图的面积。

根据合力矩定理可知，分布荷载对某点之矩就等于其合力对该点之矩。

(1)计算图 3-7(a)三角形分布荷载对 A 点的力矩

$$M_A(\boldsymbol{q}) = -\frac{1}{2} \times 2 \times 3 \times 1 = -3 \ \text{kN·m} \ (\downarrow)$$

(2)计算图 3-7(b)均布荷载对 A 点的力矩为

$$M_A(\boldsymbol{q}) = -4 \times 3 \times 1.5 = -18 \ \text{kN·m} \ (\downarrow)$$

(3)计算图 3-7(c)梯形分布荷载对 A 点之矩。此时为避免求梯形形心，可将梯形分布荷载分解为均布荷载和三角形分布荷载，其合力分别为 $\boldsymbol{F}_{R1}$ 和 $\boldsymbol{F}_{R2}$，则有

$$M_A(\boldsymbol{q}) = -2 \times 3 \times 1.5 - \frac{1}{2} \times 2 \times 3 \times 2 = -15 \text{ kN·m } (\downarrow)$$

3.3　力偶及其基本性质

一、力偶和力偶矩

在生产实践和日常生活中，经常遇到大小相等、方向相反、作用线不重合的两个平行力所组成的力系。这种力系只能使物体产生转动效应而不能使物体产生移动效应。例如，司机操纵方向盘[图3-8(a)]，工人用丝锥攻螺纹[图3-8(b)]以及两个手指拧动自来水龙头[图3-8(c)]或拧钢笔套等。这种大小相等、方向相反、作用线不重合的两个平行力称为力偶，用符号$(\boldsymbol{F}, \boldsymbol{F}')$表示。力偶的两个力作用线间的垂直距离 d 称为力偶臂，力偶的两个力所构成的平面称为力偶作用面。

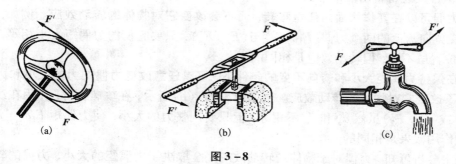

图 3 - 8

实践表明，当力偶的力 $\boldsymbol{F}$ 越大，或力偶臂越大，则力偶使物体的转动效应就越强；反之就越弱。因此，与力矩类似，我们用 F 与 d 的乘积来度量力偶对物体的转动效应，并把这一乘积加上适当的正负号称为**力偶矩**，用 m 表示，即

$$m = \pm Fd \tag{3-4}$$

式中正负号表示力偶矩的转向。通常规定：若力偶使物体作逆时针方向转动时，力偶矩为正；反之为负。在平面力系中，力偶矩是代数量。力偶矩的单位与力矩相同。

二、力偶的基本性质

力偶不同于力，它具有一些特殊的性质，现分述如下：

1. 力偶没有合力，不能用一个力来代替。

由于力偶中的两个力大小相等、方向相反、作用线平行，求它们在任一轴 x 上的投影，如图3-9所示，设力与轴 x 的夹角为 α，由图可得 $\sum F_x = F\cos\alpha - F'\cos\alpha = 0$。

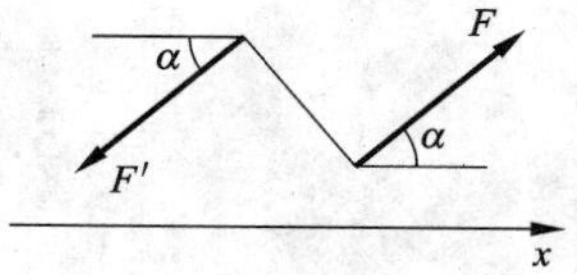

这说明，**力偶在任一轴上的投影等于零**。

既然力偶在轴上的投影为零，所以力偶对物体只能产生转动效应，而一个力在一般情况下，对物体可产生移动和转动两种效应。

力偶和力对物体的作用效应不同，说明**力偶不能用一个力来代替，即力偶不能简化为一**

图 3 - 9

个力，因而力偶也不能和一个力平衡，力偶只能与力偶平衡。

2. 力偶对其作用面内任一点之矩都等于力偶矩，与矩心位置无关。

力偶的作用是使物体产生转动效应，所以力偶对物体的转动效应可以用力偶的两个力对其作用面某一点的力矩的代数和来度量。图 3-10 所示力偶($\boldsymbol{F}$, $\boldsymbol{F}'$)，力偶臂为 d，逆时针转向，其力偶矩为 $m = Fd$，在该力偶作用面内任选一点 O 为矩心，设矩心与 F' 的垂直距离为 x。显然力偶对 O 点的力矩为

$$M_O(\boldsymbol{F}, \boldsymbol{F}') = F(d+x) - F' \cdot x = Fd = m$$

此值就等于力偶矩。这说明力偶对其作用面内任一点的矩恒等于力偶矩，而与矩心的位置无关。

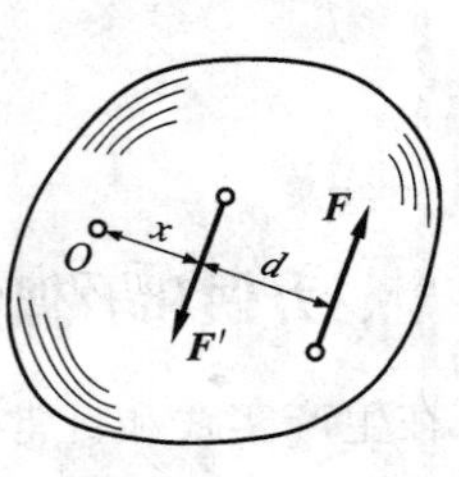

图 3-10

3. 同一平面内的两个力偶，如果它们的力偶矩大小相等、转向相同，则这两个力偶等效。（其证明从略。）

从以上性质还可得出两个推论：

（1）力偶可以在其作用面内任意移转，而不会改变它对物体的转动效应。例如图 3-11（a）作用在方向盘上的两个力偶($\boldsymbol{F}_1$, $\boldsymbol{F}'_1$)与($\boldsymbol{F}_2$, $\boldsymbol{F}'_2$)，只要它们的力偶矩大小相等，转向相同，作用位置虽不同，但转动效应是相同的。

（2）在保持力偶矩大小和转向不变的条件下，可以任意改变力偶的力的大小和力偶臂的长短，而不改变它对物体的转动效应。例如图 3-11（b）所示，在攻螺纹时，作用在纹杆上的($\boldsymbol{F}_1$, $\boldsymbol{F}'_1$)或($\boldsymbol{F}_2$, $\boldsymbol{F}'_2$)虽然 d_1 和 d_2 不相等，但只要调整力的大小，使力偶矩 $F_1 d_1 = F_2 d_2$，则两力偶的作用效果是相同的。

由以上分析可知，力偶对于物体的转动效应完全取决于**力偶矩的大小、力偶的转向及力偶作用面，即力偶的三要素**。因此，在力学计算中，有时也用一带箭头的弧线表示力偶，如图 3-12 所示，其中箭头表示力偶的转向，M 表示力偶矩的大小。

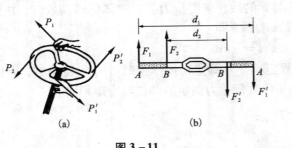

图 3-11

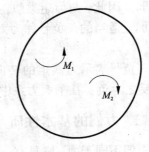

图 3-12

3.4 平面力偶系的合成与平衡

一、平面力偶系的合成

作用在同一平面内的一群力偶称为平面力偶系。平面力偶系合成可以根据力偶等效性来进行。合成的结果是：平面力偶系可以合成为一个合力偶，其力偶矩等于各分力偶矩的代数

30

和。即

$$M = m_1 + m_2 + \cdots + m_n = \sum m_i \qquad (3-5)$$

例3-4 如图3-13所示，在物体同一平面内受到三个力偶的作用，设 $F_1 = 200$ N，$F_2 = 400$ N，$m = 150$ N·m，求其合成的结果。

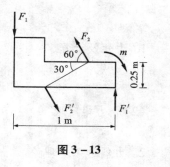

图3-13

解： 三个共面力偶合成的结果是一个合力偶，各分力偶矩为

$$m_1 = F_1 d_1 = 200 \times 1 = 200 \text{ N·m } (\circlearrowleft)$$

$$m_2 = F_2 d_2 = 400 \times \frac{0.25}{\sin 30^\circ} = 200 \text{ N·m } (\circlearrowleft)$$

$$m_3 = -m = -150 \text{ N·m } (\circlearrowright)$$

由式(3-5)得合力偶为

$$M = \sum m_i = m_1 + m_2 + m_3 = 200 + 200 - 150 = 250 \text{ N·m}$$

即合力偶矩的大小等于250 N·m，转向为逆时针方向，作用在原力偶系的平面内。

二、平面力偶系的平衡条件

平面力偶系可以合成为一个合力偶，当合力偶矩等于零时，则力偶系中的各力偶对物体的转动效应相互抵消，物体处于平衡状态。因此，平面力偶系平衡的必要和充分条件是：**力偶系中所有各力偶矩的代数和等于零。** 用式子表示为：

$$\sum M_i = 0 \qquad (3-6)$$

例3-5 在梁 AB 的两端各作用一力偶，其力偶矩的大小分别为 $M_1 = 240$ kN·m，$M_2 = 120$ kN·m，转向如图3-14(a)所示。梁长 $L = 6$ m，重量不计。求 A、B 处的支座约束力。

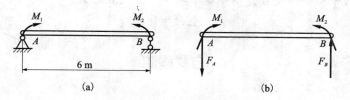

(a)　　　　　　　　　　　(b)

图3-14

解： 取梁 AB 为研究对象，作用在梁上的力有：两个已知力偶 M_1、M_2 和支座 A、B 的约束力 F_A、F_B，如图3-14(b)所示，B 处为可动铰支座，其约束力 F_B 的方向为铅垂，指向假定向上。A 处为固定铰支座，其约束力 F_A 的方向本属未能确定的，但因梁上只受力偶作用，故 F_A 必须与 F_B 组成一个力偶才能与梁上的力偶平衡，所以 F_A 的方向亦为铅垂，指向假定向下，由式(3-5)得：

$$\sum M = 0$$

$$M_2 - M_1 + F_A \cdot l = 0$$

$$F_A = \frac{M_1 - M_2}{l} = \frac{240 - 120}{6} = 20 \text{ kN}(\downarrow)$$

$$F_B = 20 \text{ kN}(\uparrow)$$

求得的结果为正值，说明原假设 F_A 和 F_B 的指向就是力的实际指向。

本章小结

1. 力矩及计算

(1) 力矩：

$$M_O(\boldsymbol{F}) = \pm Fd$$

(2) 合力矩定理：

$$M_O(\boldsymbol{F}_\mathrm{R}) = \sum M_O(\boldsymbol{F})$$

2. 力偶的基本理论

(1) 力偶：力偶与力是组成力系的两个基本元素。

(2) 力偶矩：力与力偶臂的乘积。

(3) 力偶的性质：

① 力偶不能合成为一个合力，不能用一个力代替，力偶只能与力偶平衡。

② 力偶在任一轴上的投影恒为零。

③ 力偶对其平面内任一点矩都等于力偶矩，与矩心位置无关。

④ 在同一平面内的两个力偶，如果它们的力偶矩大小相等，转向相同，则这两个力偶等效。

⑤ 力偶对物体的转动效应完全取决于力偶的**三要素**：力偶矩的大小、力偶的转向和力偶所在的作用面。

(4) 平面力偶系的合成与平衡。

平面力偶系的平衡条件是合力偶矩等于零。用公式表达为：

$$\sum M_i = 0$$

自我检测

一、填空题

1. 力偶对作用平面内任意点之矩都等于_____。

2. 力偶在坐标轴上的投影的代数和_____。

3. 力偶对物体的转动效果的大小用_____表示。

4. 力偶的三要素是_____、_____、_____。

二、选择题

1. 平面力偶系合成的结果是一个(   )。

A. 合力　　　　　B. 合力偶　　　　　C. 主矩　　　　　　　D. 主矢和主矩

2. 图 3−15 所示力 $F = 2$ kN 对 A 点之矩为(   ) kN·m。

A. 2　　　　　　B. 4　　　　　　　　C. −2　　　　　　　　D. −4

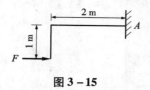

图 3－15

三、计算题

1. 计算图 3－16 各图中 F 力对 O 点之矩。

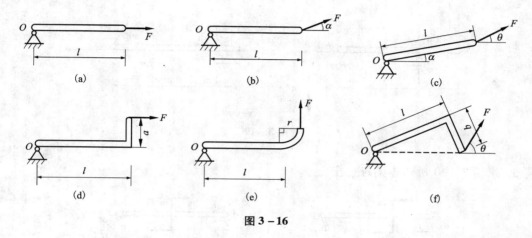

图 3－16

2. 分别求图 3－17 所示三个力偶的合力偶矩，已知 $F_1 = F_1' = 80$ N，$F_2 = F_2' = 130$ N，$F_3 = F_3' = 100$ N；$d_1 = 70$ cm，$d_2 = 60$ cm，$d_3 = 50$ cm。

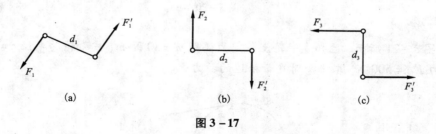

图 3－17

3. 求图 3－18 所示梁上分布荷载对 B 点之矩。

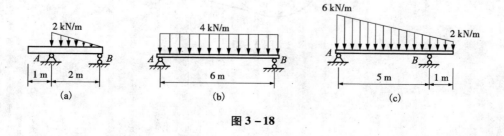

图 3－18

4. 各梁受荷载情况如图 3-19 所示, 试求: (1)各力偶分别对 A、B 点的矩。(2)各力偶中两个力在 x、y 轴上的投影。

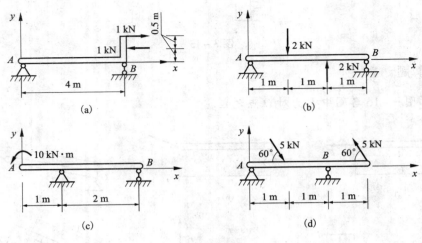

图 3-19

5. 求图 3-20 所示各梁的支座反力。

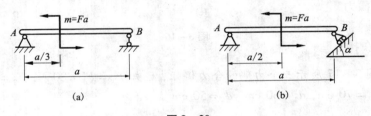

图 3-20

6. 如图 3-21 所示, 已知皮带轮上作用力偶矩 $m = 80\ \text{N·m}$, 皮带轮的半径 $r = 0.2\ \text{m}$, 皮带紧拉边力 $F_{T1} = 500\ \text{N}$, 求平衡时皮带松边的拉力 F_{T2}。

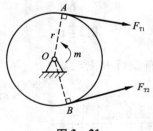

图 3-21

第4章　平面一般力系

【学习目标】

1. 掌握力的平移定理及平面一般力系的简化方法，掌握主矢和主矩的概念及计算；
2. 理解平面一般力系的合力矩定理；
3. 掌握平面一般力系的平衡条件及其应用；
4. 掌握物体系统平衡问题的解题方法。

平面一般力系是指各力的作用线位于同一平面内但不全汇交于一点，也不全平行的力系。平面一般力系是工程上最常见的力系，很多实际问题都可简化成平面一般力系问题处理。

在工程中，有些结构构件所受的力，本来不是平面力系，但这些结构（包括支撑和荷载）都对称于某一个平面。这时，作用在构件上的力系就可以简化为在这个对称面内的平面力系。例如，图 4-1(a) 所示的重力坝，它的纵向较长，横截面相同，且长度相等的各段受力情况也相同，对其进行受力分析时，往往取 1 m 的堤段来考虑，它所受到的重力、水压力和地

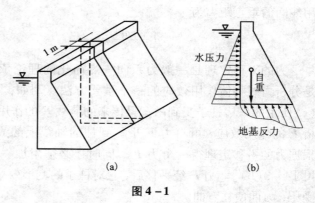

图 4-1

基约束力也可简化到 1 m 长坝身的对称面上而组成平面力系，如图 4-1(b) 所示。

【想一想】

工程中要求结构或构件在一般力系作用下保持静止的平衡状态。那么应满足什么条件才能使之平衡呢？

4.1　力的平移定理

上面两章已经研究了平面汇交力系与平面力偶系的合成与平衡。为了将平面一般力系简化为这两种力系，首先必须解决力的作用线如何平行移动的问题。

设刚体的 A 点作用着一个力 F[图 4-2(a)]，在此刚体上任取一点 O。现在来讨论怎样才能把力 F 平移到 O 点，而不改变其原来的作用效应。为此，可在 O 点加上两个大小相等、方向相反，与 F 平行的力 F' 和 F''，且 $|F'| = |-F''| = |F|$[图 4-2(b)]。根据加减平衡力系公理，

35

F、F'和F''与图4-2(a)的F对刚体的作用效应相同。显然F''和F组成一个力偶，其力偶矩为

$$m = Fd = M_O(F)$$

这三个力可转换为作用在O点的一个力和一个力偶[图4-2(c)]。由此可得**力的平移定理：作用在刚体上的力F，可以平移到同一刚体上的任一点O，但必须附加一个力偶，其力偶矩等于力F对新作用点O之矩。**

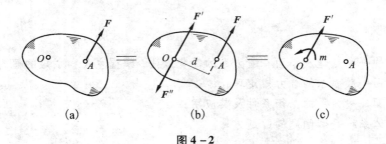

图 4-2

根据上述力的平移的逆过程，共面的一个力和一个力偶总可以合成为一个力，该力的大小和方向与原力相同，作用线间的垂直距离为

$$d = \frac{|m|}{F}$$

力的平移定理是一般力系向一点简化的理论依据，也是分析力对物体作用效应的一个重要方法。例如，图4-3(a)所示的厂房柱子受到吊车梁传来的荷载F的作用，为分析F的作用效应，可将力F平移到柱的轴线上的O点上，根据力的平移定理得一个力F'，同时还必须附加一个力偶[图4-3(b)]。力F经平移后，它对柱子的变形效果就可以很明显地看出，力F'使柱子轴向受压，力偶使柱弯曲。

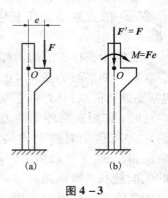

图 4-3

4.2　平面一般力系向作用面内任一点简化

一、简化方法和结果

1. 主矢和主矩

设在物体上作用有平面一般力系F_1，F_2，…，F_n，如图4-4(a)所示。为将这力系简化，首先在该力系的作用面内任选一点O作为**简化中心**，根据力的平移定理，将各力全部平移到O点[图4-4(b)]，得到一个平面汇交力系F_1'，F_2'，…，F_n'和一个附加的平面力偶系m_1，m_2，…，m_n。

其中平面汇交力系中各力的大小和方向分别与原力系中对应的各力相同，即

$$F_1' = F_1,\ F_2' = F_2,\ \cdots,\ F_n' = F_n$$

各附加的力偶矩分别等于原力系中各力对简化中心O点之矩，即

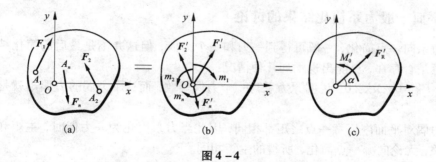

图 4 – 4

$$m_1 = M_O(F_1)，m_2 = M_O(F_2)，\cdots，m_n = M_O(F_n)，$$

由平面汇交力系合成的理论可知，$F_1'，F_2'，\cdots，F_n'$ 可合成为一个作用于 O 点的力 F_R'，并称为原力系的主矢 [图 4 – 4(c)]，即

$$F_R' = F_1' + F_2' + \cdots + F_n' = F_1 + F_2 + \cdots + F_n = \sum F_i \tag{4 – 1}$$

求主矢 F_R' 的大小和方向，可应用解析法。过 O 点取直角坐标系 Oxy，如图 4 – 4 所示。主矢 F_R' 在 x 轴和 y 轴上的投影为

$$F_{Rx}' = F_{1x}' + F_{2x}' + \cdots + F_{nx}' = F_{1x} + F_{2x} + \cdots + F_{nx} = \sum F_x$$

$$F_{Ry}' = F_{1y}' + F_{2y}' + \cdots + F_{ny}' = F_{1y} + F_{2y} + \cdots + F_{ny} = \sum F_y$$

式中 F_{ix}'、F_{iy}' 和 F_{ix}、F_{iy} 分别是力 F_i' 和 F_i 在坐标轴 x 和 y 轴上的投影。由于 F_i' 和 F_i 大小相等、方向相同，所以它们在同一轴上的投影相等。

主矢 F_R' 的大小和方向为

$$F_R' = \sqrt{F_{Rx}'^2 + F_{Ry}'^2} = \sqrt{\left(\sum F_x\right)^2 + \left(\sum F_y\right)^2} \tag{4 – 2}$$

$$\tan\alpha = \frac{|F_{Ry}'|}{|F_{Rx}'|} = \frac{|\sum F_y|}{|\sum F_x|} \tag{4 – 3}$$

α 为 F_R' 与 x 轴所夹的锐角，F_R' 的指向由 $\sum F_x$ 和 $\sum F_y$ 的正负号确定。

由力偶系合成的理论知，m_1，m_2，$\cdots$，m_n 可合成为一个力偶 [如图 4 – 4(c)]，并称为原力系对简化中心 O 的主矩，即

$$M_O' = m_1 + \cdots + m_n = M_O(F_1) + \cdots + M_O(F_n) = \sum M_O(F_i) \tag{4 – 4}$$

综上所述，得到如下结论：平面一般力系向作用面内任一点简化的结果，是一个力和一个力偶。这个力作用在简化中心，它的矢量称为原力系的主矢，并等于原力系中各力的矢量和；这个力偶的力偶矩称为原力系对简化中心的主矩，并等于原力系各力对简化中心的力矩的代数和。

应当注意，作用于简化中心的力 F_R' 一般并不是原力系的合力，力偶矩 M_O' 也不是原力系的合力偶，只有 F_R' 与 M_O' 两者相结合才与原力系等效。

由于主矢等于原力系各力的矢量和，因此主矢 F_R' 的大小和方向与简化中心的位置无关。而主矩等于原力系各力对简化中心的力矩的代数和，取不同的点作为简化中心，各力的力臂都要发生变化，则各力对简化中心的力矩也会改变，因而，主矩一般随着简化中心的位置不同而改变。

二、平面一般力系简化结果的讨论

平面力系向一点简化，一般可得到一力和一个力偶，但这并不是最后的简化结果。根据主矢与主矩是否存在，可能出现下列几种情况：

(1)若 $F'_R = 0$，$M'_O \neq 0$，说明原力系与一个力偶等效，而这个力偶的力偶矩就是该力系的合力偶。

由于力偶对平面内任意一点之矩都相同，因此当力系简化为一力偶时，主矩和简化中心的位置无关，无论向哪一点简化，所得的主矩相同。

(2)若 $F'_R \neq 0$，$M'_O = 0$，则作用于简化中心的力 F'_R 就是原力系的合力，作用线通过简化中心。

(3)若 $F'_R \neq 0$，$M'_O \neq 0$，这时根据力的平移定理的逆过程，可以进一步合成为合力 F_R，如图 4-5 所示。

将力偶矩为 M'_O 的力偶用两个反向平行力 F_R、F''_R 表示，并使 F'_R 和 F''_R 等值、共线，构成一平衡力图 4-5(b)，为保持 M'_O 不变，只要取力臂 d 为

$$d = \frac{|M'_O|}{F_R} = \frac{|M'_O|}{F'_R}$$

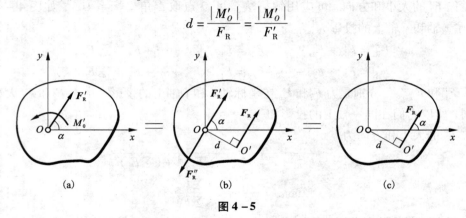

图 4-5

将 F''_R 和 F'_R 这一平衡力系去掉，这样就只剩下 F_R 力与原力系等效[图 4-5(c)]。合力 F_R 在 O 点的哪一侧，由 F_R 对 O 点的矩的转向应与主矩 M'_O 的转向相一致来确定。

(4)$F'_R = 0$，$M'_O = 0$，此时力系处于平衡状态。

三、平面一般力系的合力矩定理

由上面分析可知，当 $F'_R \neq 0$，$M'_O \neq 0$ 时，还可进一步简化为一合力 F_R，见图 4-5，合力对 O 点的矩是

$$M_O(F_R) = F_R \cdot d$$

而

$$F_R \cdot d = M'_O \quad M'_O = \sum M_O(F)$$

所以

$$M_O(F_R) = \sum M_O(F)$$

由于简化中心 O 是任意选取的，故上式有普遍的意义。于是可得到平面力系的合力矩定理：**平面一般力系的合力对作用面内任一点之矩等于力系中各力对同一点之矩的代数和。**

例4-1 如图4-6(a)所示，梁AB的A端是固定端支座，试用力系向某点简化的方法说明固定端支座约束力情况。

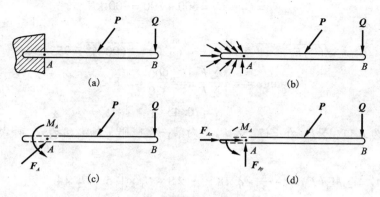

图4-6

解：梁的A端嵌入墙内成为固定端，固定端约束的特点是使梁的端部既不能移动也不能转动。在主动力作用下，梁插入部分与墙接触的各点都受到大小和方向都不同的约束力作用[图4-6(b)]，这些约束力就构成一个平面一般力系，将该力系向梁上A点简化就得到一个力F_A和一个力偶矩为M_A的力偶[图4-6(c)]，为了便于计算，一般可将约束力F_A用它的水平分力F_{Ax}和垂直分力F_{Ay}来代替。因此，在平面力系情况下，固定端支座的约束力包括三个，即阻止梁端向任何方向移动的水平约束力F_{Ax}和竖向约束力F_{Ay}，以及阻止物体转动的约束力偶M_A。它们的指向都是假定的[图4-6(d)]。

例4-2 已知素混凝土水坝自重$G_1 = 600 \text{ kN}$，$G_2 = 300 \text{ kN}$，水压力在最低点的荷载集度$q = 80 \text{ kN/m}$，各力的方向及作用线位置如图4-7(a)所示。试将这三个力向底面A点简化，并求简化的最后结果。

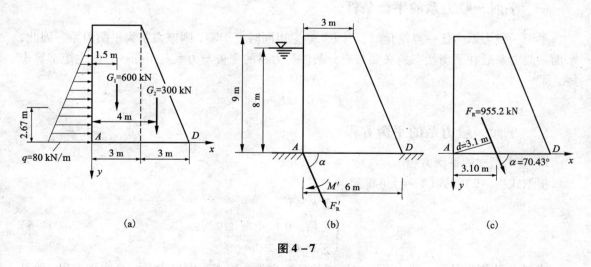

图4-7

解：以底面A为简化中心，取坐标系如图4-7(a)所示，由式(4-2)和式(4-3)可求得主矢F'_R的大小和方向。由于

$$\sum F_x = \frac{1}{2} \times q \times 8 = \frac{1}{2} \times 80 \times 8 = 320 \text{ kN}$$

$$\sum F_y = G_1 + G_2 = 600 + 300 = 900 \text{ kN}$$

所以

$$F'_R = \sqrt{(\sum F_x)^2 + (\sum F_y)^2} = \sqrt{(320)^2 + (900)^2} = 955.2 \text{ kN}$$

$$\tan\alpha = = \frac{|\sum F_y|}{|\sum F_x|} = \frac{900}{320} = 2.813$$

$$\alpha = 70.43°$$

因为 $\sum F_x$ 为正值，$\sum F_y$ 为正值，故 F'_R 指向第一象限与 x 轴夹角为 α，再由式(4-4)可求得主矩为

$$M'_A = \sum M_A(F) = -\frac{1}{2} \times q \times 8 \times \frac{1}{3} \times 8 - G_1 \times 1.5 - G_2 \times 4$$

$$= -\frac{1}{2} \times 80 \times 8 \times \frac{1}{3} \times 8 - 600 \times 1.5 - 300 \times 4 = -2953.3 \text{ kN·m}$$

计算结果为负值表示 M'_A 是顺时针转向。

因为主矢 $F'_R \neq 0$，主矩 $M'_A \neq 0$，如图 4-7(b)所示，所以还可进一步合成为一个合力 F_R。F_R 的大小、方向与 F'_R 相同，它的作用线与 A 点的距离为

$$d = \frac{|M'_A|}{F_R} = \frac{2953.3}{955.2} = 3.10 \text{ m}$$

因 M'_A 为负，故 $M_A(F'_R)$ 也应为负，即合力 F_R 应在 A 点右侧，如图 4-7(c)所示。

4.3 平面一般力系平衡

一、平面一般力系的平衡条件

平面一般力系向任一点简化时，当主矢、主矩同时等于零，则该力系为平衡力系。因此，平面一般力系处在平衡状态的必要与充分条件是力系的主矢与力系对于任一点的主矩都等于零，即

$$F'_R = 0 \qquad M'_O = 0$$

二、平面一般力系的平衡方程

1. 基本形式的平衡方程

根据式(4-2)和式(4-4)可得到，

$$\begin{cases} \sum F_x = 0 \\ \sum F_y = 0 \\ \sum M_O(F) = 0 \end{cases} \qquad\qquad (4-5)$$

式(4-5)称为平面一般力系基本形式的平衡方程。因方程中仅含有一个力矩方程，故又称为一矩式平衡方程。它表明平面一般力系平衡的必要和充分条件为：**力系中所有各力在力系作用面内两个坐标轴中每一轴上的投影的代数和等于零；力系中所有各力对于作用面内任**

40

一点的力矩的代数和等于零。

2. 其他形式的平衡方程

平面一般力系的平衡方程，除式(4-5)这种基本形式以外，还有如下两种形式：

(1)二矩式平衡方程。

$$\begin{cases} \sum F_x = 0 \\ \sum M_A = 0 \\ \sum M_B = 0 \end{cases} \qquad (4-6)$$

式中 A、B 两矩心的连线不能垂直于 x 轴。

(2)三矩式平衡方程。

$$\begin{cases} \sum M_A = 0 \\ \sum M_B = 0 \\ \sum M_C = 0 \end{cases} \qquad (4-7)$$

A、B、C 为力系作用面内不在同一条直线上的三点。

上述三个方程都可以用来解决平面一般力系的平衡问题。究竟选取哪一组方程，需根据具体条件确定。对于受平面一般力系作用的单个物体的平衡问题，只可以写出三个独立的平衡方程，求解三个未知量。

例4-3 简支梁受力如图4-8(a)所示。已知 $F = 20$ kN，$q = 10$ kN/m，不计梁自重，求 A、B 两处的支座约束力。

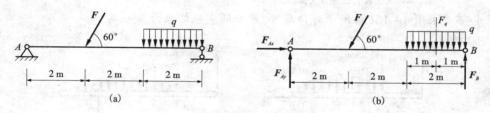

图4-8

解：取 AB 梁为研究对象，其受力如图4-8(b)，分布荷载 q 可用作用在分布荷载中心的集中力 F_q（图中虚线所示）代替，其大小为 $F_q = 2q$。列平衡方程并求解

$\sum F_x = 0 \quad F_{Ax} - F\cos 60° = 0$

$\qquad F_{Ax} = F\cos 60° = 20 \text{ kN} \times \cos 60° = 10 \text{ kN}$

$\sum M_A = 0 \quad 6F_B - 5F_q - 2F\sin 60° = 0$

$\qquad F_B = \frac{1}{6}(5F_q + 2F\sin 60°) = \frac{1}{6}(5 \times 2 \times 10 + 2 \times 20 \times \sin 60°) \text{ kN} = 22.4 \text{ kN}$

$\sum M_B = 0 \quad 6F_{Ay} - 4F\sin 60° - F_q \times 1 = 0$

$\qquad F_{Ay} = \frac{1}{6}(4F\sin 60° + F_q) = \frac{1}{6}(4 \times 20\sin 60° + 2 \times 10) = 14.9 \text{ kN}$

检查计算结果是否正确，可用方程 $\sum F_y = 0$ 进行校核，请读者自行完成。

例4-4 悬臂刚架尺寸和受力如图4-9(a)所示，求 A 支座的约束力。

解：取刚架为研究对象，其受力如图4-9(b)所示。由平衡方程求解

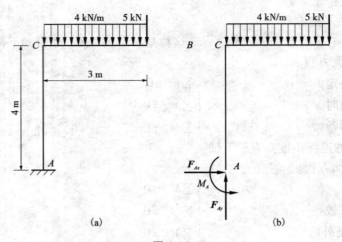

图 4 - 9

$$\sum F_x = 0 \quad F_{Ax} = 0$$

$$\sum F_y = 0 \quad F_{Ay} - 4 \times 3 - 5 = 0$$

$$F_{Ay} = 4 \times 3 + 5 = 17 \text{ kN}$$

$$\sum M_A = 0 \quad M_A - 4 \times 3 \times 1.5 - 5 \times 3 = 0$$

$$M_A = 4 \times 3 \times 1.5 + 5 \times 3 = 33 \text{ kN}$$

例 4 - 5 求图 4 - 10(a)所示外伸梁 A、B 处的支座约束力。

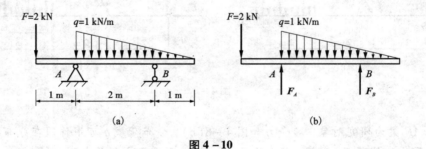

图 4 - 10

解： 取外伸梁为研究对象,受力如图 4 - 10(b)所示。由于梁上的集中荷载、分布荷载以及 B 处的约束约束力相互平行,故 A 处的约束约束力必定与各力平行,才可能使该力系平衡。应用平面平行力系的平衡方程求解两个未知量。

$$\sum M_B = 0 \quad 3F + 1 \times \frac{1}{2} \times q \times 3 - 2F_A = 0$$

$$F_A = \frac{1}{2}(3F + 1.5q) = \frac{1}{2}(3 \times 2 + 1.5 \times 1) = 3.75 \text{ kN}$$

$$\sum F_y = 0 \quad F_A + F_B - \frac{1}{2} \times q \times 3 - F = 0$$

$$F_B = F + 1.5q - F_A = (2 + 1.5 \times 1 - 3.75) = -0.25 \text{ kN}$$

求出的 F_B 为负值,说明受力图中假设的 F_B 的指向与实际的指向相反。

4.4　物体系统的平衡

　　由若干个物体以适当的方式连接而成的系统称为物体系统(简称物系)。物体系统内部各物体之间通过一定的约束方式相互联系,整个系统又用适当的约束与其他物体相连接。当整个物体系统平衡时,组成该系统的每一个物体也必定平衡。

　　物体系统内部各物体之间的约束称为内约束,而物体系统以外的物体对该物体系统的约束称为外约束。当物体系统受到主动力作用时,无论是在内约束处还是在外约束处,一般都将产生约束力。物体系统内各个物体之间的相互作用力,称为系统的内力。显然,内约束力是物体系统的内力。物体系统以外的物体作用于该物体系统的力,称为系统的外力。例如图 $4-11$(a)所示的三铰拱,是由 AC 与 CB 两部分用铰链 C 连接而成的物体系统,铰链 C 是内约束,支座 A、B 是外约束。对整个三铰拱来说,如图 $4-11$(b)所示,铰链 C 处的约束力 F_{Cx}、F_{Cy} 和 F'_{Cx}、F'_{Cy} 是内力(图上未画出);主动力如集中力 F_1、F_2 以及 A、B 处的约束力 F_{Ax}、F_{Ay}、F_{Bx}、F_{By} 则是外力。应当注意:所谓内力和外力是相对的,它们随着研究对象的不同而转化。如果取 AC 或 CB 为研究对象,如图 $4-11$(c)、(d)所示,铰链 C 处的约束力 F_{Cx}、F_{Cy} 和 F'_{Cx}、F'_{Cy} 就成为外力。

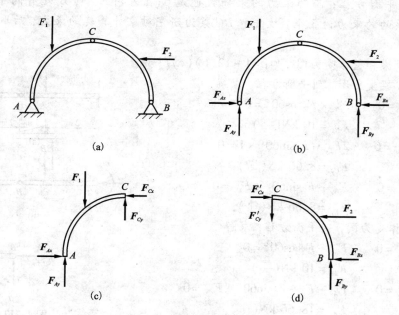

图 4 – 11

　　求解物体系统的平衡问题,就是计算出物体系统的内、外约束力。解决问题的关键在于恰当地选取研究对象,这往往需要通过几次选择,考察几个研究对象,才能求解出全部未知量。选取研究对象,一般有两种方法:

　　(1)先以整个物体系统为研究对象,列出平衡方程,求得一部分未知量;再取物体系统中的某一部分物体或单个物体为研究对象,列出另外的平衡方程,求解剩下的未知量,直至求出全部未知量。

（2）先取某一部分物体或单个物体为研究对象，再取其他部分物体或整体为研究对象，逐步列出平衡方程求得所有未知量。

在选择研究对象和列平衡方程时，应使每一个平衡方程中的未知量个数尽量少，最好是一个方程只含有一个未知量，以免求解联立方程。

应当指出，如果物体系统是由 n 个物体组成的，而且每一物体都受平面任意力系作用，则该物体系统共有 $3n$ 个独立平衡方程，可以求解 $3n$ 个未知量。如果物体系统中有的物体受平面力偶系或平面汇交力系或平面平行力系的作用，则独立平衡方程的数目以及能求解出的未知量的数目都会相应地减少。

当研究物体或物体系统的平衡问题时，如果问题中的未知量的数目小于或等于该物体或物体系统所能列出的独立平衡方程的数目，且全部未知量都可由平衡方程求得，则这类问题称为静定问题。前面所举的例题都是静定问题。如果问题中的未知量的数目大于独立平衡方程的数目，仅用平衡方程就不能求得全部未知量，这类问题称为静不定问题或超静定问题。

下面举例说明物体系统(静定结构)平衡问题的解法。

例 4-6 组合梁受荷载如图 4-12(a)所示。已知 $F_1 = 10$ kN，$F_2 = 20$ kN，梁自重不计，求支座 A、C 的约束力。

解： 组合梁由两段梁 AB 和 BC 组成，作用于每一个物体的力系都是平面一般力系，共有 6 个独立的平衡方程；而约束力的未知数也是 6(A 处有三个，B 处有两个，C 处有一个)。但 BC 梁的约束力为 3 个，故先取 BC 梁为研究对象计算其约束力，后取整体为研究对象的计算。

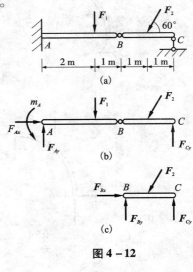

图 4-12

（1）作 BC 梁和整体受力图，如图 4-12(b)(c)所示。

（2）由 BC 梁受力图，列平衡方程，求解

$$\sum F_x = 0 \qquad F_{Bx} - F_2 \cos 60° = 0$$
$$F_{Bx} = 10 \text{ kN}(\rightarrow)$$
$$\sum M_B = 0 \qquad 2F_{Cy} - F_2 \sin 60° \times 1 = 0$$
$$F_{Cy} = 8.66 \text{ kN}(\uparrow)$$
$$\sum F_y = 0 \qquad F_{By} - F_2 \sin 60° + F_{Cy} = 0$$
$$F_{By} = 8.66 \text{ kN}(\uparrow)$$

（3）由整体受力图，列平衡方程，求解

$$\sum F_x = 0 \qquad F_{Ax} - F_2 \cos 60° = 0$$
$$F_{Ax} = 10 \text{ kN}(\rightarrow)$$
$$\sum F_y = 0 \qquad F_{Ay} - F_1 - F_2 \sin 60° + F_{Cy} = 0$$
$$F_{Ay} = 18.66 \text{ kN}(\uparrow)$$
$$\sum M_A = 0 \qquad m_A - 2F_1 - F_2 \sin 60° \times 4 + 5F_{Cy} = 0$$
$$m_A = 45.98 \text{ kN} \cdot \text{m}(\curvearrowleft)$$

校核：对整个组合梁，列出

$$\sum M_B = m_A - 3F_{Ay} + F_1 \times 1 - 1 \times F_2 \sin 60° + 2F_{Cy}$$
$$= 45.98 - 3 \times 18.66 + 10 \times 1 - 1 \times 20 \times 0.866 + 2 \times 8.66 = 0$$

可见计算无误。

例4−7　三铰刚架尺寸以及所受荷载如图4−13(a)所示，其中 $F=qa$，求支座 A、B 及铰 C 处的约束力。

解： 三铰刚架是由左、右两半刚架用中间铰 C 连接而成的物体系统。作用在每个半刚架上的力系都是平面任意力系，未知的约束力有6个，而独立平衡方程也是6个，可以求解6个未知约束力。分别分析整个三铰刚架和左、右两半刚架的受力，它们的受力图分别如图4−13(b)、(c)、(d)所示。由图可见，不论是整个三铰刚架还是左、右半刚架都各有四个未知力，但是注意到图4−13(b)中虽有四个未知力，若分别以 A 和 B 为矩心，列出力矩方程，可以方便地求出 F_{By} 和 F_{Ay}。然后，再考虑一个半刚架的平衡，这时，每个半刚架都只剩下三个未知力，问题就迎刃而解了。计算如下：

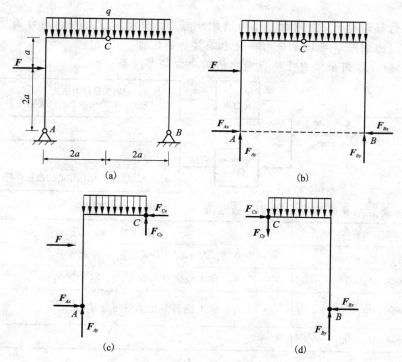

图4−13

(1)取三铰刚架整体为研究对象，受力如图4−13(b)所示，列平衡方程

$\sum M_B=0$　　$F_{Ay}\times 4a+F\times 2a-q\times 4a\times 2a=0$

$$F_{Ay}=\frac{1}{4a}\left(8qa^2-2qa^2\right)=1.5qa(\uparrow)$$

$\sum M_A=0$　　$F_{By}\times 4a-F\times 2a-q\times 4a\times 2a=0$

$$F_{By}=\frac{1}{4a}\left(8qa^2+2qa^2\right)=2.5qa(\uparrow)$$

$\sum F_x=0$　　$F_{Ax}+F-F_{Bx}=0$　　　　　　　　　　　　　　　　　　　(a)

(2)取右半刚架为研究对象，受力如图4−13(d)所示，列平衡方程

$\sum M_C=0$　　$F_{Bx}\times 3a+q\times 2a\times a-F_{By}\times 2a=0$

$$F_{Bx}=\frac{1}{3a}\left(F_{By}\times 2a-2qa^2\right)=qa(\leftarrow)$$

$$\sum F_x = 0 \quad F_{Cx} - F_{Bx} = 0$$
$$F_{Cx} = F_{Bx} = qa(\rightarrow)$$
$$\sum F_y = 0 \quad F_{By} - F_{Cy} - q \times 2a = 0$$
$$F_{Cy} = F_{By} - 2qa = 0.5qa(\downarrow)$$

将 F_{Bx} 的值带入式(a)得 $F_{Ax} = F_{Bx} - F = 0$。

再取左半个刚架为研究对象,列出平衡方程,可校核以上计算结果是否正确,读者自行完成。

本章小结

1. 力的平移定理

当一力平行移动时,必须附加一个力偶才能与原力等效,附加力偶的力偶矩等于原力对新作用点的矩。力的平移定理是平面一般力系简化的依据。

2. 平面一般力系向平面内任一点简化的简化方法与结果。

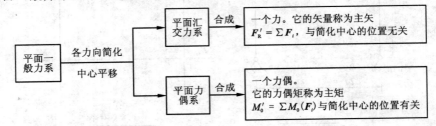

3. 简化的最后结果或者是一个力,或者是一个力偶,或者平衡。

情　　况	最　　后　　结　　果
$F'_R = 0,\ M'_O \neq 0$	一个力偶。$M = M'_O$,与简化中心位置无关
$F'_R \neq 0,\ M'_O = 0$	一个力。作用线通过简化中心,$F'_R = \sum F_i$
$F'_R \neq 0,\ M'_O \neq 0$	一个力。作用线到简化中心相距 $d = \dfrac{\|M'_O\|}{F_R}$
$F'_R = 0,\ M'_O = 0$	平衡

4. 平面一般力系的平衡方程,及平衡方程的应用。

自我检测

一、填空题

1. 平面一般力系向平面内任意点简化结果有四种情况,分别是 ＿＿＿＿＿＿＿、＿＿＿＿＿＿＿、＿＿＿＿＿＿＿、＿＿＿＿＿＿＿。

2. 平面一般力系的三力矩式平衡方程的附加条件是＿＿＿＿＿＿＿＿＿＿＿＿＿。

二、选择题

1. 平面平行力系合成的结果是(　　　)。

A. 合力　　　　　　B. 合力偶　　　　　C. 主矩　　　　　D. 主矢和主矩

2. 平面一般力系有（　　）个独立的平衡方程，可用来求解未知量。

A. 1　　　　　　　B. 2　　　　　　　C. 3　　　　　　　D. 4

3. 平面一般力系可以分解为（　　）

A. 一个平面汇交力系　　　　　　　　B. 一个平面力偶系

C. 一个平面汇交力系和一个平面力偶系　　D. 无法分解

三、计算题

1. 图 4-14 所示一平面力系，已知 $F_1 = 10$ N，$F_2 = 25$ N，$F_3 = 40$ N，$F_4 = 16$ N，$F_5 = 14$ N，求力系向 O 点简化的结果。图中每小格边长为 1 m。

2. 重力坝受力情形如图 4-15 所示，设坝的自重分别为 $G_1 = 9600$ kN，$G_2 = 21600$ kN，上游水压力 $P = 10120$ kN，试将力系向坝底 O 点简化，并求其最后的简化结果。

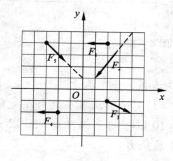

图 4-14

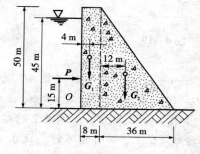

图 4-15

3. 梁 AB 的支座如图 4-16 所示。在梁的中点作用一力 $P = 20$ kN，力和梁的轴线成 45°。如梁的自重忽略不计，分别求（a）、（b）两种情况下支座反力。比较两种情况的不同结果，你得到什么概念？

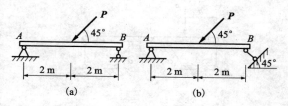

图 4-16

4. 求图 4-17 所示各梁的支座反力。

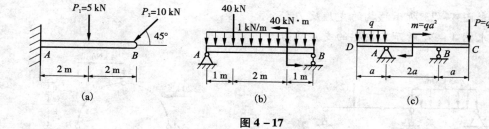

图 4-17

5. 求图 4-18 所示各梁的支座反力。

6. 求图 4-19 所示刚架的支座反力。

7. 求图 4-20 所示多跨静定梁的支座反力。

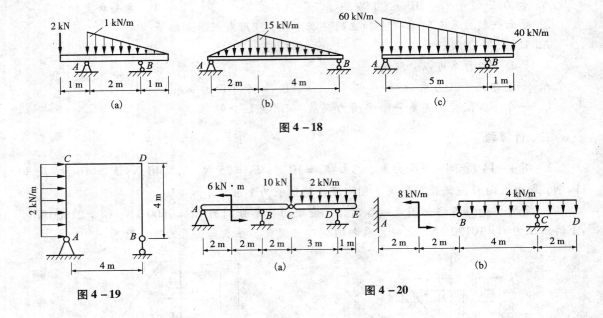

图 4 – 18

图 4 – 19

图 4 – 20

8. 图 4 – 21 所示多跨静定梁 AB 段和 BC 段用铰链 B 连接，并支承于连杆 1、2、3、4 上，已知 AD = EC = 6 m，AB = BC = 8 m，α = 60°，a = 4 m，P = 150 kN，试求各连杆所受的力。

9. 如图 4 – 22 所示，多跨梁上的起重机，起重量 P = 10 kN，起重机重 G = 50 kN，其重心位于铅垂线 EC 上，梁自重不计。试求 A、B、D 三处的支座反力。

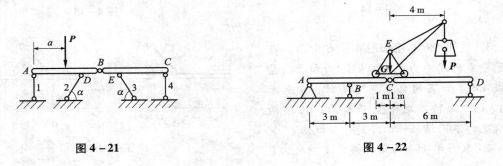

图 4 – 21

图 4 – 22

10. 求图 4 – 23 所示结构的支座反力。

11. 求图 4 – 24 所示三铰拱的支座反力。

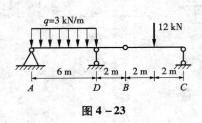

图 4 – 23

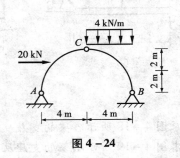

图 4 – 24

第二部分 材料力学

材料力学是研究构件承载能力的科学。

构件的承载能力,是指构件在荷载作用下,能够满足强度、刚度和稳定性要求的能力。

(1)**强度**是指构件抵抗破坏的能力。

(2)**刚度**是指构件抵抗变形的能力。

(3)**稳定性**是指构件保持原有平衡状态的能力。

不同的构件对强度、刚度、稳定性三方面的要求程度有所不同,但都必须首先满足强度要求。但是对于高强度材料制成的构件,就有可能在满足强度要求的情况下,却破坏了。例如,受压的细长直杆,在压力较小时,可以保持原有的直线平衡状态,当压力增大到一定数值时,便会突然弯曲破坏,这种现象称为**丧失稳定**。构件破坏的原因是杆件丧失了保持原有直线形状的稳定性而造成的。

在设计构件时,如果为了满足强度、刚度和稳定性的要求,就会选择强度高的材料或较大截面尺寸的构件;为了经济,就会尽量选用廉价材料或较小截面尺寸的构件。显然安全和经济成了矛盾的两个方面。

材料力学的任务就是在保证构件满足强度、刚度和稳定性要求的前提下,以最经济的代价为构件选择适宜的材料,确定合理的形状和尺寸,提供必要的理论基础和计算方法。

第 5 章 材料力学的基本概念

5.1 变形固体的基本假设

【学习目标】

1. 了解变形固体的基本假设。
2. 掌握杆件变形的基本形式。
3. 掌握内力及应力的概念。

【想一想】

如图 5-1 所示，构件 AB 在外力作用下各发生怎样的变形？

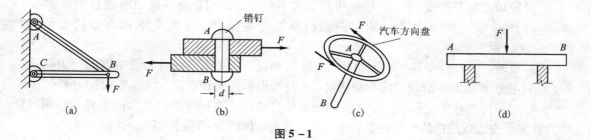

图 5-1

一、变形固体

建筑工程中的构件都由固体材料组成，如钢、铸铁、木材、混凝土等。这些固体材料在外力作用下会产生变形，又称为变形固体。材料力学主要研究杆件在外力作用下的变形和破坏规律，分析其强度、刚度和稳定性。因此，不能把它视为刚体而应当视为变形固体。

变形固体在外力作用下会产生两种不同性质的变形：一种是当外力消除后，变形也随之消失，这种变形称为弹性变形；另一种是外力消除后，变形不能完全消失而留有残余，这种残余部分的变形称为塑性变形。材料力学将研究杆件及其材料在弹性范围内的变形问题。

二、变形固体的基本假设

变形固体是多种多样的，其性质也各不相同。为了便于问题的研究，略去次要因素，保留主要性质，在材料力学中对变形固体作了如下假设。

（1）连续性假设。认为变形固体在其整个体积内连续不断地充满了物质，无任何空隙。依据这一假设，当把力学中某量视为固体内点的坐标函数时，可以利用高等数学中微分和积分等进行分析。

（2）均匀性假设。认为变形固体内各点处的力学性质完全相同。因此，在分析问题时，构件内任一点的力学性质完全可以代表整个变形固体。

（3）各向同性假设。认为固体材料在各个方向上的力学性质完全相同，符合这种假设的材料称为各向同性材料。若材料沿不同方向具有不同的力学性质时，则称为各向异性材料。在材料力学中只局限于研究各向同性的材料。

（4）弹性假设。认为作用于构件上的外力不超过某一限度时，构件的变形是完全弹性的。

（5）小变形假设。在实际工程中，构件在荷载作用下，其变形与构件的原尺寸相比通常很小，可忽略不计，所以，在研究构件的平衡和运动时，可按变形前的原始尺寸和形状进行计算。这样做，可使计算大为简化，而又不影响计算结果的精度。

实践结果表明，采用以上假设不仅大大方便了理论的研究和计算方法的推导，且计算结果的精确度完全可以满足工程的要求。

5.2　杆件变形的基本形式

杆件在不同形式的外力作用下，将发生不同形式的变形，杆件变形的基本形式有以下四种。

（1）**轴向拉伸或压缩**。当杆件受到沿轴线方向的外力作用时，杆件将沿轴线方向伸长或缩短，这种变形称为轴向拉伸或压缩，如图 5 - 2（a）、（b）所示。

（2）**剪切**。当杆件受到一对相距很近、大小相等、方向相反、作用线垂直于杆轴线的外力作用时，位于两个力之间的各横截面发生相对错动，这种变形称为剪切变形，如图 5 - 2（c）所示。

（3）**扭转**。当杆件受到一对大小相等、转向相反、作用面与杆件轴线垂直的外力偶作用时，杆件各横截面发生绕轴线的相对转动，这种变形称为扭转变形，如图 5 - 2（d）所示。

（4）**弯曲**。当杆件受到垂直于杆件轴线的外力或作用在杆件纵向平面的力偶的作用时杆件的轴线由直线弯成曲线，这种变形称为弯曲变形，如图 5 - 2（e）所示。

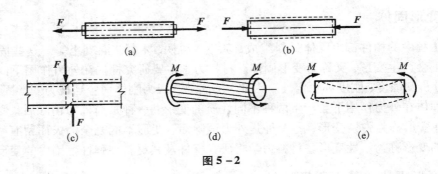

图 5 - 2

5.3　内力与应力

一、内力

当物体受到外力作用后，内部各质点间的相互作用力发生改变，这种改变量称为内力。内力是由外力引起的，并随外力的增大而增大。但是，对于任一杆件而言，内力的增大是有限度的，超过此限度，杆件就会发生破坏，这表明内力与杆件的强度、刚度有密切的关系。因此，研究杆件的内力是材料力学的主要内容之一。

二、计算内力的基本方法——截面法

为了确定杆件内某截面的内力，可以用假想的截面沿要求内力的截面将杆件截开，分为两半部，取其中的一半作为研究对象，利用静力平衡方程求出内力，这种方法称为截面法。

截面法计算内力的步骤：

（1）用假想的截面沿要求内力的截面将杆件截开，分为两半部，取其中的一半部为研究对象。

（2）画研究对象的受力图。画受力图时，另一部分对研究对象的作用力用内力来代替。

（3）利用研究对象的平衡条件，列平衡方程求解内力。

所以，截面法计算内力的步骤可以归结为：一截，二代，三平衡。

三、应力

在工程设计中，仅仅知道内力，还不能解决杆件的强度问题。例如两根材料相同、截面面积不同的杆件，受同样大小的轴向拉力作用，随着拉力的增大，细杆将首先拉断。这一事实说明，杆件的强度不仅与杆件的内力有关，还与横截面积有关，也就是说杆件的强度还与内力在截面上分布的集度有关。

内力在截面上分布的密集程度，或分布内力在一点处的集度称为应力。如图 5-3(a) 所示的杆件某截面上 K 点，围绕该点取一微小面积 ΔA，作用在该面积上的微内力为 ΔF，则 ΔA 上内力的平均集度为

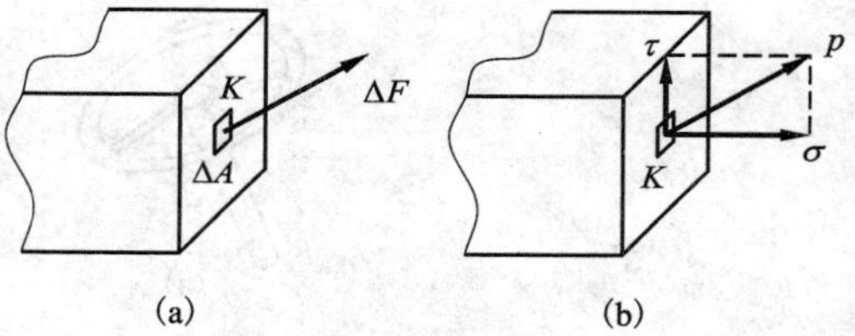

图 5-3

$$p_m = \frac{\Delta F}{\Delta A}$$

式中：p_m 为面积 ΔA 上的平均应力。

当内力分布不均匀时，平均应力的值将随 ΔA 的大小而变化，它不能确切地反映 K 点处内力的集度。只有当 ΔA 趋于零时，平均应力 p_m 的极限值 p 才能代表 K 点处的内力集度，即 K 点的应力为 $p = \lim\limits_{\Delta A \to 0} \frac{\Delta F}{\Delta A}$。

通常将应力分解为两个分应力，与截面垂直的分应力称为正应力，用 σ 表示；与截面相切的分应力称为剪应力，也可称为切应力，用 τ 表示，如图 5-3(b) 所示。

应力的国际单位为"帕斯卡"，简称"帕"，用符号 Pa 表示，$1 Pa = 1 N/m^2$。

工程实际中应力数值较大，常用千帕(kPa)、兆帕(MPa)、吉帕(GPa)作单位。

$$1 \text{ kPa} = 10^3 \text{ Pa}$$
$$1 \text{ MPa} = 10^6 \text{ Pa}$$
$$1 \text{ GPa} = 10^9 \text{ Pa}$$

本章小结

1. 变形固体的基本假设：连续性假设、均匀性假设、各向同性假设、弹性假设。

2. 杆件变形的基本形式：轴向拉伸或压缩、剪切、扭转、弯曲。

3. 内力：当物体受到外力作用后，内部各质点间的相互作用力称为内力；计算内力的基本方法为截面法。

4. 应力：内力在一点处的集度称为应力；通常将应力分解为两个分应力，与截面垂直的分应力称为正应力，用 σ 表示；与截面相切的分应力称为切应力，用 τ 表示。

自我检测

一、选择题

1. 图 5 - 4(a)所示构件 AB 发生(   )变形。

A. 轴向拉伸   B. 剪切   C. 扭转   D. 弯曲

2. 图 5 - 4(b)所示构件 AB 发生(   )变形。

A. 轴向拉伸   B. 剪切   C. 扭转   D. 弯曲

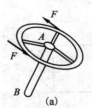 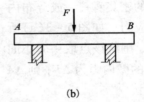

(a)   (b)

图 5 - 4

二、填空题

1. 杆件变形的基本形式有轴向拉伸或压缩、_____、_____、_____。

2. 计算内力的基本方法是_____。

3. 应力是内力在一点处的_____。

4. 1 MPa = _____ Pa。

第6章　轴向拉伸与压缩

【学习目标】

1. 正确使用截面法和简捷法计算轴向拉压杆横截面上的轴力，并绘制轴力图。
2. 正确分析轴向拉压杆横截面上的正应力，掌握拉压杆的强度计算。
3. 掌握轴向拉压杆的变形计算，以分析拉压杆的刚度问题。

【读一读】

吊顶在装饰工程中应用非常广泛，大面积吊顶通常由悬吊龙骨和装饰顶棚组成（如图6-1所示）。

在选择吊杆时，除考虑龙骨的刚度、稳定性外，应重点考虑吊杆需承受的轴向拉力，即吊顶系统的总荷载，既要根据强度条件及吊杆的材料选择吊杆的数量和吊杆的粗细，同时还应考虑吊杆在荷载作用下的变形，从而确保吊顶的安全和顶棚的平整度。

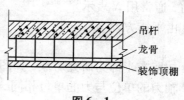

图6-1

6.1　轴向拉伸和压缩的概念

在工程结构中，轴向拉伸或压缩的杆件很多。如图6-2(a)所示三铰支架中，AB 杆受拉，BC 杆受压；图6-2(b)所示的桁架中，所有杆件受拉或受压。

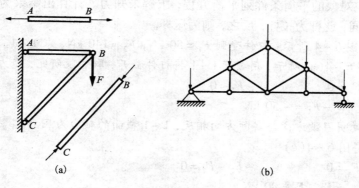

图6-2

由以上实例可知，轴向拉伸或压缩变形杆件的受力特点：外力沿杆件轴线方向，即外力为轴向外力。变形特点：杆件沿轴线方向伸长或缩短。

6.2 轴向拉(压)杆的内力

一、轴向拉(压)杆横截面上的内力

1. 轴力

如图 6-3(a)所示的等截面直杆在轴向外力 F 作用下，产生轴向拉伸变形。现求任一横截面 $m-m$ 上的内力。

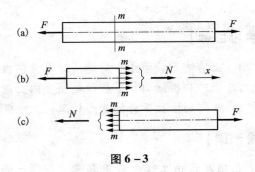

图 6-3

用假想的截面沿 $m-m$ 截面截开，若取左半部为研究对象，如图 6-3(b)所示，由平衡条件可知，该截面上必有与外力 F 平衡的内力，因为内力的作用线沿杆件的轴线，故称为轴力，通常用 N 表示。

由平衡方程 $\sum F_x = 0$，得

$$N - F = 0, \quad N = F(\text{拉力})$$

如取右半部为研究对象，如图 6-3(c)所示，同样可得出相同的结果。

轴力的单位与力的单位相同，常用的为牛(N)或千牛(kN)。

2. 轴力的正负号

当杆件受拉时，轴力为拉力，其方向背离截面；当杆件受压时，轴力为压力，其方向指向截面。规定：轴力以拉力为正，压力为负。

3. 截面法计算指定截面的轴力

用截面法计算轴力的步骤：

(1)用假想截面将杆件沿要求内力的截面截开，取其中的一半部为研究对象。

(2)画研究对象的受力图。画受力图时，一般假设截面上的轴力为拉力(即正值)。

(3)根据研究对象的平衡条件列平衡方程，求解未知力。计算出结果为正，说明假设方向和实际方向相同，此杆为拉杆；反之，则为压杆。

例 6-1 如图 6-4 所示：杆件受到 $F_1 = 50$ kN，$F_2 = 140$ kN，求 1-1、2-2 处的轴力。

解：(1)如图 6-4(a)所示，用截面 1-1 将杆件截开，取右段研究，受力图如图 6-4(b)

由 $\qquad \sum F_x = 0 \qquad -N_{1-1} - F_1 = 0$

所以 $\qquad N_{1-1} = -F_1 = -50$ kN

结果为负，说明假设方向与实际方向相反，1-1 截面的轴力为压力。

(2)同理可得图 6-4(c)

由 $\qquad \sum F_x = 0 \qquad -N_{2-2} + F_2 - F_1 = 0$

所以 $\qquad N_{2-2} = F_2 - F_1 = 90$ kN

4. 计算轴力的简捷法——利用计算轴力的规律计算

由截面法可总结出计算轴力的规律：轴向拉压杆件任一横截面上的轴力等于该截面一侧(左半部或右半部)所有轴向外力的代数和。并规定轴向外力的正负号：外力指向截面(为压力)取负号，远离截面(为拉力)取正号。若计算结果为正说明是拉力，反之，是压力。本书

中我们把这种利用计算内力的规律来计算内力
的方法称为简捷法。

例 6 - 2　用简捷法计算图 6 - 5 杆件中各
指定截面的轴力。

解：考虑各截面以左

二、轴力图

为了表明各横截面上的轴力随横截面位置
而变化的情况，用平行于杆轴线的坐标（即 x 坐
标）表示横截面的位置，用垂直于杆轴线的坐标
（N 坐标）表示横截面上轴力的数值，按一定的
比例绘制出表示轴力与截面位置关系的图线，
这种图线称为轴力图。从轴力图上可直观地看
出最大轴力的数值及其所在横截面的位置。习

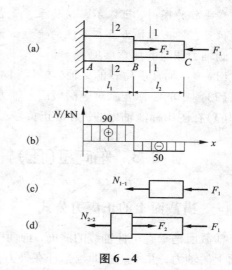

图 6 - 4

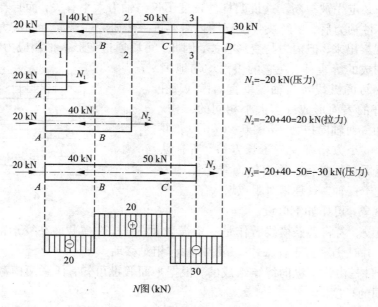

图 6 - 5

惯上将正的轴力画在 x 轴的上方，负的轴力画在 x 轴的下方。

例 6 - 3　绘制图 6 - 5 杆件的轴力图。

解：（1）分段计算轴力。按外力的作用点将杆件分为 AB、BC、CD 三段，分别计算每一段
横截面上的轴力。因为每一段内均无荷载作用，所以轴力无变化，即每一段内各个横截面上
的轴力相等，取其中的任一截面即可计算出该段截面的轴力。

$$N_{AB} = N_1 = -20 \text{ kN}（压力）$$
$$N_{BC} = N_2 = 20 \text{ kN}（拉力）$$
$$N_{CD} = N_3 = -30 \text{ kN}（压力）$$

（2）分段画轴力图。按前述作轴力图的规则，分段作出杆件的轴力图。为了方便起见，

通常在画轴力图时，可以不画坐标系，而是用一条与杆件等长且平行的基线表示杆件各横截面的位置，将正的轴力画在基线的上方，负的轴力画在基线的下方，如图6-5所示。

画轴力图时的注意事项：

(1)表示横截面位置的 x 轴(或基线)必须与杆件轴线平行。

(2)图中的竖标表示对应横截面上轴力的大小，故要与纵坐标 N 平行。

(3)在图中标清轴力的大小、正负号、图名和单位。

6.3 轴向拉(压)杆横截面及斜截面上的应力

一、横截面上的正应力公式

横截面是垂直于杆轴线的截面，前面已经介绍了如何求杆件的轴力，但是仅知道杆件横截面上的轴力，并不能立即判断杆在外力作用下是否会因强度不足而破坏。例如，两根材料相同而粗细不同的直杆，受到同样大小的拉力作用，两杆横截面上的轴力也相同，随着拉力逐渐增大，细杆必定先被拉断。这说明杆件强度不仅与轴力大小有关，而且与横截面面积有关，所以求出杆件轴力后，要解决强度问题还需要进一步研究横截面上的应力。应力的分布情况不能直接观察出来，但内力与变形有关，因此，可以通过变形来推测应力的分布。

取一橡胶制成的等直杆，在它的表面均匀地画上若干与轴线平行的纵线及与轴线垂直的横线[图6-6(a)]，使杆的表面形成许多大小相同的方格。然后在两端施加一对轴向拉力 F[图6-6(b)]，可以观察到，所有的小方格都变成了长方格，所有纵线都伸长了，但仍互相平行。所有的横线仍保持为直线，且仍垂直于杆轴，只是相对距离增大了。

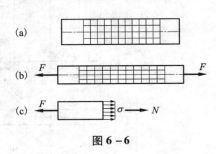

图6-6

根据上述现象，可作如下假设。

(1)平面假设。若将各条横线看作是一个横截面，则杆件横截面在变形前是平面，变形后仍保持平面，并且仍垂直于杆轴，只是沿杆轴作相对移动。

(2)设想杆件是由许多纵向纤维组成的，根据平面假设可知，任意两横截面之间所有纤维都伸长了相同的长度。

根据材料的均匀连续假设，当变形相同时，受力也相同，因而知道横截面上的内力是均匀分布的，且方向垂直于横截面。由上可得结论：轴向拉伸时，杆件横截面上各点处产生的是正应力，且大小相等。等直杆轴向拉伸时横截面上的正应力 σ 计算公式为

$$\sigma = \frac{N}{A} \qquad\qquad (6-1)$$

式中：σ 为横截面上的正应力；N 为横截面上的轴力；A 为横截面面积。

当杆受轴向压缩时，情况完全类似，所得结果(6-1)式仍然适用，只需将轴力连同负号一并代入公式计算即可。

正应力的正负号规定为：拉应力为正，压应力为负。

二、正应力公式的适用条件

从上面试验条件下可知，正应力公式(6-1)必须符合下列条件，才可使用。

(1)等截面直杆；

(2)外力(或外力的合力)的作用线与杆轴线重合或杆件横截面上的内力只有轴力 N。

应该指出，正应力均匀分布的结论只在杆上离外力作用点较远的部分才成立，在荷载作用点附近的截面上有时是不成立的。这是因为在实际构件中，荷载以不同的加载方式施加于构件，这对截面上的应力分布是有影响的。但是，实验研究表明，加载方式的不同，只对作用力附近截面上的应力分布有影响，这个结论称为圣 - 维南(Saint-Venant)原理。根据这一原理，在拉(压)杆中，离外力作用点稍远的横截面上，应力分布便是均匀的了。一般在拉(压)杆的应力计算中直接用公式(6-1)。

当杆件受多个外力作用时，通过截面法可求得最大轴力 N_{max}(绝对值最大)，如果是等截面杆件，利用公式(6-1)就可立即求出杆内最大正应力 σ_{max}(绝对值最大)。

例 6-4 一变截面圆钢杆 $ABCD$，如图 6-7(a)所示，已知 $F_1 = 20$ kN，$F_2 = 35$ kN，$F_3 = 35$ kN，$d_1 = 12$ mm，$d_2 = 16$ mm，$d_3 = 24$ mm。试求：

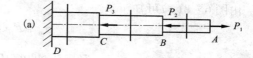

(1)各截面上的轴力，并作轴力图。

(2)杆的最大正应力。

解：(1)分段求轴力并画轴力图。用简捷法计算轴力。

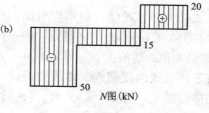

图 6-7

$$N_{AB} = 20 \text{ kN}（拉力）$$

$$N_{BC} = 20 - 35 = -15 \text{ kN}（压力）$$

$$N_{CD} = 20 - 35 - 35 = -50 \text{ kN}（压力）$$

(2)求最大正应力。由于该杆为变截面杆，AB、BC 及 CD 三段内不仅内力不同，横截面面积也不同，这就需要分别求出各段横截面上的正应力。利用式(6-1)分别求得 AB、BC 和 CD 段内的正应力为

$$\sigma_{AB} = \frac{N_{AB}}{A_{AB}} = \frac{20 \times 10^3 \text{ N}}{\frac{\pi \times 12^2}{4} \text{ mm}^2} = 176.84 \text{ N/mm}^2 = 176.84 \text{ MPa（拉应力）}$$

$$\sigma_{BC} = \frac{N_{BC}}{A_{BC}} = \frac{-15 \times 10^3 \text{ N}}{\frac{\pi \times 16^2}{4} \text{ mm}^2} = -74.60 \text{ N/mm}^2 = -74.60 \text{ MPa（压应力）}$$

$$\sigma_{CD} = \frac{N_{CD}}{A_{CD}} = \frac{-50 \times 10^3 \text{ N}}{\frac{\pi \times 24^2}{4} \text{ mm}^2} = -110.52 \text{ N/mm}^2 = -110.52 \text{ MPa（压应力）}$$

由上述结果可见，该钢杆最大正应力发生在 AB 段内，大小为 176.84 MPa。

三、斜截面上的应力

前面讨论了拉(压)杆横截面上的正应力，但实验表明，有些材料拉(压)杆的破坏发生在

斜截面上。为了全面研究杆件的强度，还需要进一步讨论斜截面上的应力。

设直杆受到轴向拉力 P 的作用，其横截面面积为 A，用任意斜截面 $m-m$ 将杆件假想地切开，设该斜截面的外法线与 x 轴的夹角为 α，如图 6-8(a) 所示。设斜截面的面积为 A_α，则

$$A_\alpha = \frac{A}{\cos\alpha}$$

设 N_α 为 $m-m$ 截面上的内力，由左段平衡求得为 $N_\alpha = P$，如图 6-8(b) 所示。仿照横截面上应力的推导方法，可知斜截面上各点处应力均匀分布。用 p_α 表示其上的应力，则

$$p_\alpha = \frac{P}{A_\alpha} = \frac{P\cos\alpha}{A} = \sigma\cos\alpha$$

式中的 σ 为横截面上的正应力。将应力 p_α 分解成沿斜截面法线方向分量 σ_α 和沿斜截面切线方向分量 τ_α，σ_α 称为正应力(normal stress)，τ_α 称为切应力(shear stress)，如图 6-8(c) 所示。关于应力的符号规定为：正应力符号规定同前，切应力绕截面顺时针转动时为正，反之为负。α 的符号规定：由 x 轴逆时针转到外法线方向时为正，反之为负。

由图 6-8(c) 可知

$$\sigma_\alpha = P_\alpha\cos\alpha = \sigma\cos^2\alpha \tag{6-2}$$

$$\tau_\alpha = P_\alpha\sin\alpha = \sigma\sin\alpha\cos\alpha = \frac{\sigma}{2}\sin2\alpha \tag{6-3}$$

从式(6-2)、式(6-3)可以看出，σ_α 和 τ_α 均随角度 α 而改变。当 $\alpha = 0°$ 时，σ_α 达到最大值，其值为 σ，斜截面 $m-m$ 为垂直于杆轴线的横截面，即最大正应力发生在横截面上；当 $\alpha = \pm45°$ 时，$|\tau_\alpha|$ 达到最大值，其值为 $\frac{\sigma}{2}$，最大切应力发生在与轴线成 $\pm45°$ 角的斜截面上。

以上分析结果对于压杆也同样适用。

尽管在轴向拉(压)杆中最大切应力只有最大正应力大小的二分之一，但是如果材料抗剪比抗拉(压)能力要弱很多，材料就有可能由于切应力而发生破坏。

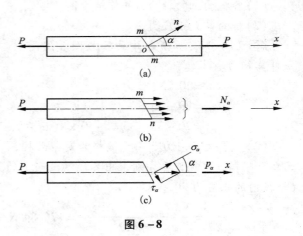

图 6-8

四、应力集中的概念

前面所介绍的应力计算公式适用于等截面的直杆，对于横截面平缓变化的拉压杆按该公式计算应力在工程实际中一般是允许的；然而在实际工程中某些构件常有切口、圆孔、沟槽等几何形状发生突然改变的情况。试验和理论分析表明，此时横截面上的应力不再是均匀分布，而是在局部范围内急剧增大，这种现象称为**应力集中**(stress concentration)。

如图 6-9(a) 所示的带圆孔的薄板，承受轴向拉力 F 的作用，由试验结果可知：在圆孔附近的局部区域内，应力急剧增大；而在离这一区域稍远处，应力迅速减小而趋于均匀，如图 6-9(b) 所示。在 I-I 截面上，孔边最大应力 σ_{max} 与同一截面上的平均应力 σ_n 之比，用

K 表示

$$K = \frac{\sigma_{\max}}{\sigma_n} \tag{6-4}$$

K 称为**理论应力集中系数**（theoretical stress concentration factor），它反映了应力集中的程度，是一个大于 1 的系数。试验和理论分析结果表明：构件的截面尺寸改变越急剧，构件的孔越小，缺口的角越尖，应力集中的程度就越严重。因此，构件上应尽量避免带尖角、小孔或槽，在阶梯形杆的变截面处要用圆弧过渡，并尽量使圆弧半径大一些。

各种材料对应力集中的反应是不相同的。塑性材料（如低碳钢）具有屈服阶段，当孔边附近的最大应力 $\sigma_{\max}$ 到达屈服极限 σ_s 时，该处材料首先屈服，应力暂时不再增大。若外力继续增大，增大的内力就由截面上尚未屈服的材料所承担，使截面上其他点的应力相继增大到屈服极限，该截面上的应力逐渐趋于平均，如图 6-10 所示。因此，用塑性材料制作的构件，在静荷载作用下可以不考虑应力集中的影响。而对于脆性材料制成的构件，情况就不同了。因为材料不存在屈服，当孔边最大应力的值达到材料的强度极限时，该处首先产生裂纹。所以用脆性材料制作的构件，应力集中将大大降低构件的承载力。因此，即使在静载荷作用下也应考虑应力集中对材料承载力的削弱。不过有些脆性材料内部本来就很不均匀，存在不少孔隙或缺陷，例如含有大量片状石墨的灰铸铁，其内部的不均匀性已经造成了严重的应力集中，测定这类材料的强度指标时已经包含了内部应力集中的影响，而由构件形状引起的应力集中则处于次要地位，因此对于此类材料做成的构件，由其形状改变引起的应力集中就可以不再考虑了。

以上是针对静载作用下的情况，当构件受到冲击荷载或者周期性变化的荷载作用时，不论是塑性材料还是脆性材料，应力集中对构件的强度都有严重的影响，可能造成极大危害。

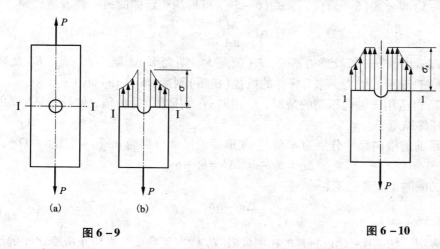

图 6-9　　　　　　　　　　　　　　　　图 6-10

6.4　胡克定律

杆件在轴向拉伸或压缩时，其轴线方向的尺寸和横向尺寸将发生改变。杆件沿轴线方向的变形称为**纵向变形**，杆件沿垂直于轴线方向的变形称为**横向变形**。

设一等直杆的原长为 l，横截面面积为 A，如图 6-11 所示。在轴向拉力 F 的作用下，杆

件的长度由 l 变为 l_1，其纵向伸长量为

$$\Delta l = l_1 - l$$

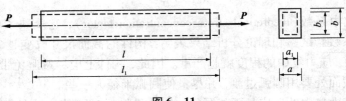

图 6-11

Δl 称为绝对伸长量，它只反映总变形量，无法说明杆的变形程度。将 Δl 除以 l 得到相对变形，在轴向拉（压）中即杆件纵向正应变为

$$\varepsilon = \frac{\Delta l}{l} \qquad (6-5)$$

当材料应力不超过某一限值 σ_P（以后将会讲到，这个应力值称为材料的"比例极限"）时，应力与应变成正比，即

$$\sigma = E\varepsilon \qquad (6-6)$$

这就是**胡克定律**（Hooke law），是以著名的英国科学家 Robert Hooke 的名字命名的。公式（6-6）中的 E 是**弹性模量**，也称为杨氏模量（Young's modulus），是以另一位英国科学家 Thomas Young 的名字命名的。由于 ε 是无量纲量，故 E 的量纲与 σ 相同，常用单位为 MPa（10^6 Pa）、GPa（10^9 Pa）。E 随材料的不同而不同，对于各向同性材料它均与方向无关。公式（6-5）、公式（6-6）同样适用于轴向压缩的情况。

将公式（6-1）和公式（6-6）代入公式（6-5），可得胡克定律的另一种表达式为

$$\Delta l = \frac{Nl}{EA} \qquad (6-7)$$

由该式可以看出，若杆长及外力不变，EA 值越大，则变形 Δl 越小，因此，EA 反映杆件抵抗拉伸（或压缩）变形的能力，称为**杆件的抗拉（抗压）刚度**（axial rigidity）。

公式（6-7）也适用于轴向压缩的情况，应用时 N 为压力，是负值，伸长量 Δl 算出来是负值，也就是杆件缩短了。

设拉杆变形前的横向尺寸分别为 a 和 b，变形后的尺寸分别为 a_1 和 b_1（图 6-11），则

$$\Delta a = a_1 - a \qquad \Delta b = b_1 - b$$

由试验可知，二横向正应变相等，故

$$\varepsilon' = \frac{\Delta a}{a} = \frac{\Delta b}{b} \qquad (6-8)$$

试验结果表明，当应力不超过材料的比例极限时，横向正应变与纵向正应变之比的绝对值为一常数，该常数称为**泊松比**（Poisson's ratio），用 μ 来表示，它是一个无量纲的量，可表示为

$$\mu = \left| \frac{\varepsilon'}{\varepsilon} \right| = -\frac{\varepsilon'}{\varepsilon} \qquad (6-9)$$

或

$$\varepsilon' = -\mu\varepsilon \qquad (6-10)$$

公式（6-9）、公式（6-10）同样适用于轴向压缩的情况。和弹性模量 E 一样，泊松比 μ

也是材料的弹性常数，随材料的不同而不同，由试验测定。对于绝大多数各向同性材料，μ 介于 $0 \sim 0.5$ 之间。几种常用材料的 E 和 μ 值，列于表 6-1 中。

表 6-1 材料的弹性模量和泊松比

弹性常数	钢与合金钢	铝合金	铜	铸铁	木(顺纹)
$E(\text{GPa})$	$200 \sim 220$	$70 \sim 72$	$100 \sim 120$	$80 \sim 160$	$8 \sim 12$
μ	$0.25 \sim 0.30$	$0.26 \sim 0.34$	$0.33 \sim 0.35$	$0.23 \sim 0.27$	—

例 6-5 如图 6-12(a)所示，阶梯形钢杆。所受荷载 $F_1 = 30$ kN，$F_2 = 10$ kN。AC 段的横截面面积 $A_{AC} = 500$ mm^2，CD 段的横截面面积 $A_{CD} = 200$ mm^2，弹性模量 $E = 200$ GPa。试求：

(1)各段杆横截面上的内力和应力；

(2)杆件内最大切应力；

(3)杆件的总变形。

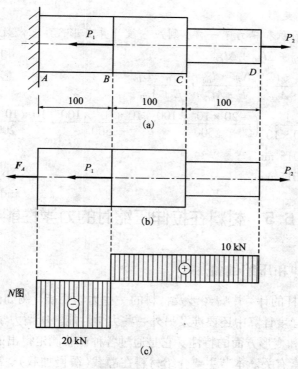

图 6-12

解：(1)计算约束力

以杆件为研究对象，受力图如图 6-12(b)所示。由平衡方程：

$$\sum F_x = 0 \qquad F_2 - F_1 - F_A = 0$$

$$F_A = F_2 - F_1 = (10 - 30) = -20 \text{ kN}$$

（2）计算各段杆件横截面上的轴力

AB 段：

$$N_{AB} = F_A = -20 \text{ kN（压力）}$$

BD 段：

$$N_{BD} = F_2 = 10 \text{ kN（拉力）}$$

（3）画出轴力图，如图 6-12（c）所示。

（4）计算各段应力

AB 段：

$$\sigma_{AB} = \frac{N_{AB}}{A_{AB}} = \frac{-20 \times 10^3}{500} = -40 \text{ MPa（压应力）}$$

BC 段：

$$\sigma_{BC} = \frac{N_{BC}}{A_{BC}} = \frac{10 \times 10^3}{500} = 20 \text{ MPa（拉应力）}$$

CD 段：

$$\sigma_{CD} = \frac{N_{CD}}{A_{CD}} = \frac{10 \times 10^3}{200} = 50 \text{ MPa（拉应力）}$$

（5）计算杆件内最大切应力

最大正应力发生在 CD 段，则最大切应力也发生在 CD 段，其值为

$$\tau_{max} = \frac{\sigma}{2} = \frac{50}{2} \text{ MPa} = 25 \text{ MPa}$$

（6）计算杆件的总变形

由于杆件各段的面积和轴力不一样，则应分段计算变形，再求代数和。

$$\Delta l = \Delta l_{AB} + \Delta l_{BC} + \Delta l_{CD}$$
$$= \frac{N_{AB} \cdot l_{AB}}{E \cdot A_{AB}} + \frac{N_{BC} \cdot l_{BC}}{E \cdot A_{BC}} + \frac{N_{CD} \cdot l_{CD}}{E \cdot A_{CD}}$$
$$= \frac{1}{200 \times 10^3} \left(\frac{-20 \times 10^3 \times 100}{500} + \frac{10 \times 10^3 \times 100}{500} + \frac{10 \times 10^3 \times 100}{200} \right) \text{ mm}$$
$$= 0.015 \text{ mm}$$

整个杆件伸长 0.015 mm。

6.5　材料在拉伸压缩时的力学性能

一、材料的拉伸和压缩试验

前面讨论拉（压）杆的计算中曾经涉及材料的一些力学性能，例如弹性模量 E、泊松比 μ 等，后面将要学习的强度计算中还要涉及另外一些力学性能。所谓力学性能是指材料在外力作用下表现出的强度和变形方面的特性。它是通过各种试验测定得出的，材料的力学性能和加载方式、温度等因素有关。本节主要介绍材料在静载（缓慢加载）、常温（室温）下拉伸（压缩）试验的力学性能。

常温静载拉伸实验（tensile test）是测定材料力学性能的基本试验之一，在国家标准（《金属材料室温拉伸试验方法》，GB/T 228—2002 ）中对其方法和要求有详细规定。对于金属材料，通常采用圆柱形试件，其形状如图 6-13 所示，长度 l 为标距（gage length）。标距一般有两种，即 $l = 5d$ 和 $l = 10d$，前者称为短试件，后者称为长试件，式中的 d 为试件的直径。

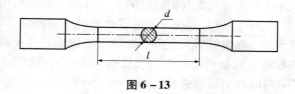

图 6 – 13

低碳钢和铸铁是两种不同类型的材料，都是工程实际中广泛使用的材料，它们的力学性能比较典型，因此，以这两种材料为代表来讨论其力学性能。

二、低碳钢拉伸时的力学性能

低碳钢（Q235）是指含碳量在 0.3% 以下的碳素钢，过去俗称 A3 钢。将低碳钢试件两端装入**试验机**（test – machine）上，缓慢加载，使其受到拉力产生变形，利用试验机的自动绘图装置，可以画出试件在试验过程中标距为 l 段的伸长 Δl 和拉力 P 之间的关系曲线。该曲线的横坐标为 Δl，纵坐标为 P，称之为试件的拉伸图，如图 6 – 14 所示。

拉伸图与试样的尺寸有关，将拉力 P 除以试件的原横截面面积 A，得到横截面上的正应力 σ，将其作为纵坐标；将伸长量 Δl 除以标距的原始长度 l，得到应变 ε 作为横坐标。从而获得 $\sigma - \varepsilon$ 曲线，如图 6 – 15 所示，称为**应力 – 应变图**（stress – strain diagram）或**应力 – 应变曲线**。

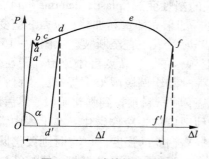

图 6 – 14　试件的拉伸图

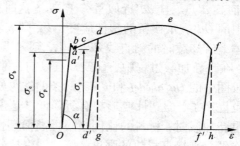

图 6 – 15　应力 – 应变曲线

由低碳钢的 $\sigma - \varepsilon$ 曲线可见，整个拉伸过程可分为下述的 4 个阶段。

（1）弹性阶段 Oa。当应力 σ 小于 a 点所对应的应力时，如果卸去外力，变形全部消失，这种变形称为**弹性变形**（elastic deformation）。因此，这一阶段称之为弹性阶段。相应于 a 点的应力用 σ_e 表示，它是材料只产生弹性变形的最大应力，故称为**弹性极限**（elastic limit）。在弹性阶段内，开始为一斜直线 Oa'，表示当应力小于 a' 点相应的应力时，应力与应变成正比，即

$$\sigma = E\varepsilon \tag{6 – 11}$$

即符合胡克定律，由公式（6 – 11）可知，E 为斜线 Oa' 的斜率。与 a' 点相应的应力用 σ_p 表示，它是应力与应变成正比的最大应力，故称之为**比例极限**（proportional limit）。在 $\sigma - \varepsilon$ 曲线上，超过 a' 点后 $a'a$ 段的图线微弯，a 与 a' 极为接近，因此工程中对弹性极限和比例极限并不严格区分。低碳钢的比例极限 $\sigma_p \approx 200$ MPa，弹性模量 $E \approx 200$ GPa。

当应力超过弹性极限后，若卸去外力，材料的变形只能部分消失，另一部分将残留下来，残留下来的那部分变形称为**残余变形或塑性变形**。

（2）屈服阶段 bc。当应力达到 b 点的相应值时，应力几乎不再增加或在一微小范围内波动，变形却继续增大，在 $\sigma - \varepsilon$ 曲线上出现一条近似水平的小锯齿形线段，这种应力几乎保持不变而应变显著增长的现象，称为屈服或流动，bc 阶段称之为屈服阶段。在屈服阶段内的最高应力和最低应力分别称为上屈服极限和下屈服极限。由于上屈服极限一般不如下屈服极限稳定，故规定下屈服极限为材料的**屈服强度**（yield strength），用 σ_s 表示。低碳钢的屈服强度为 $\sigma_s \approx 235$ MPa。

若试件表面经过磨光，当应力达到屈服极限时，可在试件表面看到与轴线成约 45° 角的一系列条纹，如图 6-16 所示。这可能是材料内部晶格间相对滑移而形成的，故称为**滑移线**（slip - lines）。由前面的分析知道，轴向拉压时，在与轴线成 45° 角的斜截面上，有最大的切应力。可见，滑移现象是由于最大切应力达到某一极限值而引起的。

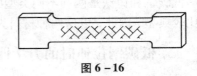

图 6-16

（3）强化阶段 ce。屈服阶段结束后，材料又恢复了抵抗变形的能力，增加拉力使它继续变形，这种现象称为材料的强化。从 c 点到曲线的最高点 e，即 ce 阶段为强化阶段。e 点所对应的应力是材料所能承受的最大应力，故称**强度极限**（ultimate strength），用 σ_b 表示。低碳钢的强度极限 $\sigma_b \approx 380$ MPa。在这一阶段中，试件发生明显的横向收缩。

如果在这一阶段中的任意一点 d 处，逐渐卸掉拉力，此时应力 - 应变关系将沿着斜直线 dd' 回到 d' 点，且 dd' 近似平行于 Oa。这时材料产生大的**塑性变形**（plastic deformation），横坐标中的 Od' 表示残留的塑性应变，d'g 则表示弹性应变。如果立即重新加载，应力 - 应变关系大体上沿卸载时的斜直线 dd' 变化，到 d 点后又沿曲线 def 变化，直至断裂。从图 6-15 中看出，在重新加载过程中，直到 d 点以前，材料的变形是弹性的，过 d 点后才开始有塑性变形。比较图中的 Oa'bcdef 和 d'def 两条曲线可知，重新加载时其比例极限得到提高，故材料的强度也提高了，但塑性变形却有所降低。这说明，在常温下将材料预拉到强化阶段，然后卸载，再重新加载时，材料的比例极限提高而塑性降低，这种现象称为**冷作硬化**。在工程中常利用冷作硬化来提高材料的强度，例如用冷拉的办法可以提高钢筋的强度。可有时则要消除其不利的一面，例如冷轧钢板或冷拔钢丝时，由于加工硬化，降低了材料的塑性，使继续轧制和拉拔困难，为了恢复塑性，则要进行退火处理。

（4）局部变形阶段 ef。在 e 点以前，试件标距段内变形通常是均匀的。当到达 e 点后，试件变形开始集中于某一局部长度内，此处横截面面积迅速减小，形成**颈缩**（necking）**现象**，如图 6-17 所示。由

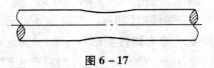

图 6-17

于局部的截面收缩，使试件继续变形所需的拉力逐渐减小，直到 f 点试件断裂。

从上述的实验现象可知，当应力达到 σ_s 时，材料会产生显著的塑性变形，进而影响结构的正常工作；当应力达到 σ_b 时，材料会由于颈缩而导致断裂。屈服和断裂，均属于破坏现象。因此，σ_s 和 σ_b 是衡量材料强度的两个重要指标。

材料产生塑性变形的能力称为材料的**塑性性能**。塑性性能是工程中评定材料质量优劣的重要方面，衡量材料塑性的指标有延伸率 δ 和断面收缩率 ψ，延伸率 δ 定义为

$$\delta = \frac{l_1 - l}{l} \times 100\% \qquad (6-12)$$

式中，l_1 为试件断裂后长度，l 为原长度。

断面收缩率 ψ 定义为

$$\psi = \frac{A - A_1}{A} \times 100\% \qquad (6-13)$$

式中，A_1 为试件断裂后断口的面积，A 为试件原横截面面积。

工程中通常将延伸率 $\delta \geq 5\%$ 的材料称为**塑性材料**(ductile materials)，$\delta < 5\%$ 的材料称为**脆性材料**(brittle materials)。低碳钢的延伸率 $\delta = 25\% \sim 30\%$，断面收缩率 $\psi = 60\%$，是塑性材料；而铸铁、陶瓷等属于脆性材料。

三、其他材料在拉伸时的力学性能

1. 铸铁拉伸时的力学性能

铸铁拉伸时的 $\sigma - \varepsilon$ 曲线如图 6-18 所示。整个拉伸过程中 $\sigma - \varepsilon$ 关系为一微弯的曲线，直到拉断时，试件变形仍然很小。在工程中，在较低的拉应力下可以近似地认为变形服从胡克定律，通常用一条割线来代替曲线，如图 6-18 中的虚线所示，并用它确定弹性模量 E。这样确定的弹性模量称为**割线弹性模量**。由于铸铁没有屈服现象，因此强度极限 σ_b 是衡量强度的唯一指标。

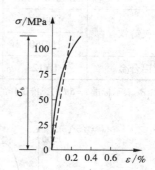

图 6-18 铸铁拉伸时的 $\sigma - \varepsilon$ 曲线

2. 其他几种材料拉伸时的力学性能

图 6-19(a) 中给出了几种塑性材料拉伸时的 $\sigma - \varepsilon$ 曲线，它们有一个共同特点是拉断前均有较大的塑性变形，然而它们的应力 - 应变规律却大不相同，除 16Mn 钢和低碳钢一样有明显的弹性阶段、屈服阶段、强化阶段和局部变形阶段外，其他材料并没有明显的屈服阶段。对于没有明显屈服阶段的塑性材料，通常以产生的塑性应变为 0.2% 时的应力作为屈服极限，并称为名义**屈服极限**，用 $\sigma_{0.2}$ 来表示，如图 6-19(b) 所示。常用材料的力学性能由表 6-2 给出。

表 6-2 常用材料的力学性质

材料名称	牌号	σ_s/MPa	σ_b/MPa	δ_5/%	备 注
普通碳素钢	Q215	215	$335 \sim 450$	$26 \sim 31$	对应旧牌号 A2
	Q235	235	$375 \sim 500$	$21 \sim 26$	对应旧牌号 A3
	Q255	255	$410 \sim 550$	$19 \sim 24$	对应旧牌号 A4
	Q275	275	$490 \sim 630$	$15 \sim 20$	对应旧牌号 A5
优质碳素钢	25	275	450	23	25 号钢
	35	315	530	20	35 号钢
	45	355	600	16	45 号钢
	55	380	645	13	55 号钢

材料名称	牌号	σ_s/MPa	σ_b/MPa	δ_5/%	备 注
低合金钢	15MnV	390	530	18	15 锰钒
	16Mn	345	510	21	16 锰
合金钢	20Cr	540	835	10	20 铬
	40Cr	785	980	9	40 铬
	30CrMnSi	885	1080	10	30 铬锰硅
铸钢	ZG200 - 400	200	400	25	
	ZG270 - 500	270	500	18	
灰铸铁	HT150		150		
	HT250		250		
铝合金	LY12	274	412	19	硬铝

注：δ_5 表示标准 $l = 5d$ 的标准试样的伸长率；灰铸铁的 σ_b 为拉伸强度极限。

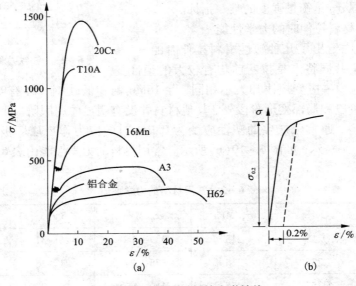

图 6 - 19 常用材料的力学性能

四、材料在压缩时的力学性能

一般细长杆件压缩时容易产生失稳现象，因此材料的压缩试件一般做成短而粗。金属材料的压缩试件为圆柱，混凝土、石料等试件为立方体。

低碳钢压缩时的应力－应变曲线如图 6 - 20 所示。为了便于比较，图中还画出了拉伸时的应力－应变曲线，用虚线表示。可以看出，在屈服以前两条曲线基本重合，这表明低碳钢压缩时的弹性模量 E、屈服极限 σ_s 等都与拉伸时基本相同。不同的是，随着外力的增大，试件被越压越扁却并不断裂,如图 6 – 21 所示。由于无法测出压缩时的强度极限,所以对低碳钢一般不做压缩实验,主要力学性能可由拉伸实验确定。类似情况在一般的塑性金属材料中也存在,但有的塑性材料,如铬钼硅合金钢,在拉伸和压缩时的屈服极限并不相同,因此对这些材料还要做压缩试验,以测定其压缩屈服极限。

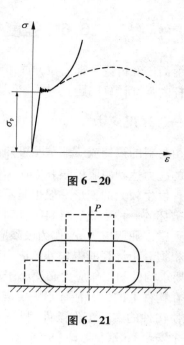

图 6 – 20

图 6 – 21

　　脆性材料拉伸时的力学性能与压缩时有较大区别。例如铸铁,其压缩和拉伸时的应力 – 应变曲线分别如图 6 – 22 中的实线和虚线所示。由图可见,铸铁压缩时的强度极限比拉伸时大得多,为拉伸时强度极限的 3 ~ 4 倍。铸铁压缩时沿与轴线约成 45°的斜面断裂,如图 6 – 23 所示,说明是切应力达到极限值而破坏。拉伸破坏时是沿横截面断裂,说明是拉应力达到极限值而破坏。其他脆性材料,如混凝土和石料,也具有上述特点,抗压强度也远高于抗拉强度。因此,对于脆性材料,适宜做承压构件。

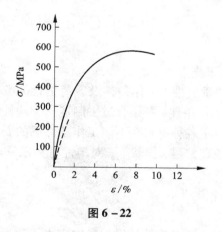

图 6 – 22

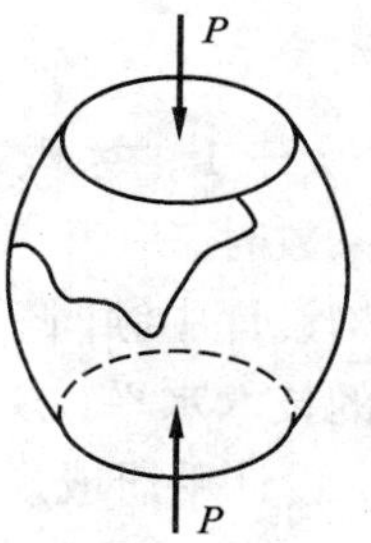

图 6 – 23

　　综上所述,塑性材料与脆性材料的力学性能有以下区别:

　　(1)塑性材料在断裂前有很大的塑性变形,而脆性材料直至断裂,变形却很小,这是二者基本的区别。因此,在工程中,对需经锻压、冷加工的构件或承受冲击荷载的构件,宜采用塑性材料。

　　(2)塑性材料抵抗拉压的强度基本相同,它既可以用于制作受拉构件,也可以用于制作受压构件。在土木工程中,出于经济性的考虑,常使用塑性材料制作受拉构件。而脆性材料抗压强度远高于其抗拉强度,因此使用脆性材料制作受压构件,例如建筑物的基础等。

　　但是材料是塑性还是脆性是可以随着条件变化的,例如有些塑性材料在低温下会变得硬脆,有些塑性材料会随着时间的增加变脆。温度、应力状态、应变速率等都会使其发生变化。

6.6 强度条件与截面设计的基本概念

前面已经讨论了轴向拉伸或压缩时,杆件的应力计算和材料的力学性能,因此可进一步讨论杆的强度计算问题。

一、许用应力

由材料的拉伸或压缩试验可知:脆性材料的应力达到强度极限 σ_b 时,会发生断裂;塑性材料的应力达到屈服极限 σ_s(或 σ_b)时,会发生显著的塑性变形。断裂当然是不容许的,但是构件发生较大的变形一般也是不容许的,因此,断裂是破坏的形式,屈服或出现较大变形也是破坏的一种形式。材料破坏时的应力称为**极限应力**(ultimate stress),用 σ_u 表示。塑性材料通常以屈服应力 σ_s 作为极限应力,脆性材料以强度极限 σ_b 作为极限应力。

根据分析计算所得构件的应力称为**工作应力**(working stress)。为了保证构件有足够的强度,要求构件的工作应力必须小于材料的极限应力。由于分析计算时采取了一些简化措施,作用在构件上的外力估计不一定准确,而且实际材料的性质与标准试样可能存在差异等因素可能使构件的实际工作条件偏于不安全,因此,为了有一定的强度储备,在强度计算中,引进一个安全系数(factor of safety)n,设定了构件工作时的最大容许值,即**许用应力**(allowable stress),用 $[\sigma]$ 表示

$$[\sigma] = \frac{\sigma_u}{n} \tag{6-14}$$

式中,n 是一个大于 1 的系数,因此许用应力低于极限应力。

确定安全系数时,应考虑材质的均匀性、构件的重要性、工作条件及载荷估计的准确性等。在建筑结构设计中倾向于根据构件材料和具体工作条件,并结合过去制造同类构件的实践经验和当前的技术水平,规定不同的安全系数。对于各种材料在不同工作条件下的安全系数和许用应力,设计手册或规范中有具体规定。一般在常温、静载下,对塑性材料取 $n=1.5$ ~2.2,对脆性材料一般取 $n=3.0~5.0$ 甚至更大。

二、强度条件

为了保证构件在工作时不至于因强度不够而破坏,要求构件的最大工作应力不超过材料的许用应力,于是得到**强度条件**(strength condition)为

$$\sigma_{max} \leq [\sigma] \tag{6-15}$$

对于轴向拉伸和压缩的等直杆,强度条件可以表示为

$$\sigma_{max} = \frac{N_{max}}{A} \leq [\sigma] \tag{6-16}$$

式中,σ_{max} 为杆件横截面上的最大正应力,N_{max} 为杆件的最大轴力,A 为横截面面积,$[\sigma]$ 为材料的许用应力。

如对截面变化的拉(压)杆件(如阶梯形杆),需要求出每一段内的正应力,找出最大值再应用强度条件。

根据强度条件,可以解决以下几类强度问题。

（1）强度校核。若已知拉压杆的截面尺寸、荷载大小以及材料的许用应力，即可用式（6－16）验算不等式是否成立，进而确定强度是否足够，即工作时是否安全。

（2）设计截面。若已知拉压杆承受的荷载和材料的许用应力，则强度条件变成

$$A \geqslant \frac{N_{\max}}{[\sigma]} \qquad (6-17)$$

以确定构件所需要的横截面面积的最小值。

（3）确定承载能力。若已知拉压杆的截面尺寸和材料的许用应力，则强度条件变成

$$N_{\max} \leqslant A[\sigma] \qquad (6-18)$$

以确定构件所能承受的最大轴力，再确定构件能承担的许可荷载。

最后还应指出，如果最大工作应力 $\sigma_{\max}$ 略微大于许用应力，即一般不超过许用应力的 5%，在工程上仍然被认为是允许的。

例6－6　用绳索起吊钢筋混凝土管，如图6－24(a)所示，管子的重量 $W=10$ kN，绳索的直径 $d=40$ mm，容许应力 $[\sigma]=10$ MPa，试校核绳索的强度。

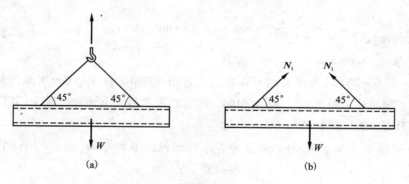

图6－24

解：（1）计算绳索的轴力。

以混凝土管为研究对象，画出其受力图如图6－24(b)所示，根据对称性易知左右两段绳索轴力相等，记为 N_1，根据静力平衡方程有

$$2N_1 \sin 45° = W$$

计算得

$$N_1 = \frac{\sqrt{2}}{2} W = 5\sqrt{2} \text{ kN}$$

（2）校核强度。

$$\sigma = \frac{N_1}{A} = \frac{4N_1}{\pi d^2} = \frac{20\sqrt{2} \times 10^3}{3.14 \times 40^2} = 5.63 \text{ N/mm}^2 = 5.63 \text{ MPa} < [\sigma] = 10 \text{ MPa}$$

故绳索满足强度条件，能够安全工作。

例6－7　三角架由 AB 和 BC 两根材料相同的圆截面杆所构成，如图6－25(a)。材料的许用应力 $[\sigma]=100$ MPa，荷载 $P=10$ kN。试设计两杆的直径。

解：（1）计算两杆的轴力

用截面法取结点，B 为研究对象，受力图为图6－25(b)。由平衡方程

$$\sum F_y = 0, \quad N_{BC}\sin 30° + P = 0$$

$$N_{BC} = -\frac{P}{\sin 30°} = -\frac{10}{\sin 30°} = -20 \text{ kN}(压力)$$

$$\sum F_x = 0, \quad N_{BC}\cos 30° + N_{AB} = 0$$

$$N_{AB} = -N_{BC}\cos 30° = 20 \times \frac{\sqrt{3}}{2} = 17.32 \text{ kN}(拉力)$$

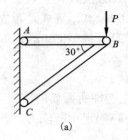

(2)确定两杆直径

由强度条件有
$$A = \frac{\pi d^2}{4} = \frac{N}{[\sigma]}$$

则
$$d \geqslant \sqrt{\frac{4N}{\pi[\sigma]}}$$

$$d_{AB} = \sqrt{\frac{4N_{AB}}{\pi[\sigma]}} = \sqrt{\frac{4 \times 17.32 \times 10^3}{\pi \times 100}} \text{ mm} = 14.85 \text{ mm}$$

取 AB 杆的直径 $d_{AB} = 15$ mm。

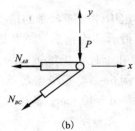

$$d_{BC} = \sqrt{\frac{4N_{BC}}{\pi[\sigma]}} = \sqrt{\frac{4 \times 20 \times 10^3}{\pi \times 100}} \text{ mm} = 15.95 \text{ mm}$$

图 6-25

取 BC 杆的直径 $d_{BC} = 16$ mm。

例 6-8 图 6-26(a)为简易起重设备的示意图,杆 AB 和 BC 均为圆截面钢杆,直径均为 $d = 36$ mm,钢的许用应力 $[\sigma] = 170$ MPa,试确定吊车的最大许可起重量 $[W]$。

解:(1)计算 AB、BC 杆的轴力。

设 AB 杆的轴力为 N_1,BC 杆的轴力为 N_2,根据结点 B 的平衡[图 6-26(b)],有

$$N_1 \cos 30° + N_2 = 0$$

$$N_1 \sin 30° - W = 0$$

解得

$$N_1 = 2W, \quad N_2 = -\sqrt{3}W$$

上式表明,AB 杆受拉伸,BC 杆受压缩。在强度计算时,取绝对值。

(2)求许可载荷。

由公式(6-18)可知,当 AB 杆达到许用应力时

$$N_1 = 2W \leqslant A[\sigma] = \frac{\pi \times 36^2}{4} \times 170 = 173.0 \text{ kN}$$

得

$$W \leqslant 86.5 \text{ kN}$$

当 BC 杆达到许用应力时

$$N_2 = -\sqrt{3}W \leqslant A[\sigma] = \frac{\pi \times 36^2}{4} \times 170 = 173.0 \text{ kN}$$

得

$$W \leqslant 99.9 \text{ kN}$$

两者之间取小值,因此该吊车的最大许可载荷为 $[W] = 86.5$ kN。

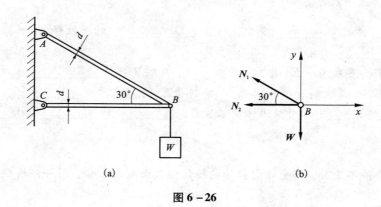

图 6 − 26

本章小结

1. 截面法求拉压杆件内力。

这一方法的主要步骤是假想地把杆件截开，取任一分离体为研究对象，作受力图，然后用平衡方程求解。

2. 拉压等直杆件横截面正应力公式：

$$\sigma = \frac{N}{A}$$

3. 拉压杆件应力与应变的关系(胡克定律)：

$$\sigma = E\varepsilon$$

对于轴力为常数的等直杆也可以写成：

$$\Delta l = \frac{Nl}{EA}$$

胡克定律的应用条件为材料不超过比例极限。

4. 拉压杆的强度条件：

$$\sigma_{\max} \leqslant [\sigma]$$

运用这一条件可以进行三个方面的计算：①强度校核；②截面设计；③确定容许荷载。

5. 材料在拉伸与压缩时的力学性能。

6. 本章的重要概念还有内力、轴力、正应力和切应力、斜截面上的应力、平面假设、泊松比及其与弹性模量的关系、抗拉刚度、应力集中等。

自我检测

一、填空题

1. 在材料变形中，显示和确定内力的方法是_____。

2. 轴力的正负号规定：拉力为_____，压力为_____。

3. 内力在一点处的集度称为_____。与横截面垂直的应力为_____，用符号

_____表示。

4. ΔL 称为杆件的_____变形，单位是_____，对于拉杆 ΔL 为_____，对于压杆 ΔL 为_____。

5. 胡克定律的关系式中 EA 称为_____，反映了杆件_____。

6. 低碳钢拉伸试验时，$\sigma - \varepsilon$ 图中有四个阶段，依次是_____、_____、_____、_____；三个极限强度依次是_____、_____、_____。

二、选择题

1. 在其他条件不变时，若受轴向拉伸的杆件横截面增加 1 倍，则杆件横截面上的正应力将减少（　　）。

A. 1 倍　　　　　B. 1/2 倍　　　　　C. 2/3 倍　　　　　D. 3/4 倍

2. 在其他条件不变时，若受轴向拉伸的杆件长度增加 1 倍，则线应变将（　　）。

A. 增大　　　　　B. 减少　　　　　C. 不变　　　　　D. 不能确定

3. 弹性模量 E 与（　　）有关。

A. 应力与应变　　　B. 杆件的材料　　　C. 外力的大小

4. 横截面面积不同的两根杆件，受到大小相同的轴力作用时，则（　　）。

A. 内力不同，应力相同　　　　　　　B. 内力相同，应力不同

C. 内力不同，应力不同

5. 材料在轴向拉伸时在比例极限内，线应变与（　　）成正比。

A. 正应力　　　　　B. 切应力　　　　　C. 弹性模量 E

6. 如图 6－27 所示，一塑性材料，截面积 $A_1 = 1/2 A_2$，危险截面在（　　）。

A. AB 段　　　　　B. BC 段　　　　　C. AC 段

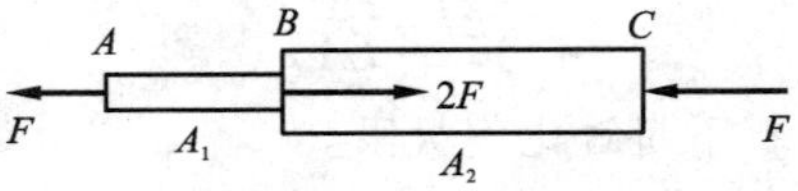

图 6－27

7. 如下图 6－28 所示构件中哪些属于轴向拉伸或压缩？

A. （a）、（b）　　　　　　　　　　B. （b）、（c）

C. （a）、（d）　　　　　　　　　　D. （c）、（d）

8. 如图 6－29 所示拉伸曲线中三个强度指标的正确名称为（　　）。

A. ①强度极限，②弹性极限，③屈服极限

B. ①屈服极限，②强度极限，③比例极限

C. ①屈服极限，②比例极限，③强度极限

D. ①强度极限，②屈服极限，③比例极限

9. 两根钢制拉杆受力如图 6－30 所示，若杆长 $L_2 = 2L_1$，横截面面积 $A_2 = 2A_1$，则两杆的伸长 ΔL 和纵向线应变 ε 之间的关系应为（　　）。

A. $\Delta L_2 = \Delta L_1$，$\varepsilon_2 = \varepsilon_1$　　　　　　　　B. $\Delta L_2 = 2\Delta L_1$，$\varepsilon_2 = \varepsilon_1$

C. $\Delta L_2 = 2\Delta L_1$，$\varepsilon_2 = 2\varepsilon_1$　　　　　　　D. $\Delta L_2 = \Delta L_1/2$，$\varepsilon_2 = 2\varepsilon_1/2$

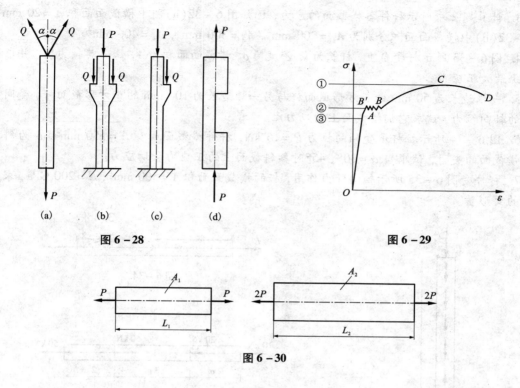

图 6－28　　　　　　　　　　图 6－29

图 6－30

10. 下列关于内力的说法中(　　)是错误的。

A. 由外力引起的杆件内各部分间的相互作用力

B. 内力随外力的改变而改变

C. 内力可用截面法求得　　　　　D. 内力可随外力的无限增大而增大

三、计算题

1. 求图 6－31 所示各杆指定截面上的轴力。

2. 求图 6－32 所示等直杆指定横截面上的内力,并画出轴力图。

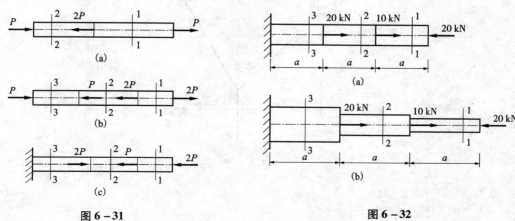

图 6－31　　　　　　　　　　　　图 6－32

3. 计算题2中所示杆件各横截面的应力，已知图6-32(a)图中横截面面积 $A=20$ mm^2，图6-32(b)中横截面面积分别为 $A_1=200$ mm^2，$A_2=300$ mm^2，$A_3=400$ mm^2。

4. 图6-33所示杆受自重，杆长为 l，密度为 ρ，横截面面积为 A，试画其轴力图，并求横截面上最大正应力。

5. 一根边长为50 mm的正方形截面杆与另一根边长为100 mm的正方形截面杆，受同样大小的轴向拉力，试求它们横截面上的应力比。

6. 图6-34所示拉杆承受轴向拉力 $P=15$ kN，杆件横截面面积 $A=150$ mm^2，α 为斜截面与横截面的夹角，试求当 $\alpha=30°$、$45°$时各斜截面上的正应力和切应力。

7. 杆件受图6-35所示轴向外力作用，杆的横截面面积 $A=500$ mm^2，$E=200$ GPa，求图示杆的变形量。

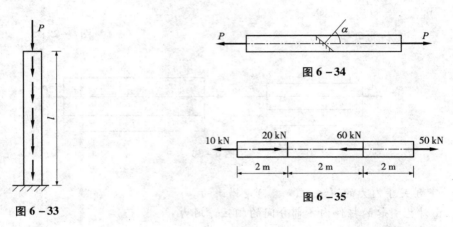

图6-34

图6-35

图6-33

8. 如图6-36所示结构，在 A 点处作用竖直向下的力 $P=24$ kN。已知实心杆 AB 和 AC 的直径分别为 $d_1=8$ mm 和 $d_2=12$ mm，材料的弹性模量 $E=210$ GPa。试求 A 点在铅垂方向的位移。

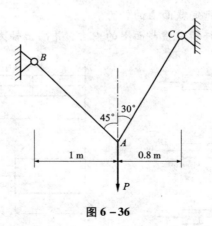

图6-36

第7章 剪切和挤压

【学习目标】

1. 明确连接件的两种破坏形式：剪切破坏和挤压破坏，以及破坏的特点。
2. 了解剪切及挤压的概念并能准确区分剪切面和挤压面。
3. 熟练运用剪切强度条件和挤压强度条件进行连接件的强度计算。

【想一想】

建筑结构大都是由若干构件组合而成，在构件和构件之间往往用连接件相互连接，如铆钉连接、螺栓连接、销钉连接等。想一想，图7-1所示铆钉、螺栓、销钉等连接件可能产生哪些破坏现象？

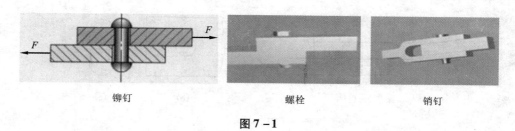

铆钉   螺栓   销钉

图7-1

7.1 剪切和挤压的概念

一、剪切的概念

图7-2(a)表示一铆钉连接两块钢板的简图，钢板受外力 P 作用后将力传递到铆钉上，使铆钉的左上侧面和右下侧面受力[图7-2(b)]。这时，铆钉的上、下两半部分将沿外力的方向分别向右和向左移动[图7-2(c)]。当外力足够大时，将会使铆钉剪断。这就是剪切破坏。由铆钉受剪的实例分析可以看出联接件剪切变形的受力特征是：作用在构件两侧面上横向外力的合力大小相等，方向相反，作用线相互平行且相距很近。同时还可看出联接件的变形特征为：位于两作用力之间的截面，有沿着作用力方向发生相对错动的趋势，这种变形形式称为**剪切变形**。

在承受剪切的构件中，发生相对错动的截面（图7-2中的 $m-m$ 截面）称为**剪切面**。剪切面平行于作用力的作用线，介于构成剪切的二力之间。据此可确定受剪构件中剪切面的位置。构件中只有一个剪切面的剪切称为**单剪**，如图7-2中的铆钉。构件中有两个剪切面的剪切称为**双剪**，拖车挂钩中螺栓所受的剪切即是双剪的实例（图7-3）。

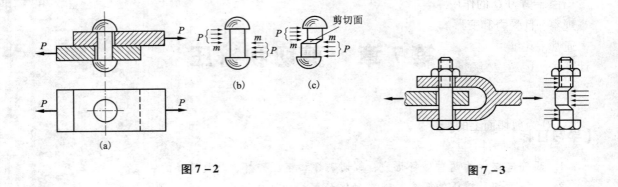

图 7-2

图 7-3

二、挤压的概念

联接件在受剪切变形的同时，它在传递力的接触面上也受到较大的挤压力的作用，从而出现局部的压缩变形，这种现象称为**挤压**。局部受压的表面称为**挤压面**。挤压面上的压力称为**挤压力**，图 7-4 为铆钉与孔壁的挤压情况。挤压力过大时会在钢板孔处产生局部显著的塑性变形。

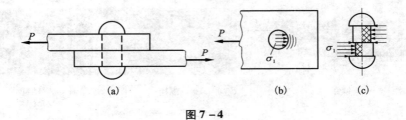

图 7-4

必须注意：挤压与压缩是截然不同的两个概念，前者是产生在两个物体的表面，而后者是产生于一个物体上。

7.2　剪切和挤压的实用计算

一、剪切的实用计算

下面以铆钉连接（图 7-2）为例，说明剪切强度的计算方法。取铆钉为研究对象，其受力情况如图 7-5(a)所示。

首先求 $m—m$ 截面上的内力。假想将铆钉从 $m—m$ 截面截开，分为上下两部分［图 7-5(b)］，任取上半部分或下半部分为研究对象。为了保持平衡，在剪切面必然有与外力 F 大小相等、方向相反的内力存在，这个内力叫做**剪力**，用 Q 表示。

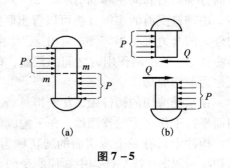

图 7-5

78

由于剪力 Q 的作用，剪切面上有相应的切应力 τ 存在。在剪切面上，实际变形的情况很难观察，且受力和变形的关系比较复杂，因而剪应力在剪切面上的分布规律很难确定。工程上通常采用建立在实验基础上、近似而可供实用的"假定计算法"，也称为实用计算法。实用计算法假定切应力在剪切面上是均匀分布的，所以切应力可按下式计算：

$$\tau = \frac{Q}{A} \qquad\qquad (7-1)$$

式中：Q 为剪切面上的剪力；A 为剪切面积。

为了保证构件在工作中不被剪断，必须使构件的工作切应力小于或等于许用切应力，即

$$\tau = \frac{Q}{A} \leqslant [\tau] \qquad\qquad (7-2)$$

式(7-2)就是剪切强度条件。式中：$[\tau]$ 为材料的许用切应力。

工程中常用材料的许用切应力，可从有关规范中查得。在一般情况下，材料的许用切应力与许用拉应力 $[\sigma]$ 之间有以下近似关系：

$$塑性材料 [\tau] = (0.6-0.8)[\sigma]$$
$$脆性材料 [\tau] = (0.8-1.0)[\sigma]$$

与拉伸和压缩的强度条件一样，剪切强度条件也可用来解决三类问题，校核强度、设计截面尺寸和确定许可载荷。

二、挤压的实用计算

在挤压面上，由挤压力引起的应力叫做**挤压应力**，以 σ_c 表示。挤压应力在挤压面上的分布规律也是比较复杂的，工程上同样是采用"实用计算"，认为挤压应力在挤压面上是均匀分布的，故挤压应力为

$$\sigma_c = \frac{F_c}{A_c} \qquad\qquad (7-3)$$

式中：F_c 为挤压面上的挤压力；A_c 为计算挤压面积。

注意：计算挤压面积 A_c 为实际挤压面积在作用力的垂直平面内的投影面积。

为了保证构件不产生局部挤压破坏，必须满足工作挤压应力不超过材料的许用挤压应力的条件，即

$$\sigma_c = \frac{F_c}{A_c} \leqslant [\sigma_c] \qquad (7-4)$$

式(7-4)是挤压强度条件。

$[\sigma_c]$ 是材料的许用挤压应力，可根据试验确定。工程中常用材料的许用挤压应力可

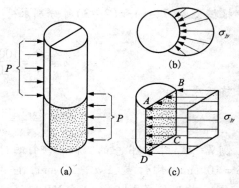

图 7-6

从有关规范中查取。在一般情况下，材料的许用挤压应力与许用拉应力 $[\sigma]$ 之间有以下近似关系：

$$塑性材料[\sigma_c] = (1.5 - 2.5)[\sigma]$$
$$脆性材料[\sigma_c] = (0.9 - 1.5)[\sigma]$$

例 7-1 某接头部分的销钉如图 7-7 所示,已知:$F = 100$ kN,$D = 45$ mm,$d_1 = 32$ mm,$d_2 = 34$ mm,$\delta = 12$ mm。试求销钉的切应力 τ 和挤压应力 σ_c。

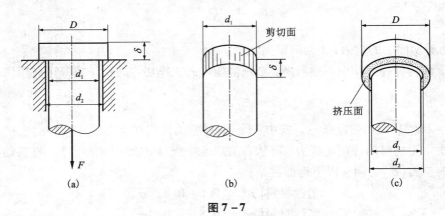

图 7-7

解: 由图 7-7 可看出销钉的剪切面是一个高度为 $\delta = 12$ mm、直径为 $d_1 = 32$ mm 的圆柱体的外表面图,挤压面是一个外径 $D = 45$ mm、内径 $d_2 = 34$ mm 的圆环面。

剪切面积
$$A = \pi d_1 \delta = \pi \times 32 \times 12 = 1206 \text{ mm}^2$$

挤压面积
$$A_c = \frac{\pi}{4}(D^2 - d_2^2) = \frac{\pi}{4}(45^2 - 34^2) = 683 \text{ mm}^2$$

剪力
$$Q = F = 100 \text{ kN}$$

挤压力
$$F_c = F = 100 \text{ kN}$$

根据公式(7-1)和(7-3)可分别求得

切应力
$$\tau = \frac{Q}{A} = \frac{100 \times 10^3}{1206} = 82.9 \text{ MPa}$$

挤压应力
$$\sigma_c = \frac{F_c}{A_c} = \frac{100 \times 10^3}{683} = 146.4 \text{ MPa}$$

例 7-2 图 7-8 中的钢板和铆钉的材料相同,已知荷载 $F = 52$ kN,板宽 $b = 60$ mm,板厚 $\delta = 10$ mm,铆钉直径 $d = 16$ mm,许用切应力 $[\tau] = 140$ MPa,许用挤压应力 $[\sigma_c] = 320$ MPa,许用拉应力 $[\sigma] = 160$ MPa,试校核铆接件的强度。

解: 该铆接件的受力分析见图 7-8,可知铆钉受到剪切和挤压,需要校核铆钉的剪切强度和挤压强度。另外,钢板由于钉孔削弱了截面,还需要校核钢板的抗拉强度。

(1)校核铆钉剪切强度

80

连接部位的各铆钉剪切变形相同，承受的剪力也相同，因而拉力平均分配在每个铆钉上[图 7-8(c)]，每个铆钉的作用力为 $F/2$。

$$\tau = \frac{Q}{A} = \frac{\dfrac{F}{2}}{\dfrac{\pi d^2}{4}} = \frac{\dfrac{52 \times 10^3}{2}}{\dfrac{\pi \times 16^2}{4}}$$

$$= 129.3 \text{ MPa} < [\tau]$$

铆钉连接满足剪切强度条件。

（2）校核挤压强度

每个铆钉受到的挤压力

$$F_c = F/2 = 26 \text{ kN}$$

计算挤压面积为

$$A_c = d \times \delta = 16 \times 10 = 160 \text{ mm}^2$$

$$\sigma_c = \frac{F_c}{A_c} = \frac{26 \times 10^3}{160}$$

$$= 162.5 \text{ MPa} \leqslant [\sigma_c]$$

铆钉连接满足挤压强度要求。

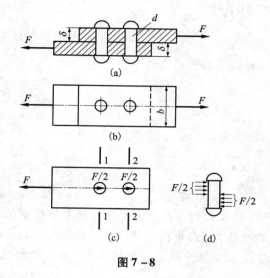

图 7-8

（3）校核钢板的抗拉强度

钢板上有铆钉孔因而减小了钢板的截面面积，截面 1-1 的轴力 $N_1 = F$，截面 2-2 的轴力 $N_2 = F/2$，以上两截面的面积均相等，可见截面 1-1 是危险截面，因此需要对此作抗拉强度校核。

$$\sigma = \frac{N}{A} = \frac{F}{(b-d)\delta} = \frac{52 \times 10^3}{(60-16) \times 10} = 118.2 \text{ MPa} \leqslant [\sigma]$$

钢板的抗拉强度满足要求，整个连接均满足强度要求。

例 7-3 拖车挂钩用销钉连接[图 7-9(a)]。销钉材料的许用切应力 $[\tau] = 60$ MPa，许用挤压应力 $[\sigma_c] = 100$ MPa。挂钩与被连接的板件厚度分别 $\delta_1 = 8$ mm，$\delta_2 = 12$ mm。拖车拉力 $F = 15$ kN。试确定销钉的直径 d。

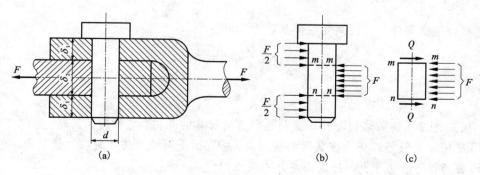

图 7-9

解: (1) 由销钉的剪切强度条件确定销钉直径 d, 根据销钉的受力情况[图 7-9(b)], 销钉有 $m-m$ 和 $n-n$ 两个剪切面, 为双剪。取销钉中段为研究对象[图 7-9(c)], 由平衡方程 $\sum F_x = 0$, 得

$$Q = \frac{F}{2}$$

根据剪切强度条件

$$\tau = \frac{Q}{A} = \frac{\dfrac{F}{2}}{\dfrac{\pi d^2}{4}} = \leqslant [\tau]$$

可得

$$d \geqslant \sqrt{\frac{2F}{\pi[\tau]}} = \sqrt{\frac{2 \times 15 \times 10^3}{\pi \times 60}} = 12.6 \text{ mm}$$

(2) 由销钉的挤压强度条件确定销钉直径 d, 由于销钉上段及下段的挤压力之和等于中段的挤压力, 而中段的挤压计算面积为 $\delta_2 d$, 小于上段及下段挤压计算面积之和 $2\delta_1 d$[图 7-9(b)], 故应按中段进行挤压强度计算。由挤压强度条件

$$\sigma_c = \frac{F_c}{A_c} = \frac{F}{\delta_2 d} \leqslant [\sigma_c]$$

可得

$$d \geqslant \frac{F}{\delta_2 [\sigma_c]} = \frac{15 \times 10^3}{12 \times 100} = 12.5 \text{ mm}$$

选 $d = 13$ mm 时, 可以同时满足挤压和剪切强度的要求。但考虑到启动与刹车时冲击的影响可取 $d = 15$ mm。

本章小结

1. 构件受到大小相等、方向相反、作用线平行且相距很近的两外力作用时, 两力之间的截面发生相对错位, 这种变形称为剪切变形。连接件在产生剪切变形的同时, 常伴有挤压变形。

2. 剪切强度条件和挤压强度条件分别为:

$$\tau = \frac{Q}{A} \leqslant [\tau]$$

$$\sigma_c = \frac{F_c}{A_c} \leqslant [\sigma_c]$$

3. 确定连接件的剪切面与挤压面是进行强度计算的关键, 它们的区别是:
(1) 剪切面是假想连接件被剪断的痕迹面, 挤压面是两受力构件的相互接触面;
(2) 剪切面与外力平行, 挤压面与外力垂直。

自我检测

一、选择题

1. 图 7-10 中的钢板和铆钉的材料相同,校核铆接件的强度时应校核( )。

A. 铆钉的剪切强度 B. 铆钉的挤压强度

C. 钢板的抗拉强度 D. 以上都要

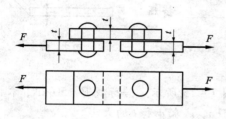

图 7-10

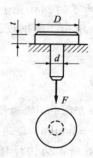

图 7-11

2. 图 7-11 所示的剪切面积为( )。

A. πdt B. $\dfrac{\pi D^2 - \pi d^2}{4}$ C. $\dfrac{\pi D^2}{4}$ D. $\dfrac{\pi d^2}{4}$

3. 图 7-11 所示的挤压面积为( )。

A. πdt B. $\dfrac{\pi D^2 - \pi d^2}{4}$ C. $\dfrac{\pi D^2}{4}$ D. $\dfrac{\pi d^2}{4}$

4. 图 7-12 所示试件 A 和销钉 B 的直径都为 d,则两者中最大剪应力为( )。

A. $4bP/(a\pi d^2)$ B. $4(a+b)P/(a\pi d^2)$

C. $4(a+b)P/(b\pi d^2)$ D. $4aP/(b\pi d^2)$

5. 图 7-13 所示铆钉联接,铆钉的挤压应力 σ_{jy} 是( )。

A. $2P/(\pi d^2)$ B. $P/2dt$ C. $P/2bt$ D. $4P/(\pi d^2)$

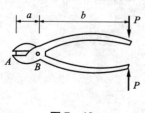

图 7-12

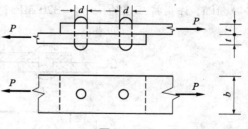

图 7-13

二、填空题

1. 构件受到大小相等、方向相反、作用线平行且相距很近的两外力作用时，两力之间的截面发生相对错位。这种变形称为_____。

2. 连接件在产生剪切变形的同时，常伴有_____变形。

3. 剪切面与外力_____，挤压面与外力垂直。

4. 构件中只有一个剪切面的剪切称为单剪，构件中有两个剪切面的剪切称为_____。

5. 一直径为 d 的钢柱置于厚度为 t 的钢板上，承受压力 P 作用，如图 7-14 所示，则钢板的剪切面面积为_____，挤压面面积为_____。

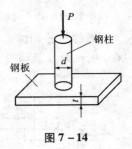

图 7-14

三、计算题

1. 宽度 $b=250$ mm 的两矩形木杆互相连接如图 7-15 所示。若荷载 $P=50$ kN，木杆的许用剪应力 $[\tau]=1$ MPa，许用挤压应力 $[\sigma_{jy}]=10$ MPa，试求 a 和 t 的大小。

2. 图 7-16 所示为铆接接头，板厚 $t=2$ mm，板宽 $b=15$ mm，铆钉直径 $d=4$ mm，许用剪应力 $[\tau]=100$ MPa，许用挤压应力 $[\sigma_{jy}]=300$ MPa，板的许用拉应力 $[\sigma]=160$ MPa。试计算接头的许可载荷。

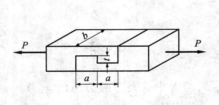

图 7-15

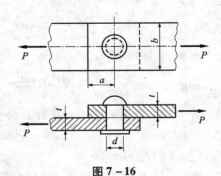

图 7-16

3. 如图 7-17 所示铆钉钢板的厚度 $\delta=10$ mm，铆钉直径 $d=20$ mm，铆钉的许用剪应力 $[\tau]=140$ MPa，许用挤压应力 $[\sigma_{jy}]=320$ MPa，承受荷载 $P=30$ kN，试作强度校核。

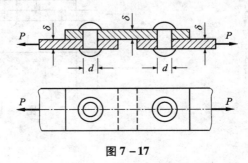

图 7-17

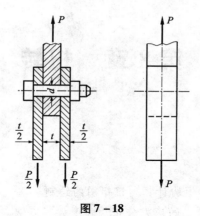

图 7 – 18

4. 螺栓连接如图 7 – 18 所示。已知螺栓材料的许用剪应力 $[\tau] = 80$ MPa，$P = 200$ kN，$t = 20$ mm，试确定螺栓的直径。

5. 用两块钢板将两根矩形木杆连接如图 7 – 19 所示。若荷载 $P = 60$ kN，杆宽 $b = 150$ mm，木杆的许用剪应力 $[\tau] = 1$ MPa，许用挤压应力 $[\sigma_{jy}] = 10$ MPa，试确定尺寸 a 和 t。

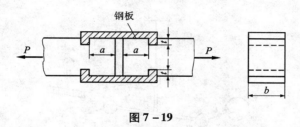

图 7 – 19

6. 两板厚度 $t = 6$ mm 的钢板用 3 个铆钉连接，如图 7 – 20 所示。已知 $F = 50$ kN，材料的许用剪应力 $[\tau] = 100$ MPa，许用挤压应力 $[\sigma_{jy}] = 280$ MPa，试确定铆钉直径 d。若用 $d = 12$ mm 的铆钉，问需要几个？

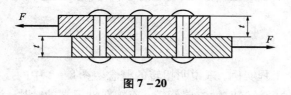

图 7 – 20

第8章 扭转

【学习目标】

1. 掌握圆轴扭转的概念。
2. 熟练掌握外力偶矩、扭矩的计算和扭矩图的绘制。
3. 掌握圆轴扭转时横截面上的应力分布及强度计算方法。
4. 掌握圆轴扭转时的刚度计算。

【想一想】

著名的验证万有引力并测量出引力常数的卡文迪许实验,是运用了一个扭秤的实验装置,如图8-1,想一想在实验中扭秤上的金属丝会发生什么变形。

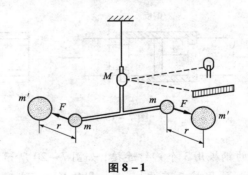

图8-1

8.1 扭转的概念、外力偶矩的计算

一、扭转的概念

我们首先分析一个工程实例,来说明扭转的概念。图8-2中的搅拌器轴,上端受力偶矩为 M_0 的外力偶作用,使轴沿逆时针方向旋转,连接在轴下端的叶片,受到搅拌物阻力形成的转向相反的力偶,搅拌器轴在这一对力偶的作用下产生扭转变形。工程中有许多杆件承受扭转变形,例如,图8-3所示的方向盘操纵杆等均是扭转变形的实例。

从以上实例可以看出,扭转构件的受力特点是:外力偶的作用面垂直于杆件轴线(图8-4)。

杆件的变形特点是:各横截面绕杆件轴线发生相对转动。杆件任意两截面之间相对转过的角度 φ 称为**扭转角**。

工程中将以扭转变形为主要变形的杆件称为**轴**。

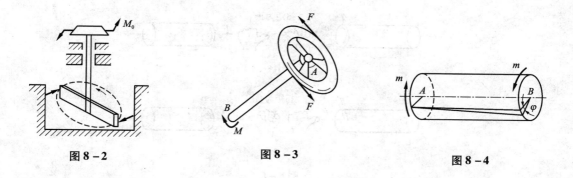

图 8-2   图 8-3   图 8-4

二、外力偶矩的计算

作用在轴上的外力偶矩往往不是直接给出的，而是根据所给定的轴的传递功率和轴的转速计算出来的。根据力学中的公式可以导出以下公式：

$$m = 9550 \frac{N}{n} \tag{8-1}$$

式中，m 为外力偶矩（N·m）；N 为轴传递的功率（kW）；n 为轴的转速（r/min）。

8.2 扭转时的内力——扭矩

一、扭矩

设轴 AB 在一对大小相等、转向相反的外力偶作用下产生扭转变形，如图 8-5（a）所示。此时轴横截面上也必然产生相应的内力。为了显示和计算内力，仍然采用截面法：用一个假想的截面在轴的任意位置 $I-I$ 处垂直地将轴截开，取左段为研究对象，如图 8-5（b）所示。由于 A 端作用一个外力偶 m，为了保持左段轴的平衡，在截面 $I-I$ 的平面内，必然存在内力偶与它平衡。由平衡方程

$$\sum m_x = 0, \quad T - m = 0$$

得

$$T = m$$

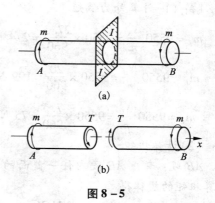

图 8-5

如取轴的右段为研究对象，也可得到同样的结果[图 8-5（b）]。由此可见，轴扭转时，其横截面上的内力是一个作用在横截面平面内的力偶，其力偶矩 T 称为截面上的**扭矩**。

为了使从轴的左、右两段求得同一截面上的扭矩具有相同的正负号，可将扭矩作如下的符号规定：采用右手螺旋法则，如果以右手四指表示扭矩的转向，则拇指的指向与截面外法线方向一致时，扭矩取正号，如图 8-6（a）所示；反之，拇指的指向与截面外法线方向相反时，扭矩取负号，如图 8-6（b）所示。

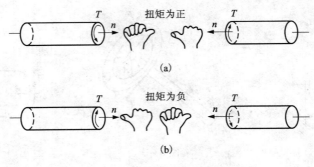

(a)

(b)

图 8-6

二、扭矩图

当一根轴上同时受到多个外力偶作用时，扭矩需要分段计算。为了清楚地表示整个轴上各截面扭矩的变化规律，以便分析危险截面所在位置及扭矩值大小，常用横坐标表示轴各截面的位置，纵坐标表示相应横截面上的扭矩，正的扭矩画在横坐标轴的上面，负的扭矩画在横坐标轴的下面，这种图线称为**扭矩图**。

例 8-1 如图 8-7(a)所示，一传动系统的主轴，转速 $n = 960$ r/min，主动轮 A 的输入功率 $N_A = 27.5$ kW，从动轮的输出功率分别为 $N_B = 20$ kW，$N_C = 7.5$ kW。试画出 ABC 轴的扭矩图。

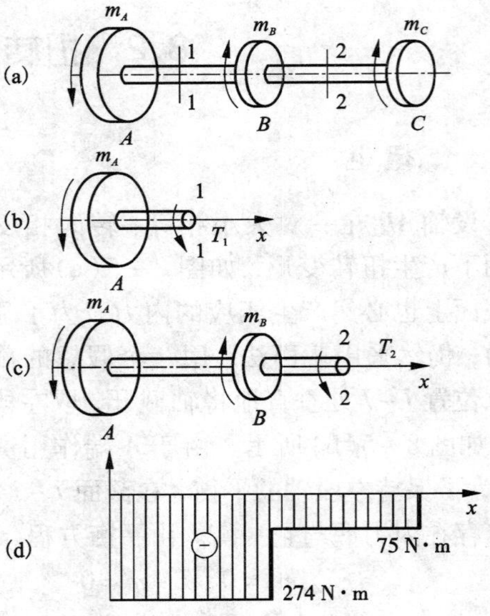

解：(1) 计算外力偶矩

$$m_A = 9550 \frac{N_A}{n} = 9550 \times \frac{27.5}{960} = 274 \text{ N·m}$$

$$m_B = 9550 \frac{N_B}{n} = 9550 \times \frac{20}{960} = 199 \text{ N·m}$$

$$m_C = 9550 \frac{N_C}{n} = 9550 \times \frac{7.5}{960} = 75 \text{ N·m}$$

(2) 计算扭矩

AB 段：考虑 AB 段内任一截面的左侧，由计算扭矩的规律得

$$T_1 = -m_A = -274 \text{ N·m}$$

BC 段：考虑左侧

$$T_2 = -m_A + m_B = -274 + 199 = -75 \text{ N·m}$$

图 8-7

(3) 画扭矩图

根据以上结果，按比例绘扭矩图如图 8-7(d)所示。由扭矩图可知，最大扭矩发生在 AB 段内，

$$|T_{\max}| = 274 \text{ N·m}$$

88

【想一想】

本例中若将主动轮放置在从动轮的中间,即将轮 A 与轮 B 的位置对调,其最大扭矩值如何变化?

8.3 圆轴扭转时横截面上的应力

一、分析变形规律

1. 实验观察

取一等直圆轴,如图 8-8(a),实验前在圆轴表面画上一组平行于轴线的纵向线和一组代表横截面的圆周线。然后在圆轴两端施加外力偶矩 m,圆轴即发生扭转变形。在小变形的情况下,可以观察到如下变形现象:

(1)圆周线的形状、大小及两圆周线间的距离均保持不变。

(2)各纵向线仍近似为直线,只是倾斜了同一个角度 γ。

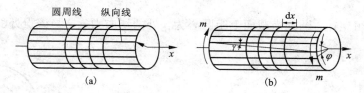

图 8-8

2. 扭转平面假设

根据观察到的这些现象,我们可作如下的假设:圆轴扭转前的各个横截面在扭转变形后仍为相互平行的平面,且形状和大小不变,只是相对地转过了一个角度。此假设称为**圆轴扭转时的平面假设**。

3. 两点推论

根据平面假设可以得出以下两点推论:

(1)由于相邻截面相对地转过了一个角度,即横截面间发生了旋转式的相对错动,出现了剪切变形,故横截面上有切应力存在。又因圆周线的大小不变,切应力方向必与半径垂直。

(2)由于相邻截面的间距不变,所以横截面上没有正应力。

二、分析应力的分布规律

下面从几何关系、物理关系和静力学关系三方面来建立圆轴扭转时横截面上的切应力公式。

1. 变形几何关系

在圆轴上截取长为 $\mathrm{d}x$ 的微段,并且用夹角无限小的两个纵截面从微段中截取一楔形体如图 8-9 所示。

根据前面的假设,圆轴变形后,两截面相对转动了 $\mathrm{d}\varphi$ 角,使表面的矩形 $abdc$ 变成了平

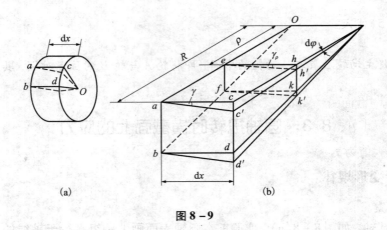

图 8-9

行四边形 $abd'c'$，原来的矩形直角改变了一个微小角度 γ，γ 就是横截面边缘上点的切应变，γ_ρ 为横截面上距圆心为 ρ 处的切应变。在小变形情况下，由几何关系有：

$$\gamma_\rho = \tan\gamma_\rho = \frac{hh'}{eh} = \rho\,\frac{\mathrm{d}\varphi}{\mathrm{d}x} \tag{8-2}$$

2. 物理关系

根据剪切胡克定律，圆轴横截面上距圆心为 ρ 处的切应力 τ_ρ，与该点处的切应变 γ_ρ 成正比，即

$$\tau_\rho = G\gamma_\rho$$

将式（8-2）代入得

$$\tau_\rho = G\rho\,\frac{\mathrm{d}\varphi}{\mathrm{d}x} \tag{8-3}$$

式中：G 为材料的切变模量。

上式表明：横截面任意点处的切应力与该点到轴线的距离成正比。

圆轴横截面上切应力分布如图 8-10 所示。

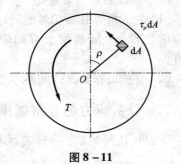

图 8-10

3. 静力学关系

在横截面距圆心为 ρ 处取一微面积 $\mathrm{d}A$（图 8-11），微面积上的合力为 $\tau_\rho\mathrm{d}A$，该力对圆心的力矩为 $\tau_\rho\mathrm{d}A\cdot\rho$，各微力对圆心力矩总和就是该横截面上的扭矩，即

$$T = \int_A \tau_\rho\mathrm{d}A\cdot\rho$$

将式（8-3）代入得

$$T = \int_A G\rho\,\frac{\mathrm{d}\varphi}{\mathrm{d}x}\mathrm{d}A\cdot\rho = G\,\frac{\mathrm{d}\varphi}{\mathrm{d}x}\int_A \rho^2\mathrm{d}A \tag{8-4}$$

图 8-11

令

$$I_{\mathrm{P}} = \int_A \rho^2\mathrm{d}A$$

则式（8-4）可写成

$$\frac{\mathrm{d}\varphi}{\mathrm{d}x} = \frac{T}{GI_{\mathrm{P}}} \tag{8-5}$$

将式(8-5)代入式(8-3)可得圆轴扭转时横截面上任一点的切应力公式

$$\tau_\rho = \frac{T\rho}{I_P} \qquad (8-6)$$

式中：T 为横截面上的扭矩；ρ 为横截面上点到圆心的距离；I_P 为横截面对 O 点的极惯性矩，单位为 m^4，其与截面的形状和尺寸有关。

在圆周边缘上 $\rho = R$，$\tau_\rho = \tau_{max}$

切应力最大值为 $\tau_{max} = \dfrac{TR}{I_P}$

令 $W_n = \dfrac{I_P}{R}$，则上式变为

$$\tau_{max} = \frac{T}{W_n} \qquad (8-7)$$

式中，W_n 称为抗扭截面系数，其单位为 m^3。

三、圆截面极惯性矩 I_P 及抗扭截面系数 W_n 的计算

1. 实心圆截面

实心圆截面如图 8-12(a)所示，可取一圆环形微面 dA，圆环的内径为 ρ，圆环的宽度为 $d\rho$，则

$$dA = 2\pi\rho d\rho$$

于是得到实心圆截面的极惯性矩为

$$I_P = \int_A \rho^2 dA = \int_0^{D/2} \rho^2 \times 2\pi\rho d\rho = \frac{\pi D^4}{32} \approx 0.1 D^4 \qquad (8-8)$$

实心圆截面的抗扭截面系数为

$$W_n = \frac{I_P}{D/2} = \frac{\pi D^3}{16} \approx 0.2 D^3 \qquad (8-9)$$

2. 空心圆截面

求空心圆截面[图 8-12(b)]的极惯性矩与求实心圆截面的方法相同，即空心圆截面的极惯性矩为

$$I_P = \int_A \rho^2 dA = \int_{d/2}^{D/2} \rho^2 \times 2\pi\rho d\rho$$

$$= \frac{\pi D^4}{32}(1 - \alpha^4)$$

$$\approx 0.1 D^4 (1 - \alpha^4) \qquad (8-10)$$

式中，$\alpha = \dfrac{d}{D}$。

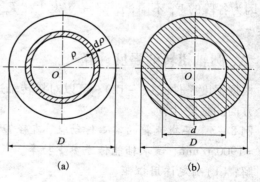

图 8-12

空心圆截面的抗扭截面系数为

$$W_n = \frac{I_P}{D/2} = \frac{\pi D^3}{16}(1 - \alpha^4) \approx 0.2 D^3 (1 - \alpha^4) \qquad (8-11)$$

例 8-2 直径 $D = 50$ mm 的圆轴，两端受到 $m = 2150$ N·m 的外力偶的作用，试求离轴心

10 mm 处的切应力及截面上的最大切应力。

解:（1）计算截面的极惯性矩和截面的抗扭截面系数

$$I_P \approx 0.1D^4 = 0.1 \times 50^4 = 625000 \text{ mm}^4$$

$$W_n \approx 0.2D^3 = 0.2 \times 50^3 = 25000 \text{ mm}^3$$

（2）求应力

离轴心 10 mm 处的切应力

$$\tau_\rho = \frac{T\rho}{I_P} = \frac{2150 \times 10^3 \times 10}{625000} = 34.4 \text{ MPa}$$

截面上的最大切应力

$$\tau_{max} = \frac{T}{W_n} = \frac{2150 \times 10^3}{25000} = 86 \text{ MPa}$$

8.4 圆轴扭转时的强度计算

一、圆轴扭转的强度条件

为满足强度要求应使轴工作时产生的最大切应力不超过材料的许用切应力，故圆轴扭转时的强度条件为

$$\tau_{max} = \frac{T}{W_n} \leqslant [\tau] \tag{8-12}$$

许用切应力 $[\tau]$ 由扭转实验测定，设计时可查有关手册，在静载条件下，它与许用拉应力有如下关系：

塑性材料 $\qquad [\tau] = (0.5 \sim 0.6)[\sigma]$

脆性材料 $\qquad [\tau] = (0.8 \sim 1.0)[\sigma]$

注意：τ_{max} 为整个圆轴上横截面上的最大切应力。对于等截面轴，T 应取 T_{max}，对于阶梯轴，因为各段的 W_n 不同，τ_{max} 不一定发生在 T_{max} 所在的截面，应综合考虑 T 和 W_n 两个因素来确定 τ_{max}。

二、圆轴扭转的强度计算

根据强度条件式（8-12），可以对扭转轴进行强度校核、设计截面尺寸和确定许可荷载三个方面的强度计算。

例 8-3 某减速箱的实心传动轴，直径 $D = 60$ mm，材料的许用切应力 $[\tau] = 50$ MPa，转速 $n = 1900$ r/min，试求轴能传递多少功率。

解:（1）确定许用扭矩

$$[T] = W_n[\tau] = 0.2D^3[\tau] = 0.2 \times 60^3 \times 50 \text{ N·mm} = 2160 \times 10^3 \text{ N·mm} = 2160 \text{ N·m}$$

而 $\qquad m = [T] = 2160 \text{ N·m}$

（2）确定轴能传递的功率

由式（8-1）有

$$N = \frac{m \cdot n}{9550} = \frac{2160 \times 1900}{9550} = 429.74 \text{ kW}$$

例8-4　某传动轴，轴内的最大扭矩 $T = 1.5$ kN·m，若许用切应力 $[\tau] = 50$ MPa，试求：

(1)若用实心轴，确定其直径 D_1；

(2)若改用空心轴，其内、外径的比值 $\alpha = \dfrac{d}{D} = 0.9$，确定其内径 d 和外径 D；

(3)比较空心轴和实心轴的重量。

解： 根据式(8-12)　　$\tau_{max} = \dfrac{T}{W_n} \leqslant [\tau]$

可得传动轴所需的抗扭截面系数为

$$W_n \geqslant \frac{T}{[\tau]} = \frac{1.5 \times 10^6}{50} = 3 \times 10^4 \text{ mm}^3$$

(1)确定实心轴的直径 D_1

由实心轴的抗扭截面系数 $W_n = \dfrac{\pi D_1^{\,3}}{16}$，得

$$D_1 = \sqrt[3]{\frac{16 W_n}{\pi}} \geqslant \sqrt[3]{\frac{16 \times 3 \times 10^4}{3.14}} = 53.5 \text{ mm}$$

取　　　　　　　　　　　$D_1 = 54$ mm

(2)确定空心轴的内径 d 和外径 D

由空心轴的抗扭截面系数 $W_n = \dfrac{\pi D^3}{16}(1 - \alpha^4)$，得

$$D = \sqrt[3]{\frac{16 W_n}{\pi(1 - \alpha^4)}} \geqslant \sqrt[3]{\frac{16 \times 3 \times 10^4}{3.14(1 - 0.9^4)}} = 76 \text{ mm}$$

$$d = \alpha D = 0.9 \times 76 = 68.4 \text{ mm}$$

取　　　　　　　　　　$D = 76$ mm，$d = 68$ mm

(3)重量比较

由于上述空心轴与实心轴的长度和所用材料都相同，所以，二者的重量之比等于它们的横截面面积之比，即

$$\frac{W_{空}}{W_{实}} = \frac{A_{空}}{A_{实}} = \frac{\dfrac{\pi}{4}(D^2 - d^2)}{\dfrac{\pi}{4}D_1^{\,2}}$$

$$= \frac{76^2 - 68^2}{54^2} = 0.395$$

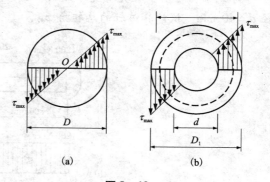

图 8-13

即空心轴重量仅为实心轴重量的 39.5%，因此采用空心轴比实心轴合理，既可以节省材料，又能减轻自重。因为采用实心轴仅在圆截面边缘处的切应力达到许用切应力值，而在圆心附近的切应力很小[图8-13(a)]，这部分材料没有得到充分利用，如将这部分材料移到离圆心较远处的位置，使其成为空心轴[图8-13(b)]，便提高了材料的利用率。

8.5 圆轴扭转时的变形

计算轴的扭转变形就是计算两截面间的相对扭转角 φ。由式(8−5)

$$\frac{\mathrm{d}\varphi}{\mathrm{d}x} = \frac{T}{GI_P}$$

可得相距为 l 的两个截面之间的扭转角为

$$\varphi = \int_l \mathrm{d}\varphi = \int_0^l \frac{T}{GI_P}\mathrm{d}x$$

对于等直圆轴 GI_P 为常量，若扭矩 T 也为常量，则上式积分为

$$\varphi = \int_0^l \frac{T}{GI_P}\mathrm{d}x = \frac{T}{GI_P}\int_0^l \mathrm{d}x = \frac{Tl}{GI_P} \tag{8−13}$$

式(8−13)就是等直圆轴扭转时扭转角的计算公式，扭转角的单位是弧度(rad)。在扭矩 T 和长度 l 一定的情况下，GI_P 越大，则扭转角 φ 越小，可见 GI_P 反映圆轴抵抗扭转变形的能力。GI_P 称为圆轴的抗扭刚度。

从上式可知，φ 的大小与轴的长度有关，为了消除长度的影响，用单位长度扭转角 θ 来表示扭转变形的程度，即

$$\theta = \frac{\varphi}{l} = \frac{T}{GI_P} \tag{8−14}$$

式中：θ 的单位是弧度/米(rad/m)。工程上常用度/米(°/m)作为 θ 的单位。则

$$\theta = \frac{\varphi}{l} = \frac{T}{GI_P} \times \frac{180}{\pi} \tag{8−15}$$

式中单位：T—N·m；G—Pa；I_P—m⁴；θ—°/m。

若采用工程常用单位：T—N·mm；G—MPa；I_P—mm⁴；θ—°/m，则

$$\theta = \frac{\varphi}{l} = \frac{T}{GI_P} \times \frac{180}{\pi} \times 10^3 \tag{8−16}$$

例 8−5 传动轴及其所受外力偶如图 8−14(a)所示，轴材料的切变模量 $G = 80$ GPa，直径 $d = 40$ mm。试计算该轴的总转角 φ_{AC}。

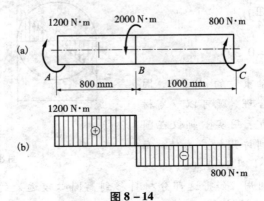

图 8−14

解：(1)截面法求扭矩

$$T_{AB} = 1200 \text{ N·m}$$

94

$$T_{BC} = -800 \text{ N·m}$$

（2）画扭矩图如图 8 – 14（b）所示。

（3）计算扭转角

圆轴的截面惯性矩

$$I_P = \frac{\pi d^4}{32} = \frac{\pi \times (0.04)^4}{32} = 0.25 \times 10^{-6} \text{ m}^4$$

AB 段的相对扭转角为

$$\varphi_{AB} = \frac{T_{AB} l_{AB}}{GI_P} = \frac{1200 \times 0.8}{80 \times 10^9 \times 0.25 \times 10^{-6}} = 0.048 \text{ rad} = 2.75°$$

BC 段的相对扭转角为

$$\varphi_{BC} = \frac{T_{BC} l_{BC}}{GI_P} = \frac{-800 \times 1}{80 \times 10^9 \times 0.25 \times 10^{-6}} = -0.04 \text{ rad} = -2.29°$$

由此得轴的总转角为

$$\varphi_{AC} = \varphi_{AB} + \varphi_{BC} = 0.048 - 0.04 = 0.008 \text{ rad} = 0.46°$$

8.6　圆轴扭转时的刚度计算

圆轴扭转时除了强度要求外，还应有足够的刚度，才能使其安全可靠地工作，工程中圆轴扭转的刚度条件是：轴工作时产生的最大单位长度内扭转角 θ_{max} 不超过许用单位扭转角 $[\theta]$，即

$$\theta_{max} = \frac{T}{GI_P} \times \frac{180}{\pi} \times 10^3 \leqslant [\theta] \tag{8 – 17}$$

注意单位的使用：T—N·mm；G—MPa；I_P—mm^4；$[\theta]$—°/m。

许用单位转扭角 $[\theta]$ 的数值，根据荷载性质和工作条件等因素来确定，设计时可从有关手册中查得。一般情况下规定：

精密机械的轴　　　　　　　　$[\theta] = 0.25 \sim 0.5°/m$

一般传动轴　　　　　　　　　$[\theta] = 0.5 \sim 1.0°/m$

精度较低的轴　　　　　　　　$[\theta] = 2 \sim 4°/m$

运用圆轴的刚度条件，也可以求解截面设计、刚度校核和确定许可载荷等三类问题。

例 8 – 6　等截面传动圆轴如图 8 – 15（a）所示。已知材料的切变模量 $G = 80$ GPa，许用切应力 $[\tau] = 40$ MPa，许用单位扭转角 $[\theta] = 0.5°/m$，试设计此轴的直径。

解：（1）画扭矩图。按计算扭矩的规律得各段的扭矩为

$$T_{BC} = 500 \text{ N·m}, \quad T_{CD} = -1080 \text{ N·m}$$

按以上结果可画出扭矩图，如图 8 – 15（b）所示。

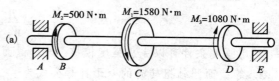

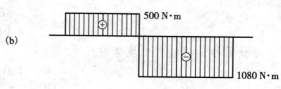

图 8 – 15

由扭矩图可知，$|T_{max}|=1080$ N·m，发生在 CD 段。

（2）按强度条件设计轴的直径

由强度条件式（8 – 12）

$$\tau_{max}=\frac{T_{max}}{W_n}=\frac{T_{max}}{\frac{\pi d^3}{16}}\leqslant[\tau]$$

得 $\qquad d\geqslant\sqrt[3]{\frac{16T_{max}}{\pi[\tau]}}=\sqrt[3]{\frac{16\times1080\times10^3}{3.14\times40}}=51.6$ mm

（3）按刚度条件设计轴的直径

根据刚度条件式（8 – 17）及

$$I_P=\frac{\pi d^4}{32}\approx0.1d^4$$

$$\theta_{max}=\frac{T_{max}}{GI_P}\times\frac{180}{\pi}\times10^3=\frac{T_{max}}{G\times0.1d^4}\times\frac{180}{\pi}\times10^3\leqslant[\theta]$$

得 $\qquad d\geqslant\sqrt[4]{\frac{T_{max}\times180\times10^3}{G\times0.1\pi\times[\theta]}}=\sqrt[4]{\frac{1080\times10^3\times180\times10^3}{8\times10^4\times0.1\times3.14\times0.5}}=62.7$ mm

综上所述，圆轴须同时满足强度和刚度条件，则取 $d=63$ mm。

本章小结

1. 圆轴在力偶作用面垂直于轴线的平衡力偶系作用下产生扭转变形。扭转圆轴横截面上任一点的切应力与该点到圆心的距离成正比，在圆心处为零。最大切应力发生在圆轴边缘各点处，其计算公式为：

$$\tau=\frac{T\rho}{I_P},\ \tau_{max}=\frac{T}{W_n}$$

对于等截面圆轴，则有

$$\tau_{max}=\frac{T_{max}}{W_n}$$

2. 圆轴扭转时的强度条件为

$$\tau_{max}=\frac{T}{W_n}\leqslant[\tau]$$

利用强度条件可以完成强度校核、设计截面尺寸和确定许可载荷等三方面问题。

3. 等截面圆轴扭转时的变形计算公式为

$$\varphi=\frac{Tl}{GI_P}$$

等截面圆轴扭转的刚度条件为

$$\theta_{max}=\frac{T}{GI_P}\times\frac{180}{\pi}\times10^3\leqslant[\theta]$$

注意单位的使用：T—N·mm；G—MPa；I_P—mm^4；$[\theta]$—°/m。

自我检测

一、选择题

1. 圆轴受外力偶作用如图 8-16 所示，圆轴的最大扭矩 $|T_{max}|$ 为（　　　）kN·m。
A. 8　　　　　　B. 6　　　　　　C. 3　　　　　　D. 9

2. 空心圆轴受扭转时，横截面上剪应力分布如图 8-17 所示，其中正确的分布图是
（　　　）。

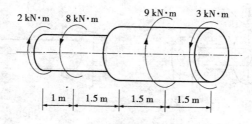

图 8-16

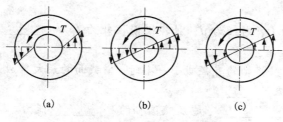

(a)　　　　　　(b)　　　　　　(c)

图 8-17

3. 圆轴扭转剪应力（　　　）。
A. 与扭矩和极惯性矩都成正比　　　　B. 与扭矩成反比，与极惯性矩成正比
C. 与扭矩成正比，与极惯性矩成反比　　D. 与扭矩和极惯性矩都成反比

4. 两根实心圆轴，受相同扭矩作用，轴Ⅰ的直径为 d_1，轴Ⅱ的直径为 d_2，且 $d_2 = 2d_1$，则两根轴的最大剪应力为（　　　）。
A. $\tau_1 = 4\tau_2$　　　B. $\tau_1 = 8\tau_2$　　　C. $\tau_1 = 16\tau_2$　　　D. $\tau_1 = 2\tau_2$

5. 图 8-18 所示受扭圆杆中的最大剪应力为（　　　）。
A. $\dfrac{16\,m}{\pi d^3}$　　　B. $\dfrac{32\,m}{\pi d^3}$　　　C. $\dfrac{48\,m}{\pi d^3}$　　　D. $\dfrac{64\,m}{\pi d^3}$

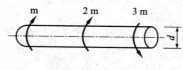

图 8-18

二、填空题

1. 图 8-19 所示各轴中产生扭转变形的有_____。

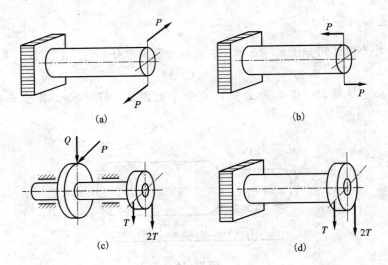

(a)

(b)

(c)

(d)

图 8-19

2. 空心圆轴外径为 D，内径为 d，则其极惯性矩为 $I_P =$ _____，抗扭截面系数 W_n = _____。

3. 实心圆轴受扭，若将轴的直径减小一半时，横截面的最大剪应力是原来的_____倍，圆轴的扭转角是原来的_____倍。

4. GI_P 称为圆轴的_____，它反映圆轴的_____能力。

5. 直径为 $d = 100$ mm 的实心圆轴，受内力扭矩 $T = 10$ kN·m 作用，横截面上的最大剪应力为_____ MPa。

三、计算题

1. 如图 8-20 所示的传动轴，已知轴的转速 $n = 200$ r/min，主动轮 A 的输入功率 $N_A = 36.77$ kW，从动轮的输出功率分别为 $N_B = 22.08$ kW，$N_C = 14.71$ kW。试画出该轴的扭矩图。

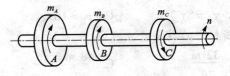

图 8-20

2. 如图 8-21 所示，圆轴直径 $d = 100$ mm，长 $l = 1$ m，两端作用外力偶 $m = 14$ kN·m，材料的剪切弹性模量 $G = 80$ GPa，试求：

(1) 图示截面上 A、B、C 的剪应力，并在图中标出方向；

(2) 最大剪应力；

（3）单位长度扭转角。

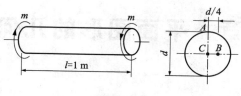

图 8 - 21

3. 圆轴的直径 $d = 50$ mm，转速 $n = 120$ r/min。若该轴横截面上的最大剪应力 $\tau_{max} = 60$ MPa 问圆轴传递的功率为多大？

4. 在保证相同的外力偶矩作用产生相等的最大剪应力的前提下，用内、外径之比 $d/D = 3/4$ 的空心圆轴代替实心圆轴，问能省多少材料？

5. 一传动轴如图 8 - 22 所示。已知材料的剪切弹性模量 $G = 80$ GPa，许用剪应力 $[\tau] = 50$ MPa，许用单位扭转角 $[\theta] = 0.6°$/m，试设计此轴的直径。

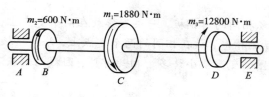

图 8 - 22

6. 如图 8 - 23 所示，实心轴通过牙嵌离合器把功率传给空心轴。传递的功率 $N = 7.5$ kW，轴的转速 $n = 100$ r/min，试选择实心轴直径 D_1 和空心轴的外径 D。已知 $\alpha = d/D = 0.5$，$[\tau] = 40$ MPa。

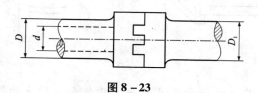

图 8 - 23

第9章　平面图形的几何性质

【学习目标】

1. 掌握静矩和形心的概念。
2. 熟练掌握组合截面形心的计算方法。
3. 掌握惯性矩、惯性半径的概念及计算方法。
4. 掌握惯性矩的平行移轴公式及应用。
5. 熟练掌握组合截面惯性矩的计算方法。

【读一读】

1. 将两块横截面面积相同的薄钢板，一块直接放在两个支点上，如图9-1(a)所示，另一板做成图9-1(b)所示的槽形，放在相同的两个支点上，给两块板施加相同的竖向外力 P，显然(b)图的变形比(a)图的变形要小许多。由此可见，因截面形状不同，它抵抗弯曲变形的能力也大不相同。

2. 将一长方形木板分别平放和竖放于两个相同的支点(如图9-2所示)，然后在中间施加相同的竖向外力 P，可以看出，木板竖放时的弯曲变形比平放时小很多。这说明截面尺寸和形状完全相同的杆件，因为放置的方式不同，其承载能力是大不相同的。

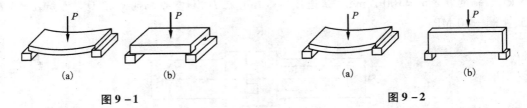

图9-1　　　　　　　　　　　　　　　　图9-2

　　工程中的各种构件，其横截面都是具有一定几何形状的平面图形。从以上两例可以看出，截面的形状和尺寸以及放置方式都是影响杆件承载能力的重要因素，通常将与截面的几何形状和尺寸有关的几何量，统称为**平面图形的几何性质**。本章专门介绍它们的概念及计算方法。

9.1　静矩和形心

一、形心

　　任意截面的图形如图9-3所示，其面积为 A，y 轴和 z 轴为图形平面内的任意直角坐标轴。C 点为截面的几何中心，通常称为**截面形心**，其坐标分别记作 (z_C, y_C)，在平面图形中取

一微面积 $\mathrm{d}A$，$\mathrm{d}A$ 的坐标分别为 z 和 y，则平面图形的形心坐标计算公式为：

$$\begin{cases} y_C = \dfrac{\int_A y\mathrm{d}A}{A} \\[3mm] z_C = \dfrac{\int_A z\mathrm{d}A}{A} \end{cases} \qquad (9-1)$$

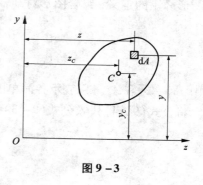

图 9-3

具有对称中心或对称轴的截面，其截面形心一定在对称中心或对称轴上。例如，圆截面的形心位于圆心，矩形截面的形心位于两对称轴的交点处。其他简单截面图形的形心位置参见表 9-1。

二、静矩

在平面图形上取一微面积 $\mathrm{d}A$（如图 9-3 所示），微面积 $\mathrm{d}A$ 和坐标 z 的乘积 $z\mathrm{d}A$ 称为微面积 $\mathrm{d}A$ 对 y 轴的静矩；而 $y\mathrm{d}A$ 称为微面积 $\mathrm{d}A$ 对 z 轴的静矩。整个图形上微面积 $\mathrm{d}A$ 与它到 y 轴（或 z 轴）距离乘积的总和称为截面对 y 轴（或 z 轴）的静矩，用 S_y（或 S_z）表示，即

$$\begin{cases} S_y = \int_A z\mathrm{d}A \\[2mm] S_z = \int_A y\mathrm{d}A \end{cases} \qquad (9-2)$$

静矩的单位为 m^3 或 mm^3。

综合式（9-1）和式（9-2），可得平面图形静矩计算公式为

$$\begin{cases} S_y = z_C A \\[2mm] S_z = y_C A \end{cases} \qquad (9-3)$$

即**平面图形对某轴的静矩等于其面积与形心坐标（形心至该轴的距离）的乘积。当坐标轴通过平面图形的形心时，其静矩为零；反之，若平面图形对某轴的静矩为零，则该轴必通过平面图形的形心。**

例 9-1　试计算图 9-4 所示矩形截面对 z 轴和 y 轴的静矩。

解： 矩形截面的面积 $A = bh$，其形心坐标 $y_C = \dfrac{h}{2}$，$z_C = \dfrac{b}{2}$，由式（9-3）有

$$S_y = z_C A = \frac{b}{2} \times bh = \frac{b^2 h}{2}$$

$$S_z = y_C A = \frac{h}{2} \times bh = \frac{bh^2}{2}$$

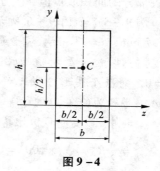

图 9-4

三、组合图形的静矩和形心位置计算

工程实际中，许多构件的截面是由矩形、圆形等简单图形组合成的，称为组合图形。根

据图形静矩的定义，组合图形对某轴的静矩等于各个简单图形对同一轴静矩的代数和，即

$$\begin{cases} S_y = z_{C1}A_1 + z_{C2}A_2 + \cdots + z_{Cn}A_n = \sum_{i=1}^{n} z_{Ci}A_i \\ S_z = y_{C1}A_1 + y_{C2}A_2 + \cdots + y_{Cn}A_n = \sum_{i=1}^{n} y_{Ci}A_i \end{cases} \tag{9-4}$$

式中：y_{Ci}，z_{Ci} 和 A_i 分别表示各简单图形的形心坐标和面积；n 为组合图形的简单图形个数。

将公式（9-4）代入公式（9-3），可得组合图形的形心坐标计算公式

$$\begin{cases} y_C = \dfrac{S_z}{A} = \dfrac{\sum_{i=1}^{n} y_{Ci}A_i}{\sum_{i=1}^{n} A_i} \\ \\ z_C = \dfrac{S_y}{A} = \dfrac{\sum_{i=1}^{n} z_{Ci}A_i}{\sum_{i=1}^{n} A_i} \end{cases} \tag{9-5}$$

例 9-2　图 9-5 所示为对称"T"形截面，求该截面的形心位置。

解：建立直角坐标系 zOy，其中 y 为截面的对称轴。因图形相对于 y 轴对称，其形心一定在该对称轴上，因此形心 z 坐标值为零，只需计算 y_C 值，将截面分成 I、II 两个矩形，则

$$A_1 = 5 \times 30 = 150 \text{ mm}^2$$
$$A_2 = 5 \times 30 = 150 \text{ mm}^2$$
$$y_1 = 15 \text{ mm}$$
$$y_2 = 32.5 \text{ mm}$$

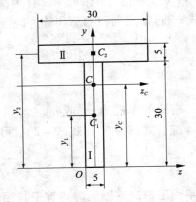

$$y_C = \frac{A_1 y_1 + A_2 y_2}{A_1 + A_2} = \frac{150 \times 15 + 150 \times 32.5}{150 + 150} = 23.75 \text{ mm}$$

图 9-5

如果在组合图形中挖去一部分，而需求出剩余部分的形心时，仍可用组合法，运算时把挖去部分的面积取负值，该方法称为**负面积法**。

例 9-3　如图 9-6 所示，已知 $R = 100$ mm，$r = 17$ mm，$b = 13$ mm，求平面图形的形心。

解：取直角坐标系如图所示，由对称性得：$z_C = 0$。将整个图形分成三部分：半径为 R 的大半圆 A_1、半径为 $(r + b)$ 的小半圆 A_2 和半径为 r 的小圆 A_3，其中 A_3 按负面积计算。

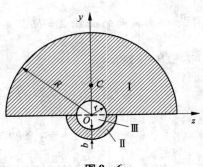

$$A_1 = \frac{\pi}{2}R^2 = \frac{\pi}{2} \times 100^2 = 15700 \text{ mm}^2$$

$$A_2 = \frac{\pi}{2}(r + b)^2 = \frac{\pi}{2} \times (17 + 13)^2 = 1413 \text{ mm}^2$$

$$A_3 = -\pi r^2 = -\pi \times 17^2 = -907 \text{ mm}^2$$

图 9-6

$$y_1 = \frac{4R}{3\pi} = \frac{4 \times 100}{3\pi} = 42.4 \text{ mm}$$

$$y_2 = -\frac{4(r+b)}{3\pi} = -\frac{4 \times (17+13)}{3\pi} = -12.7 \text{ mm}$$

$$y_3 = 0$$

$$y_C = \frac{A_1 y_1 + A_2 y_2 + A_3 y_3}{A_1 + A_2 + A_3} = \frac{15700 \times 42.4 + 1413 \times (-12.7) + 0}{15700 + 1413 + (-907)} = 40 \text{ mm}$$

9.2　惯性矩和惯性半径

一、惯性矩和惯性半径

在平面图形上取一微面积 $\mathrm{d}A$（如图 9-7 所示），$\mathrm{d}A$ 与其坐标平方的乘积 $z^2\mathrm{d}A$、$y^2\mathrm{d}A$ 分别称为该微面积 $\mathrm{d}A$ 对 y 轴和 z 轴的惯性矩，它们在整个图形范围内的定积分

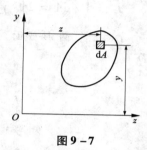

$$\begin{cases} I_y = \int_A z^2 \mathrm{d}A \\ I_z = \int_A y^2 \mathrm{d}A \end{cases} \qquad (9-6)$$

图 9-7

分别称为整个平面图形对 y 轴和 z 轴的惯性矩。惯性矩恒为正值，单位为 m^4 或 mm^4。

工程中为了计算方便，常将惯性矩表示为图形面积与某一长度平方的乘积，即

$$\begin{cases} I_y = i_y^2 A \\ I_z = i_z^2 A \end{cases} \qquad (9-7)$$

式中的 i_y、i_z 分别称为平面图形对 y 轴和 z 轴的**惯性半径**，单位为 m 或 mm。若已知图形面积 A 和惯性矩 I_y、I_z，则惯性半径为

$$\begin{cases} i_y = \sqrt{\dfrac{I_y}{A}} \\ i_z = \sqrt{\dfrac{I_z}{A}} \end{cases} \qquad (9-8)$$

二、简单图形的惯性矩计算

简单图形的惯性矩可用惯性矩的定义式(9-6)通过积分直接求得。

例 9-4　试计算图 9-8 所示的矩形截面对其形心轴的惯性矩 I_z、I_y。

解：(1)计算惯性矩 I_z

取平行于 z 轴的微面积

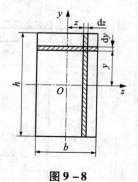

图 9-8

$$\mathrm{d}A = b\mathrm{d}y$$

$$I_z = \int_A y^2 \mathrm{d}A = \int_{-\frac{h}{2}}^{+\frac{h}{2}} y^2 b \mathrm{d}y = \frac{bh^3}{12}$$

（2）计算惯性矩 I_y

取平行于 y 轴的微面积

$$dA = h dz$$

$$I_y = \int_A z^2 dA = \int_{-\frac{b}{2}}^{+\frac{b}{2}} z^2 h dz = \frac{hb^3}{12}$$

例 9-5 图 9-9 所示圆形截面的直径为 D，试计算它对形心轴的惯性矩 I_z、I_y。

解： 取平行于 z 轴的微面积

$$dA = 2\sqrt{R^2 - y^2} dy$$

$$I_z = \int_A y^2 dA = 2\int_{-R}^{+R} y^2 \sqrt{R^2 - y^2} dy = \frac{\pi D^4}{64}$$

由于对称，圆形截面对任一形心轴的惯性矩都等于 $\frac{\pi D^4}{64}$，

所以

$$I_y = \frac{\pi D^4}{64}$$

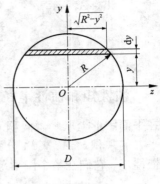

图 9-9

表 9-1 简单截面图形的几何性质

序号	图形	面积	形心位置	惯性矩
1		$A = bh$	$e = \dfrac{h}{2}$	$I_{z_C} = \dfrac{bh^3}{12}$ $I_{y_C} = \dfrac{hb^3}{12}$
2		$A = BH - bh$	$e = \dfrac{H}{2}$	$I_{z_C} = \dfrac{BH^3 - bh^3}{12}$ $I_{y_C} = \dfrac{(H-h)B^3 + h(B-b)^3}{12}$
3		$A = \dfrac{bh}{2}$	$e = \dfrac{h}{3}$	$I_{z_C} = \dfrac{bh^3}{36}$

序号	图形	面积	形心位置	惯性矩
4		$A = \dfrac{\pi D^2}{4}$	$e = \dfrac{D}{2}$	$I_{z_C} = I_{y_C} = \dfrac{\pi D^4}{64}$
5		$A = \dfrac{\pi(D^2 - d^2)}{4}$	$e = \dfrac{D}{2}$	$I_{z_C} = I_{y_C} = \dfrac{\pi(D^4 - d^4)}{64}$
6		$A = \dfrac{\pi r^2}{2}$	$e = \dfrac{4r}{3\pi}$	$I_{z_C} = \left(\dfrac{1}{8} - \dfrac{8}{9\pi^2}\right)\pi r^2$
7		$A = \pi ab$	$e = b$	$I_{y_C} = \dfrac{\pi ab^3}{4}$ $I_{y_C} = \dfrac{\pi ba^3}{4}$

9.3 组合图形的惯性矩

一、惯性矩的平行移轴公式

同一截面对相互平行的两对直角坐标轴的惯性矩是不同的，若其中一对轴是图形的形心轴（y_C，z_C）时，如图 9－10 所示，它们之间存在以下关系：

$$\begin{cases} I_y = I_{y_C} + b^2 A \\ I_z = I_{z_C} + a^2 A \end{cases} \qquad (9-9)$$

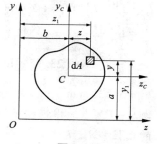

图 9－10

简单证明之：

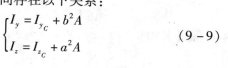

$$I_z = \int_A y_1^2 \mathrm{d}A = \int_A (y + a)^2 \mathrm{d}A = \int_A y^2 \mathrm{d}A + 2a\int_A y\mathrm{d}A + a^2\int_A \mathrm{d}A$$

式中：$\int_A y^2 dA = I_{z_C}$，$\int_A y dA = S_{z_C}$，$\int_A dA = A$。

由于图形对形心轴的静矩为零，所以 $S_{z_C} = 0$，则有

$$I_z = I_{z_C} + a^2 A$$

同理可以证明 $I_y = I_{y_C} + b^2 A$。

式（9-9）即为惯性矩的平行移轴公式。它表明：**平面图形对任意轴的惯性矩，等于图形对与该轴平行的形心轴的惯性矩加上图形的面积与两轴距离平方的乘积。**由于 $a^2 A$ 和 $b^2 A$ 恒为正数，所以，在所有相互平行的轴中，平面图形对形心轴的惯性矩为最小。

二、组合图形的惯性矩

工程计算中应用最广泛的是求通过其形心轴的惯性矩。根据惯性矩的定义可知，组合图形对某轴的惯性矩等于组成它的各简单图形对同一轴惯性矩的和。组合图形的惯性矩计算一般按下列步骤进行：

1. 确定组合图形的形心轴位置。

2. 通过积分或查表求得各简单图形对自身形心轴的惯性矩。

3. 利用平行移轴公式，求得各简单图形对组合图形的形心轴的惯性矩。

4. 将各简单图形对组合图形的形心轴的惯性矩相加（空洞时则减），便得到整个图形对通过其形心轴的惯性矩。

例 9-6 试计算图 9-11 所示组合图形对形心轴的惯性矩 I_{z_C}，I_{y_C}。

解：由例 9-2 知 $y_C = 23.75$ mm，将截面分成 I、II 两个矩形。

（1）计算惯性矩 I_{y_C}

y_C 轴通过矩形 I、II 的形心，所以

$$I_{y_C} = I_{y_C}^{\text{I}} + I_{y_C}^{\text{II}} = \frac{30 \times 5^3}{12} + \frac{5 \times 30^3}{12} = 11563 \ \text{mm}^4$$

（2）计算惯性矩 I_{z_C}

由平行移轴公式（9-8）得：

$$\begin{aligned}
I_{z_C} &= I_{z_C}^{\text{I}} + I_{z_C}^{\text{II}} = I_{z_{C1}}^{\text{I}} + a_1^2 A_1 + I_{z_{C2}}^{\text{II}} + a_2^2 A_2 \\
&= I_{z_{C1}}^{I} + (y_C - y_{C1})^2 A_1 + I_{z_{C2}}^{II} + (y_{C2} - y_C)^2 A_2 \\
&= \frac{5 \times 30^3}{12} + (23.75 - 15)^2 \times 30 \times 5 + \frac{30 \times 5^3}{12} + (32.5 - 23.75)^2 \times 30 \times 5 \\
&= 34531 \ \text{mm}^4
\end{aligned}$$

例 9-7 已知槽钢相距 50 mm，试计算图 9-12 所示的由两根 №20 槽钢组成的截面对形心轴的惯性矩 I_z，I_y。

解：组合截面有两根对称轴，形心 C 在对称轴的交点上。

查型钢表得 №20 槽钢：

$$A_1 = A_2 = 32.83 \ \text{cm}^2 = 3.283 \times 10^3 \ \text{mm}^2$$

$$I_{z_{C1}} = I_{z_{C2}} = 1913.7 \text{ cm}^4 = 19.137 \times 10^6 \text{ mm}^4$$

$$I_{y_{C1}} = I_{y_{C2}} = 143.6 \text{ cm}^4 = 1.436 \times 10^6 \text{ mm}^4$$

C_1、C_2 到腹板边缘的距离 $Z_0 = 1.95$ cm $= 19.5$ mm

于是 $I_{y_{C1}}$、$I_{y_{C2}}$ 与 y 轴之间的距离

$$b_1 = CC_1 = b_2 = CC_2 = 19.5 + 25 = 44.5 \text{ mm}$$

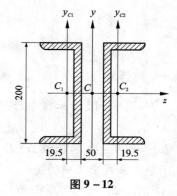

图 9 – 12

（1）计算惯性矩 I_z

z 轴通过两根槽钢的形心轴，所以

$$I_z = I_{z_{C1}} + I_{z_{C2}} = 19.137 \times 10^6 + 19.137 \times 10^6$$
$$= 38.274 \times 10^6 \text{ mm}^4$$

（2）计算惯性矩 I_y

由平行移轴公式（9 – 8）得：

$$I_y = I_{y_{C1}} + b_1^2 A_1 + I_{y_{C2}} + b_2^2 A_2 = (1.436 \times 10^6 + 44.5^2 \times 3.283 \times 10^3) \times 2 = 15.874 \times 10^6 \text{ mm}^4$$

本章小结

1. 静矩的计算

$$S_y = z_C A$$
$$S_z = y_C A$$

当坐标轴通过图形的形心时，静矩为零。

2. 形心的计算

规则截面形心可在有关工程手册中查到，组合截面的形心可用以下计算公式来求解

$$y_C = \frac{S_z}{A} = \frac{\sum\limits_{i=1}^{n} y_{ci} A_i}{\sum\limits_{i=1}^{n} A_i}$$

$$z_C = \frac{S_y}{A} = \frac{\sum\limits_{i=1}^{n} z_{ci} A_i}{\sum\limits_{i=1}^{n} A_i}$$

3. 惯性矩的计算

$$I_y = \int_A z^2 \mathrm{d}A$$

$$I_z = \int_A y^2 \mathrm{d}A$$

简单图形：通过积分运算或查表。

组合图形：利用简单图形的已知结果，通过平行移轴公式来计算组合图形的惯性矩。

平行移轴公式：

$$I_y = I_{y_C} + b^2 A$$
$$I_z = I_{z_C} + a^2 A$$

式中 y_C，z_C 轴是通过形心的坐标轴，b，a 是两平行轴间的距离。

自我检测

一、选择题

1. 如图 9-13 所示矩形的形心轴 z 轴以下部分对 z 轴的静矩 S_z 为（　　）。

A. 0 　　　　　B. $bh^2/2$ 　　　　　C. $b^2h/2$ 　　　　　D. $bh^2/8$

2. 如图 9-14 所示截面，C 为形心，z 为形心轴，S_z^{I} 和 S_z^{II} 分别表示 I 和 II 对 z 轴的静矩，下列关系式中正确的是（　　）。

A. $S_z^{\mathrm{I}} > S_z^{\mathrm{II}}$ 　　　B. $S_z^{\mathrm{I}} < S_z^{\mathrm{II}}$ 　　　C. $S_z^{\mathrm{I}} = S_z^{\mathrm{II}}$ 　　　D. $S_z^{\mathrm{I}} = -S_z^{\mathrm{II}}$

3. 两个 No20 槽钢组成的组合截面如图 9-15 所示，I_y^a 和 I_y^b 分别表示（a）和（b）对 y 轴的惯性矩，下列关系式中正确的是（　　）。

A. $I_y^a > I_y^b$ 　　　B. $I_y^a < I_y^b$ 　　　C. $I_y^a = I_y^b$ 　　　D. $I_y^a = -I_y^b$

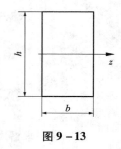

图 9-13

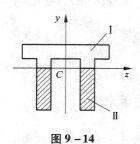

图 9-14

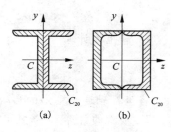

图 9-15

4. 如图 9-16 所示的各种截面中，当截面面积相等时，惯性矩 I_z 最大的截面是（　　）。

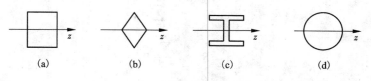

图 9-16

5. 如图 9-17 所示，矩形截面宽为 b，高为 $h=2b$，若高度与宽度互换，则图形对形心轴 z 的惯性矩 I_z 是原来的（　　）倍。

A. 2 　　　　　B. 4

C. 1/2 　　　　D. 1/4

图 9-17

二、填空题

1. 具有对称轴的截面图形，其形心必在_____轴上。

2. 若平面图形对某轴的静矩为零，则该轴必通过图形的_____。

3. 如图 9-18 所示，矩形截面 $m-m$ 以上部分对形心轴 z 的静矩与 $m-m$ 以下部分对形心轴 z 的静矩之和等于_____。

4. 组合图形对某轴的惯性矩等于各简单图形对同一轴惯性矩的_____，在所有相互平行的一组坐标轴中，以对_____轴的惯性矩为最小。

5. 如图 9 – 19 所示三角形，已知：$I_z = \dfrac{bh^3}{12}$、$I_{z_C} = \dfrac{bh^3}{36}$，则 I_{z1} 应为_____。

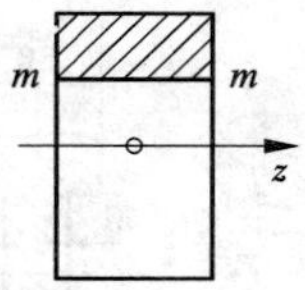

图 9 – 18

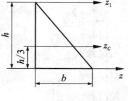

图 9 – 19

三、计算题

1. 求图 9 – 20 所示平面图形的形心坐标。

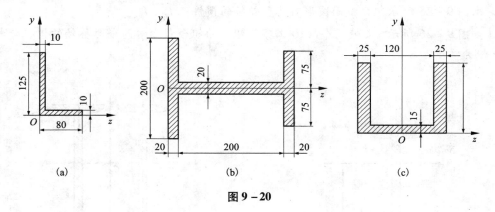

(a)　　　　　　(b)　　　　　　(c)

图 9 – 20

2. 求图 9 – 21 所示阴影部分的形心坐标。

3. 求图 9 – 22 所示各截面对形心轴 z、y 的惯性矩。

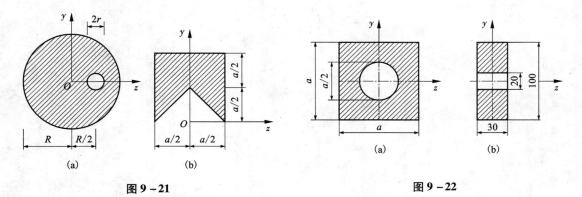

(a)　　　　　(b)

图 9 – 21

(a)　　　　　(b)

图 9 – 22

4. 试求图 9 − 23 所示图形对水平形心轴 z 的惯性矩 I_z。已知 $y_C = 57$ mm。

5. 试求图 9 − 24 所示平面图形对其形心轴的惯性矩 I_z、I_y。

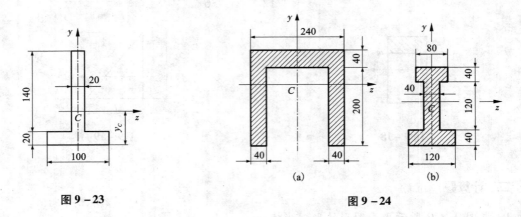

图 9 − 23   图 9 − 24

6. 求图 9 − 25 所示组合截面图形对其形心轴的惯性矩 I_{z_C}、I_{y_C}。

7. 如图 9 − 26 所示，要使两个№10 工字钢组成的组合截面对两个对称轴的惯性矩相等，距离 a 应为多少？

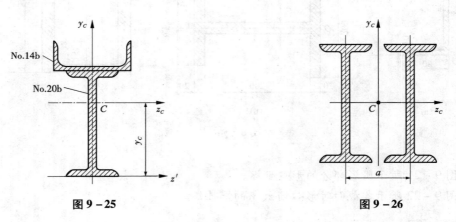

图 9 − 25   图 9 − 26

110

第10章 弯曲内力

【学习目标】

1. 理解弯曲的定义，掌握平面弯曲的定义。
2. 运用截面法计算单跨梁在简单荷载下的剪力和弯矩。
3. 能够绘制单跨梁在简单荷载作用下的内力图。
4. 熟练运用叠加法作弯矩图。

【读一读】

钢筋混凝土梁的钢筋纵向主筋布置。

在钢筋混凝土梁中，钢筋主要承担其中的拉力，混凝土主要承担压力。在各种类型的梁中，钢筋的布置也不同，如简支梁桥[图10-1(a)]中纵梁的纵向受力钢筋布置在梁的下侧，且到两端处布置弯起钢筋；阳台挑梁[图10-1(b)]纵向受力钢筋布置在挑梁的上侧。

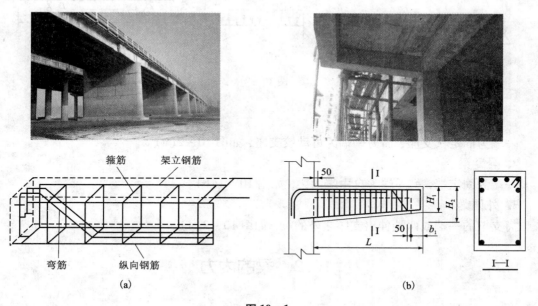

图 10-1

【想一想】

1. 在简支梁桥的纵梁中的纵向受力主筋为什么布置在梁的下侧，而在阳台挑梁中则布置在梁的上侧？

2. 图10-1所示在梁的两端为什么布置了弯起钢筋，其作用是什么？

10.1 弯曲的概念及梁的形式

由图 10-2 所示,当构件承受垂直于其轴线的外力,或位于纵向对称平面内的力偶作用时,其轴线由原来的直线变为曲线,这种变形称为弯曲变形。通常将承受弯曲变形的杆件称为梁。

若梁的横截面具有对称轴,对称轴与梁的轴线构成的平面称为纵向对称面,外力和外力偶都作用在纵向对称面内,且外力垂直于梁的轴线,这种弯曲变形称为**平面弯曲**,此时梁的轴线将在纵向对称面内弯曲成一条平面曲线。

平面弯曲是一种最简单也是最常见的弯曲变形,本课程主要讨论等直梁的平面弯曲问题。

工程中有如下三种常见的单跨静定梁,按支座情况的不同分为:

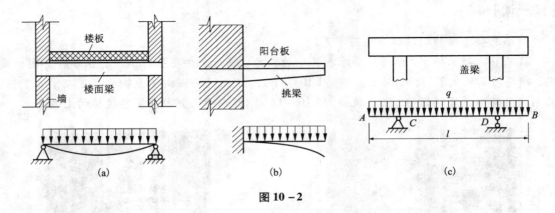

图 10-2

1. 简支梁

一端为固定铰支座,而另一端为可动铰支座,如图 10-2(a)。

2. 悬臂梁

一端为固定端,另一端为自由端的梁,如图 10-2(b)。

3. 外伸梁

简支梁的一端或两端伸出支座之外的梁,如图 10-2(c)。

10.2 梁的内力

一、梁的内力——剪力和弯矩

梁受到外力作用后,各个横截面上将产生内力。以图 10-3(a)所示的简支梁为例来分析梁横截面上的内力。

设梁在外力 F 作用下处于平衡状态,如图 10-3(a)所示。先对梁进行受力分析:梁受到外力 F 以及支座约束力 F_A、F_B 的作用,如图 10-3(a)所示,在该三力作用下梁处于平衡状态。

现在用一个假想的截面 m—m 将梁截为左、右两段,取左段为研究对象(也可取右段为研究对象,可得出相同的结论)。左段梁在 A 处受到方向向上的支座约束力(外力)F_A 作用,为保持左段梁的平衡,在截面 m—m 上必定有一个与 F_A 大小相等、方向相反的内力存在,这个内力用 Q 表示,称为**剪力**,如图 10-3(b)所示。而此时的内力 Q 与 F_A 不共线,构成一个力偶,根据力偶只能与力偶平衡的性质可知,在梁的 m—m 截面上,除了剪力 Q 以外,必定还存在一个内力组成的力偶来与力偶(Q,F_A)相平衡,这个内力偶的力偶矩用 M 表示,称为**弯矩**,如图 10-3(b)所示。

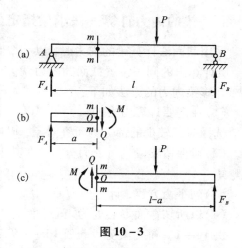

图 10-3

由此可见,梁发生弯曲时,横截面上同时存在两个内力——**剪力 Q 和弯矩 M**。

剪力的常用单位为牛顿(N)或千牛顿(kN),弯矩的常用单位为牛顿米(N·m)或千牛顿米(kN·m)。

剪力和弯矩的大小可由左段梁的静力平衡条件确定,由

$$\sum F_y = 0 \quad F_A - Q = 0, \text{得 } Q = F_A$$
$$\sum M_O = 0 \quad F_A a - M = 0, \text{得 } M = F_A a$$

其中 O 为截面形心。如果取右段梁为研究对象[图 10-3(c)],同样求得 Q 与 M,根据作用力与反作用力原理,右段梁在截面上的 Q 及 M 应与左段梁在 $m-m$ 截面上的 Q、M 大小相等、方向相反。

二、剪力 Q 与弯矩 M 的正负号规定

由于同一截面上的内力在左段梁和右段梁上的方向相反,为了使它们具有相同的正负号,并由它们的正负来反映梁的变形的情况,特对剪力和弯矩的符号作如下的规定:

对于剪力,以所求的截面 $m-m$ 为界,若剪力绕 $m-m$ 截面形心顺时针转动[图 10-4(a)],则剪力为正,反之为负[图 10-4(b)],简称"顺转剪力正"。由图可知,**截面左侧向上的外力与截面右侧向下的外力,产生的剪力为正,反之则产生的剪力为负**。

对于弯矩,如果使梁段产生上凹下凸的变形[图 10-5(a)],则弯矩为正,反之为负[图 10-5(b)]。

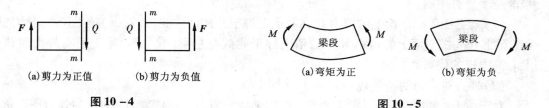

(a)剪力为正值   (b)剪力为负值   (a)弯矩为正   (b)弯矩为负

图 10-4   图 10-5

三、梁的内力计算——求梁指定截面上的内力

采用截面法计算梁的内力时，以一个假想平面将梁截开后，无论选择哪一段作为研究对象，所计算出的同一位置截面的内力就会具有相同的符号。

计算梁内力的方法如下：

(1)在需要计算内力的截面处，以一个假想的平面将梁切开，选其中一段为研究对象，一般选择荷载较少的部分为研究对象，以便于计算；

(2)对保留梁段进行受力分析，在其上画出已知外力，在截面上按正符号规定画出剪力和弯矩；

(3)列平衡方程，计算剪力 Q；

(4)以所切截面形心处为矩心，列力矩平衡方程计算弯矩 M。

例 10 – 1   简支梁受力如图 10 – 6 所示，试求 1 – 1 截面的剪力和弯矩。

解：(1)计算支座约束力   由梁的整体平衡条件可求得 A、B 两支座约束力为

$$F_A = \frac{F_1 \times 5 + F_2 \times 2}{6} \approx 29.2 \text{ kN}$$

$$F_B = \frac{F_1 \times 1 + F_2 \times 4}{6} \approx 20.8 \text{ kN}$$

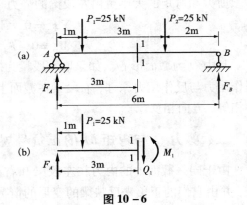

图 10 – 6

(2)计算截面内力   用截面 1 – 1 将梁截成两段，取左段为研究对象，并先设剪力 Q_1 和弯矩 M_1 都为正，如图 10 – 6(b)所示。由平衡条件

$$\sum F_y = 0 \quad F_A - F_1 - Q_1 = 0 \quad (a)$$

得

$$Q_1 = F_A - F_1 = 29.2 - 25 = 4.2 \text{ kN}$$

$$\sum M_1 = 0 \quad F_A \times 3 - F_1 \times 2 - M_1 = 0 \quad (b)$$

得

$$
\begin{aligned}
M_1 &= F_A \times 3 - F_1 \times 2 \\
&= 29.2 \times 3 - 25 \times 2 \\
&= 37.6 \text{ kN·m}
\end{aligned}
$$

所得 Q_1、M_1 为正值，表示 Q_1、M_1 方向与实际方向相同。实际方向按剪力和弯矩的符号规定均为正。

用截面法计算梁指定截面上的内力，是计算梁内力的基本方法，对学习本课程及后续课程都是十分有用的。

(1)梁上任一横截面上的剪力 Q 在数值上等于此截面左侧(或右侧)梁上所有外力的代数和；梁上任一横截面上的弯矩 M 在数值上等于此截面左侧(或右侧)梁上所有外力对该截面形心的力矩的代数和。

(2)外力对内力的符号规则。

对于剪力，若以左侧梁为研究对象，则向上的外力产生正值剪力，向下的外力产生负值剪力；若以右侧梁为研究对象，则向下的外力产生正值剪力，向上的外力产生负值剪力。对于弯

矩，若以左侧梁为研究对象，外力对该截面形心之矩顺时针转向产生正值弯矩，逆时针转向产生负值弯矩；若以右侧梁为研究对象，外力对该截面形心之矩逆时针转向产生正值弯矩，顺时针转向产生负值弯矩。以上规则可简称为"**左上右下，剪力为正；左顺右逆，弯矩为正。**"

（3）代数和的正负，就是剪力或弯矩的正负。

利用上述规律，不需画出研究对象的受力图，可直接计算截面上的剪力和弯矩。

10.3　梁的内力图

梁横截面上的剪力与弯矩是随横截面的位置而变化的。在计算梁的强度及刚度时，必须了解剪力及弯矩沿梁轴线的变化规律（梁结构的剪力图及弯矩图），从而找出最大剪力与最大弯矩的数值及其所在的截面位置（危险截面）。

一、剪力方程和弯矩方程

一般情况下，剪力和弯矩是随着截面的位置不同而改变的。若以横坐标 x 表示横截面在梁轴线上的位置，则各截面上的剪力和弯矩可表示为 x 的函数，即：

$$Q = Q(x)，M = M(x)$$

以上的函数表达式，即为梁的**剪力方程**和**弯矩方程**。

二、剪力图和弯矩图

为了清楚地看出两个横截面上的剪力和弯矩的大小与正负，以便确定梁的危险截面的位置，将剪力和弯矩方程用其图像表示，称为**剪力图和弯矩图**。

与绘制轴力图与扭矩图一样，用图像来表示梁的各横截面上弯矩和剪力沿轴线变化的情况。绘图时取平行于梁轴的横坐标 x 代表横截面的位置，纵坐标表示相应横截面上的剪力或弯矩，按方程作图。需要注意的是，土建工程中习惯把正的剪力画在 x 轴的上方，负的剪力画在 x 轴的下方；而弯矩规定画在梁受拉的一侧。弯矩正负号的规定，正的弯矩使梁的下边受拉，负的弯矩使梁的上边受拉，即正的弯矩画在 x 轴的下边，负的弯矩画在 x 轴的上边。下面通过举例说明剪力图和弯矩图的常用的三种绘制方法。

1. 运用列剪力方程与弯矩方程法绘制梁的剪力图和弯矩图

（1）悬臂梁在集中力作用下的剪力图和弯矩图

例 10-2　悬臂梁在自由端受集中力作用如图 10-7（a）所示。试写出梁的剪力方程和弯矩方程、画出剪力图和弯矩图，并确定梁的最大剪力 $|Q|_{max}$ 和最大弯矩 $|M|_{max}$。

解：①列剪力方程和弯矩方程　以自由端为坐标原点，沿梁轴线作 x 轴，任一横截面的位置以 x 坐标表示[图 10-7（b）]。列出坐标为 x 的截面的横剪力方程和弯矩方程，并考察方程成立的范围。以截面之左的外力来表示剪力和弯矩，写出剪力方程和弯矩方程如下：

$$Q(x) = -F \quad (0 < x < l)$$
$$M(x) = -Fx \quad (0 \leq x \leq l)$$

②按剪力方程和弯矩方程作剪力图和弯矩图

取两个坐标系，Ox 轴与梁轴线平行，原点与梁的自由端对应。横坐标 x 表示横截面的位置，纵坐标分别表示剪力 Q 和弯矩 M，然后按方程作函数图像。

由 $Q = F$，可知各横截面的剪力均等于力 F，且为负值，所以剪力图为平行于 x 轴的直线［图 10 - 7(c)］。

由 $M = -Fx$ 可知，各横截面的弯矩沿 x 轴线呈直线变化，故可由弯矩方程确定两点：

$$x = 0,\ M = 0;$$
$$x = l,\ M = -Fl$$

根据这两点，按一定比例作出弯矩图［图 10 - 7(d)］，由图可见，梁固定端横截面上的弯矩绝对值最大，即

$$|M|_{max} = Fl$$

根据工程要求，剪力图和弯矩图上应标明图名（Q 图、M 图）、正负、控制点值及单位。坐标轴可以省略不画。

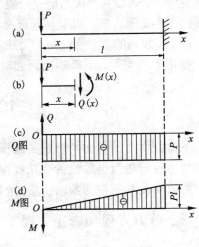

图 10 - 7

（2）简支梁在集中力作用下的剪力图和弯矩图

例 10 - 3 简支梁受集中力作用如图 10 - 8(a) 所示，求梁的剪力方程和弯矩方程，画出 Q 图、M 图，并确定 $|Q|_{max}$ 和 $|M|_{max}$。

解：①计算支座约束力

取整个梁为研究对象，由平衡条件求得支座约束力为

$$F_A = \frac{Fb}{l},\ F_B = \frac{Fa}{l}$$

②列出剪力方程和弯矩方程：由于剪力在集中力 F 作用点 C 发生突变，梁的剪力和弯矩在 AC 段与 BC 段不能用同一方程表示。因此必须分别建立 AC 段和 BC 段的剪力方程和弯矩方程。

如图 10 - 8 所示，各段任一截面的剪力和弯矩均以截面之左的外力表示，则得

AC 段：

$$Q(x) = F_A = \frac{Fb}{l}\quad (0 < x < a) \qquad \text{(a)}$$

$$M(x) = F_A x = \frac{Fbx}{l}\ (0 \leqslant x \leqslant a) \qquad \text{(b)}$$

BC 段：

$$Q(x) = F_A - F = -\frac{Fa}{l}\ (a < x < l) \qquad \text{(c)}$$

$$M(x) = F_A x - F(x - a) = \frac{Fa}{l}(l - x) \qquad \text{(d)}$$
$$(a \leqslant x \leqslant l)$$

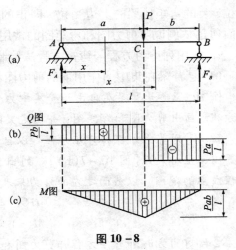

图 10 - 8

③按方程分段作图：由式（a）与（c）可知，AC 段与 BC 段的剪力均为常数，所以剪力图是平行于 x 轴的直线，AC 段的剪力为正，所以剪力图在轴之上，BC 段剪力为负，故剪力图在轴之下[图 10-8（b）]。

由式（b）与（d）可知，弯矩都是 x 的一次函数，所以弯矩图是两段斜直线。根据式（b）和（d）确定三点：

$$x=0,\ M=0;\ x=a,\ M=\frac{Fab}{l};\ x=l,\ M=0$$

由这三点分别作出 AC 段与 BC 段的弯矩图[图 10-8（c）]。

④确定 $|Q|_{max}$ 及 $|M|_{max}$　设 $a>b$，则最大剪力发生在 CB 段：

$$|Q|_{max}=\frac{Fa}{l},$$

最大弯矩发生在力作用处的截面：

$$|M|_{max}=\frac{Fab}{l}$$

⑤讨论

由式（a）、（c）可知，剪力方程在 $x=a$ 点（即集中力 F 作用的截面处）不连续，因此剪力图在该点发生突变。当截面从左向右无限趋近截面 C 时，剪力为 $\frac{Fb}{l}$；一旦越过截面 C，则剪力变为 $-\frac{Fa}{l}$，剪力图突变的方向和集中力 F 的作用方向一致，突变值的大小为集中力 F 的大小，$\left|\frac{Fb}{l}\right|+\left|-\frac{Fa}{l}\right|=F$，截面 C 上的剪力在剪力图中没有确定值。这种突变现象是由于假设集中力作用在一"点"上造成的。

（3）简支梁在均布荷载作用下的剪力图和弯矩图

例 10-4　简支梁受均布荷载作用如图 10-9（a）所示，求梁的剪力方程和弯矩方程，画 Q 图、M 图，并确定 $|Q|_{max}$ 和 $|M|_{max}$。

解：①计算支座约束力

本题根据对称关系可得：

$$F_A=F_B=\frac{1}{2}ql$$

②列剪力方程和弯矩方程

取任意截面 x，写出全梁的剪力方程和弯矩方程为：

$$Q(x)=F_A-qx=\frac{1}{2}ql-qx\ (0<x<l)\quad \text{（a）}$$

$$M(x)=F_Ax-\frac{1}{2}qx^2=\frac{1}{2}qlx-\frac{1}{2}qx^2$$

$$(0\le x\le l)\qquad\qquad\text{（b）}$$

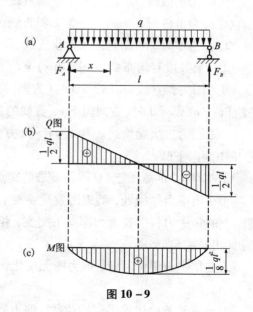

图 10-9

③绘剪力图和弯矩图

剪力方程（a）式为直线方程，应计算两个控制点的剪力值：

$$x = 0, \quad Q = \frac{1}{2}ql; \quad x = l, \quad Q = -\frac{1}{2}ql$$

根据两点的剪力值，分别在 x 轴的上方和下方的两点位置，相连后得 Q 图，如图 10-9（b）所示。

弯矩方程（b）式为二次抛物线方程，应至少计算三个控制点的弯矩值：

$$x = 0, \quad M = 0;$$

$$x = \frac{1}{2}l, \quad M = \frac{1}{8}ql^2;$$

$$x = l, \quad M = 0。$$

根据描点作出弯矩图如图 10-9（c）所示。

④确定 $|Q|_{\max}$ 和 $|M|_{\max}$。

在 A 端靠右截面或 B 端靠左截面

$$|Q|_{\max} = \frac{1}{2}ql$$

在跨中截面

$$|M|_{\max} = \frac{1}{8}ql^2$$

（4）单跨梁在简单荷载作用下的内力图特点与规律

①梁上某段无载荷作用，即 $q(x) = 0$。

剪力图是一条平行于梁轴线的直线，$Q(x)$ 为常数；弯矩图为斜直线。可能出现下列三种情况：

$Q(x)$ 为正值时，M 图为一条下斜直线；

$Q(x)$ 为负值时，M 图为一条上斜直线；

$Q(x)$ 为零时，M 图为一条水平直线。

②梁上某段有均布载荷，即 $q(x) = C$（常量）。

剪力图为斜直线。$q(x) > 0$ 时（方向向上），直线的斜率为正，Q 图向上斜（与 x 轴正向夹锐角）；$q(x) < 0$ 时（方向向下），直线的斜率为负，Q 图向下斜（与 x 轴正向夹钝角）。

弯矩图为二次抛物线。若 $q(x) > 0$（方向向上）则 M 图为向上凸，若 $q(x) < 0$（方向向下）则 M 图为向下凸。

③在 $Q = 0$ 的截面上（Q 图与 x 轴的交点），弯矩有极值（M 图的抛物线达到顶点）。

④在集中力作用处，剪力图发生突变，突变值等于该集中力的大小。若从左向右作图，则向下的集中力将引起剪力图向下突变，相反则向上突变。弯矩图由于切线斜率突变而发生转折（出现尖角）。

⑤在集中力偶作用处，剪力图无变化，弯矩图发生突变，突变值等于该集中力偶矩的数值大小。

由上述五条规律得出梁的荷载、剪力图、弯矩图，其相互关系列于表 10-1 中，以便掌握、记忆和应用。

表 10-1　梁的荷载、剪力图、弯矩图相互间的关系

梁上外力情况	剪力图	弯矩图
无分布荷载 $(q=0)$	$\dfrac{dQ}{dx}=0$　剪力图平行于 x 轴 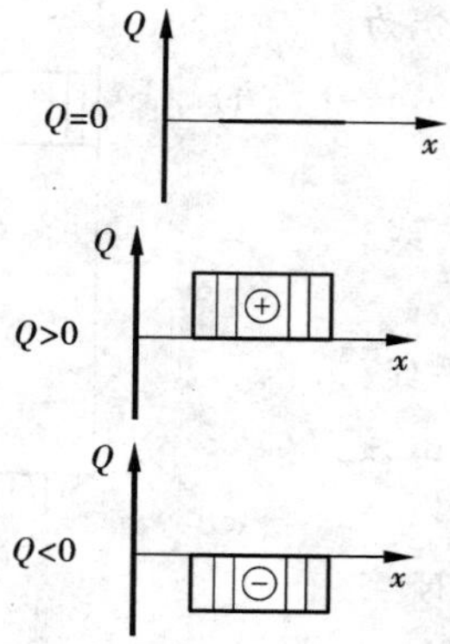 $Q=0$ $Q>0$　⊕ $Q<0$　⊖	$\dfrac{dM}{dx}=Q=0$　$M<0$ / $M=0$ / $M>0$ $\dfrac{dM}{dx}=Q>0$ 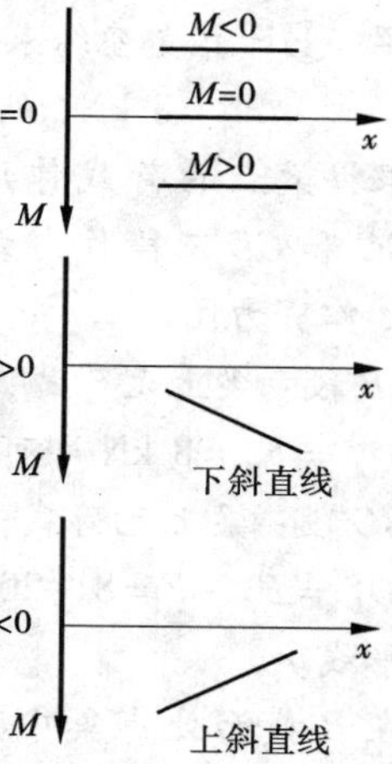　下斜直线 $\dfrac{dM}{dx}=Q<0$　上斜直线
均布荷载向上作用 $q>0$ 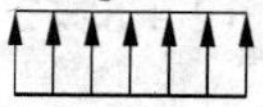	$\dfrac{dQ}{dx}=q>0$ 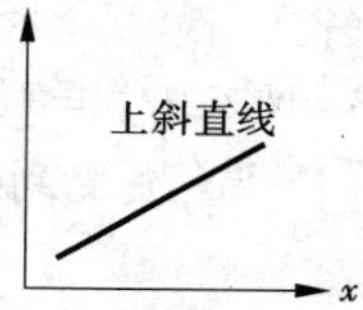　上斜直线	$\dfrac{d^2M}{dx^2}=q>0$ 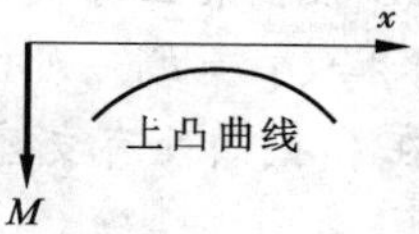　上凸曲线
均布荷载向下作用 $q<0$	$\dfrac{dQ}{dx}=q<0$　下斜直线	$\dfrac{d^2M}{dx^2}=q<0$　下凸曲线
集中力作用 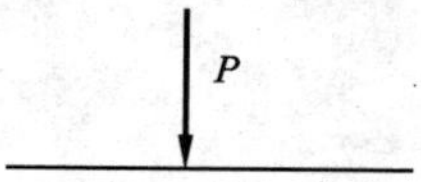 P	在集中力作用截面突变 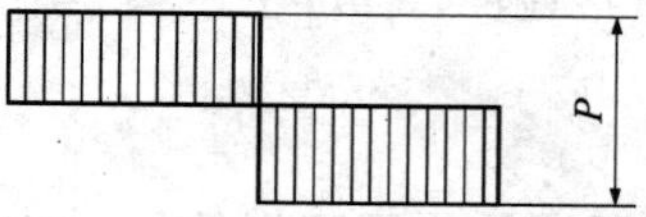　P	在集中力作用截面出现尖角 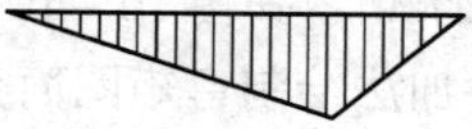
集中力偶作用 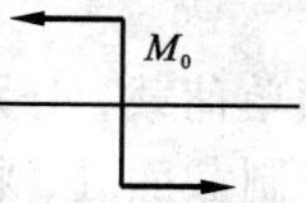 M_0	无影响	在集中力偶作用截面突变 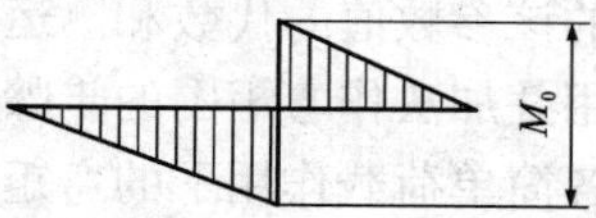　M_0
	$Q=0$ 截面	有极值

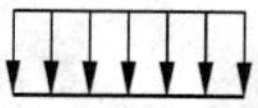

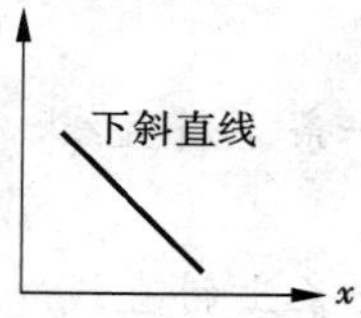

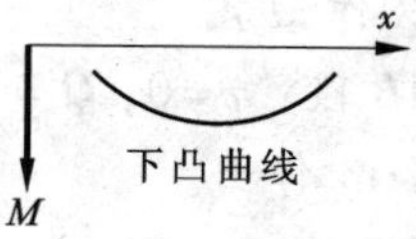

2. 运用简捷法绘制梁的剪力图和弯矩图

结合上面总结的内力图基本规律，可以根据作用在梁上的已知荷载简便、快捷地作出剪力图和弯矩图，或对内力图进行校核，而不必列出剪力方程和弯矩方程。这种直接利用规律

作内力图的方法称为**简捷作图法**。

例 10 – 5 运用简捷作图法作图 10 – 10（a）示外伸梁的内力图。

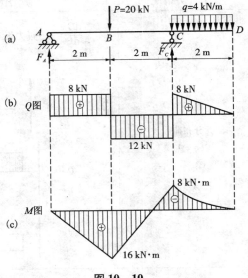

图 10 – 10

解：①计算支座约束力

$$F_A = 8 \text{ kN}, \quad F_B = 20 \text{ kN}$$

根据梁上的荷载作用情况，应将梁分为 AB、BC 和 CD 三段作内力图。

②作剪力图

AB 段：梁上无荷载，Q 图为一条水平线，根据 $Q_A^{\text{右}} = F_A = 8 \text{ kN}$ 即可画出此段水平线。

BC 段：梁上无荷载，Q 图为一条水平线，根据 $Q_B^{\text{右}} = F_A - F = 8 - 20 = -12 \text{ kN}$ 可画出该段水平线。

在 B 截面处有集中力 F，Q 由 +8 kN 突变到 –12 kN（突变值为 12 + 8 = 20 kN = F）。

CD 段：梁上荷载常数 <0，Q 图为下斜直线，根据 $Q_C^{\text{右}} = F_A - F + F_C = 8 - 20 + 20 = 8 \text{ kN}$ 及 $Q_D^{\text{左}} = 0$ 可画出该斜直线。

在 C 截面处有支座约束力 F_C，Q 由 –12 kN 突变到 +8 kN（突变值为 12 + 8 = 20 kN = F_C）。

全梁 Q 图如图 10 – 10（b）所示。

③作 M 图

AB 段：q = 0，Q = 常数 >0，M 图为一条下斜直线。根据 $M_A = 0$ 及 $M_B = F_A \times 2 = 8 \times 2 = 16 \text{ kN·m}$ 作出。

BC 段：q = 0，Q = 常数 <0，M 图为一条上斜直线。根据 $M_B = 16 \text{ kN·m}$ 和 $M_C = F_A \times 4 - F \times 2 = -8 \text{ kN·m}$ 作出。

CD 段：q = 常数 <0，M 图为一条下凸抛物线。由 $M_C = -8 \text{ kN·m}$，$M_D = 0$ 可作出大致形状。

全梁的 M 图如图 10 – 10（c）所示。

3. 叠加法绘制弯矩图简介

在力学计算中，常运用叠加原理。所谓**叠加原理**指的是：在线弹性、小变形条件下，由几种荷载共同作用所引起的某一参数（约束力、内力、应力、变形）等于各种荷载单独作用时引起的该参数值的代数和。运用叠加原理画弯矩图的方法称为**叠加法**。

用叠加法作弯矩图的步骤是：①将作用在梁上的复杂荷载分成几组简单荷载，分别作出梁在各简单荷载作用下的弯矩图（其弯矩图见表 10 – 2）；②在梁上每一控制截面处，将各简单荷载弯矩图相应的纵坐标代数值相加，就得到梁在复杂荷载作用下的弯矩图。例如在图 [10 – 11（a）、（b）、（c）]中，梁 AB 在荷载 q 和 M_0 的共同作用下的弯矩图就是荷载 q、M_0 单独作用下的弯矩图的叠加。

由以上分析可知，当梁上有几项荷载共同作用时，作弯矩图可先分别作出各项荷载单独作用下梁的弯矩图，然后，将横坐标对齐，纵坐标叠加，即得到梁在所有荷载共同作用下的弯矩图。若对梁在简单荷载作用下的弯矩图比较熟悉时，用叠加法作弯矩图是很方便的。

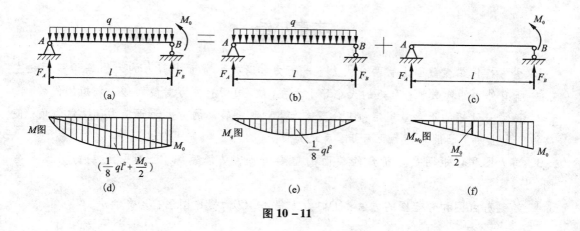

图 10 – 11

表 10 – 2 是单跨梁在简单荷载作用下的弯矩图，可供叠加法作图时查用。

表 10 – 2 单跨梁在简单荷载作用下的弯矩图

本章小结

1. 受弯构件梁横截面上有两个内力——剪力和弯矩。截面上剪力的大小等于截面之左（或右）所有外力的代数和；弯矩的大小等于之左（或右）所有外力对截面形心之矩的代数和。

2. 剪力与弯矩的正负号规定：使分离体产生顺时针转动的剪力为正剪力，反之为负；使分离体产生上凹下凸的弯矩为正弯矩，反之为负。

3. 剪力图和弯矩图是分析危险截面的重要依据，必须熟练、正确地绘制剪力图和弯矩图。

4. 绘制剪力图和弯矩图的方法：①内力方程法；②简捷作图法；③叠加法。

自我检测

一、填空题

1. 单跨静定梁按支座情况的不同分为_____、_____、_____。

2. 梁的内力分为_____和_____。

3. 计算梁内力的方法为_____。

4. 悬臂梁在集中力 F 作用下，各截面上的剪力大小为_____。

5. 弯矩图都是画在梁受_____的一侧。

6. 若梁上某截面处作用一集中力偶，则该处剪力图_____。

二、选择题

1. 若梁上某段作用的是集中力，没有均布荷载，那么这段上的剪力图为（　　），弯矩图为（　　）。

A. 斜直线　　　　　　　B. 曲线　　　　　　　C. 水平线　　　　　　　D. 不确定

2. 一简支梁受均布荷载作用，其最大弯矩发生在（　　）。

A. 左支座处　　　　　　B. 跨中处　　　　　　C. 右支座处　　　　　　D. 任意位置

3. （　　）上某点处的切线斜率等于该点处荷载集度 q 的大小；（　　）上某点处的切线斜率等于该点处（　　）的大小。

A. 剪力图　　　　　　　B. 弯矩图　　　　　　C. 剪力　　　　　　　　D. 弯矩

三、计算题

1. 悬臂梁最外端作用有集中力 P，它与平面的夹角如侧视图 10 - 12 所示，试说明当截面分别为圆形、正方形、长方形时，梁是否发生平面弯曲？为什么？

2. 试列出下图 10 - 13 各梁的剪力方程和弯矩方程。并作出剪力图和弯矩图。

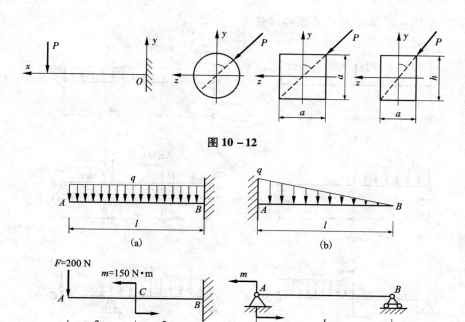

图 10 - 12

图 10 - 13

3. 用叠加法作以下图 10 - 14 各梁的弯矩图，并求出 $|M|_{max}$。

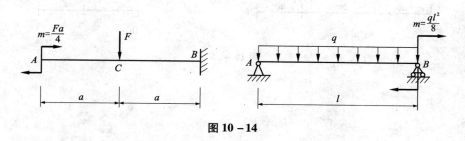

图 10 - 14

4. 图 10 - 15 示外伸梁，承受均布荷载 q 作用。试问当 a 为何值时梁的最大弯矩值(即 $|M|_{max}$)最小。

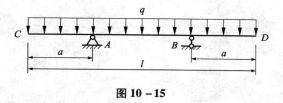

图 10 - 15

5. 作下图 10 – 16 各梁的剪力图和弯矩图。

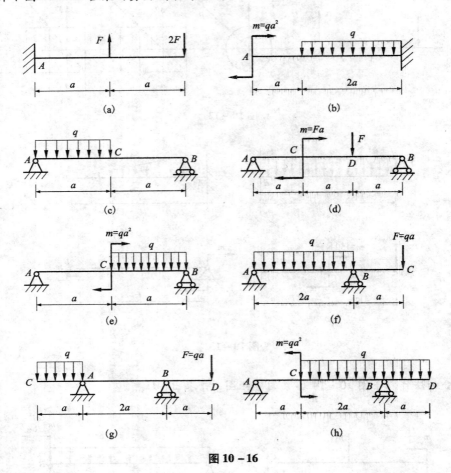

图 10 – 16

第11章　弯曲应力

【学习目标】

1. 理解正应力、切应力的概念；
2. 掌握正应力强度计算和剪应力强度计算的方法；
3. 了解提高抗弯强度的途径。

【读一读】

钢筋混凝土梁的破坏情况

由于配置钢筋的不同，我们发现破坏形态也不一样，图 11-1(a)是表示配置的钢筋比较少，图 11-1(b)表示配置的钢筋比较适量，图 11-1(c)表示配置的钢筋过多，梁的破坏形态却不一样，即使是在同一个横截面，内力相同的情况下，这根钢筋混凝土简支梁的抵抗破坏的能力也是不同的。

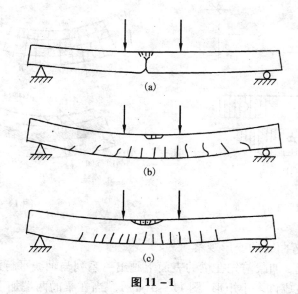

图 11-1

【想一想】

1. 在同一截面上会有受拉区和受压区，那这个横截面上的应力是怎么变化的呢？
2. 根据应力变化规律，我们怎么样来提高梁的抗弯强度？

11.1 梁弯曲时横截面上的正应力

通过对梁弯曲内力的分析，可以确定梁受力后的危险截面，这是解决梁强度问题的重要步骤之一。但要最终对梁进行强度计算，还必须确定梁横截面上的应力，即需要确定横截面上的应力分布情况及最大应力值，因为构件的破坏往往首先开始于危险截面上应力最大的地方。因此研究梁的强度，首先必须分析梁弯曲时横截面上的应力分布规律，确定应力计算公式。

一、现象与假设

如图 11 −2 所示的简支梁，由内力图可知，梁 CD 段内任一横截面上剪力都等于零，而弯矩均为常量 Fa，只有弯矩而无剪力作用的弯曲变形称为**纯弯曲**。

为了研究横截面上的正应力，我们首先观察在外力作用下梁的弯曲变形现象：

取一根矩形截面梁，在梁的两端沿其纵向对称面施加一对大小相对、方向相反的力偶，使梁发生纯弯曲。我们观察到如下的实验现象：

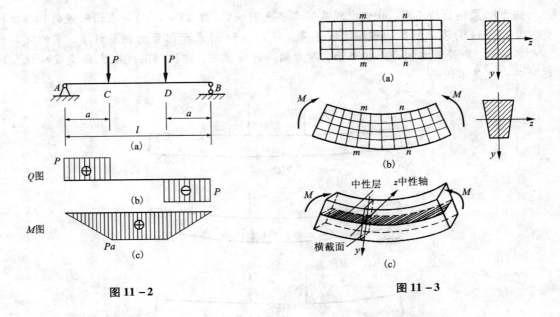

图 11 −2   图 11 −3

1. 矩形截面梁纯弯曲时的变形观察

为了观察变形情况，加载前先在梁的表面上画出一系列与轴线平行的纵向线和与轴线垂直的横向线。这些线组成许多小矩形[图 11 −3(a)]。当在梁的两端加上外力偶 M 使梁发生纯弯曲[图 11 −3(b)]，可以观察到：

（1）变形后各横向线仍为直线，只是相对旋转了一个角度，且与变形后的梁轴曲线保持垂直，即小矩形格仍为直角；

（2）梁表面的纵向直线均弯曲成弧线，而且，靠顶面的纵线缩短，靠底面的纵线拉长，而位于中间位置的纵线长度不变；

（3）矩形截面上部变宽了，下部变窄了。

2. 假设

根据上面所观察到的变形现象,我们提出如下假设:

(1)平面假设。梁变形后,横截面仍保持为平面,只是绕某一轴旋转了一个角度,且仍与变形后的梁轴曲线垂直;

(2)设想梁由无数根纵向纤维组成,梁变形后各纤维只受拉伸或压缩,不存在相互挤压。

梁变形后,在凸边的纤维伸长,而凹边的纤维缩短,根据连续性假设,其中必有一层纤维既不伸长也不缩短,这一纤维层称为**中性层**。中性层与横截面的交线称为**中性轴**[图 11 - 3(c)]。中性轴将横截面分为两个区域——拉伸区和压缩区。

3. 推理

从上述对纯弯曲梁的平面假设及对梁的变形分析可知,纵向纤维只产生伸长或缩短变形,而且是连续的,可以推出:纯弯曲梁横截面上只有正应力。

二、纯弯曲梁横截面上的正应力

根据上述的假设和推断,可以通过变形的几何关系、物理关系和静力平衡关系,推导梁在纯弯曲时的正应力计算公式。

1. 变形几何关系

为了确定正应力在横截面上的分布规律,下面分析各纵向纤维的线应变。从梁中截取一微段 $\mathrm{d}x$,取梁横截面的对称轴为 y 轴,且向下为正,如图 11 - 4(a)、(b)所示,以中性轴为 z 轴,但中性轴的确切位置尚待确定。根据平面假设,变形前相距为 $\mathrm{d}x$ 的两个横截面,变形后各自绕中性轴相对旋转了一个角度 $\mathrm{d}\theta$,并仍保持为平面。中性层的曲率半径为 ρ,因中性层在梁弯曲后的长度不变,所以 $O_1O_2 = \rho\mathrm{d}\theta$,又坐标为 y 的纵向纤维 ab 变形前的长度为 $ab = \mathrm{d}x = \rho\mathrm{d}\theta$,变形后为 $ab = (\rho + y)\mathrm{d}\theta$,故其纵向线应变为

$$\varepsilon = \frac{(\rho + y)\mathrm{d}\theta - \rho\mathrm{d}\theta}{\rho\mathrm{d}\theta} = \frac{y}{\rho} \tag{a}$$

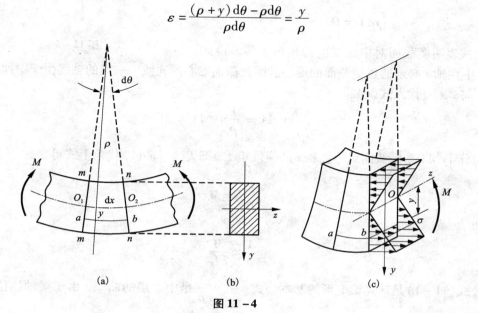

图 11 - 4

可见，纵向纤维的线应变与纤维的坐标 y 成正比。

2. 物理关系

由于假设纵向纤维之间无挤压，只受到单向轴向拉伸或压缩，所以在正应力不超过比例极限时，由拉压虎克定律可得

$$\sigma = E\varepsilon = E\frac{y}{\rho} \tag{b}$$

对于确定的截面 E 与 ρ 均为常数。式(b)说明，横截面上任一点处的正应力与该点到中性轴的距离成正比，即应力沿截面高度方向成线性规律分布，如图 11-4(c)所示。

3. 静力学关系

以上已得到正应力的分布规律，但由于中性轴的位置与中性层曲率半径的大小均尚未确定，所以仍不能确定正应力的大小。这些问题需再从静力学关系来解决。

在横截面上取一微面积 dA，其微内力为 σdA，梁发生纯弯曲时，横截面上内力简化的结果只有弯矩，如图 11-5 所示。所以横截面上微内力 σdA 在 x 轴上投影代数和应为零；而对其 z 轴之矩 σdAy 的代数和应等于该截面上的弯矩 M。即

$$\int_A \sigma dA = 0 \tag{c}$$

$$\int_A \sigma dAy = M \tag{d}$$

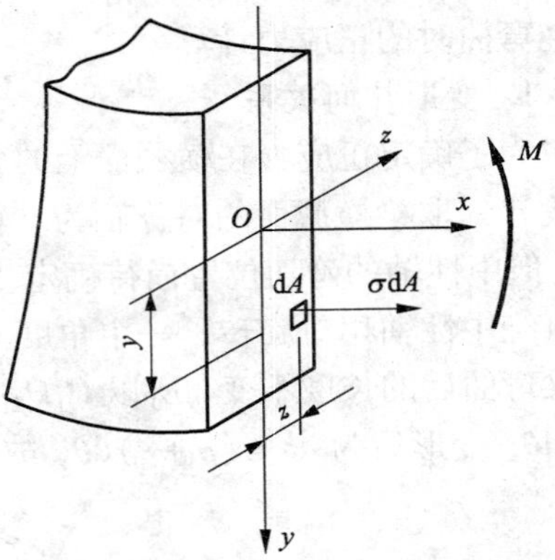

将式(b)代入式(c)得

$$\int_A \frac{y}{\rho} E dA = \frac{E}{\rho}\int_A y dA = 0$$

由于 $\frac{E}{\rho}$ 不等于零，故有

$$\int_A y dA = 0$$

图 11-5

上式表明横截面对中性轴的静矩等于零。由此可知，中性轴 z 必定通过横截面的形心。因此截面形心的连线——梁的轴线位于中性层。

再将式(b)代入式(d)得

$$\int_A \frac{E}{\rho} y^2 dA = \frac{E}{\rho}\int_A y^2 dA = M$$

积分 $\int_A y^2 dA$ 是横截面对中性轴 z 的惯性矩 I_z，即 $I_z = \int_A y^2 dA$，代入上式得

$$\frac{E}{\rho} I_z = M$$

即

$$\frac{1}{\rho} = \frac{M}{EI_z} \tag{11-1}$$

公式(11-1)是计算梁变形的基本公式。式中 $\frac{1}{\rho}$ 是中性层的曲率，由于梁轴线位于中性层，所以 $\frac{1}{\rho}$ 也是变形后的轴线在该截面处的曲率，它反映了梁的变形程度。弯曲后轴线的曲

率与弯矩 M 成正比，而与 EI_z 成反比。EI_z 愈大，则 $\dfrac{1}{\rho}$ 愈小，说明梁变形小，刚度大，故称 EI_z 为梁的抗弯刚度。

将式(11 -1)代入式(b)得

$$\sigma = \frac{E \cdot y}{\rho} = \frac{M}{EI_z}Ey = \frac{M}{I_z}y \tag{11 -2}$$

此式即为纯弯曲正应力的计算公式。

式中 M 为横截面上的弯矩；I_z 为截面对中性轴的惯性矩；y 为所求应力点至中性轴的距离。当弯矩为正时，梁下部纤维伸长，故产生拉应力，上部纤维缩短而产生压应力；弯矩为负时，则与上相反。在利用(11 -2)式计算正应力时，可以不考虑式中弯矩 M 和 y 的正负号，均以绝对值代入，正应力是拉应力还是压应力可以由梁的变形来判断。

应该指出，以上公式虽然是纯弯曲的情况下，以矩形梁为例建立的，但对于具有纵向对称面的其他截面形式的梁，如工字形、T 字形和圆形截面梁等仍然可以使用。同时，在实际工程中大多数受横向力作用的梁，横截面上都存在剪力和弯矩，但对一般细长梁(高度与跨度之比小于1/5)来说，剪力对正应力分布规律的影响很小。因此，(11 -2)式也适用于非纯弯曲情况。

例 11 -1　简支梁受均布荷载 $q = 3.5$ kN/m 作用，如图 11 -6 所示，梁截面为 $b \times h = 120 \times 180$ mm 的矩形，跨度 $l = 3$ m。试求跨中横截面上 a、b、c 三点处的正应力。

解：(1)作梁的剪力图和弯矩图

跨中截面上 $Q = 0$

$$M = \frac{1}{8} \times 3.5 \times 3^2$$

$$= 3.94 \text{ kN} \cdot \text{m}$$

梁的跨中截面处于纯弯曲状态。

(2)计算应力

截面对中性轴 z 的惯性矩为

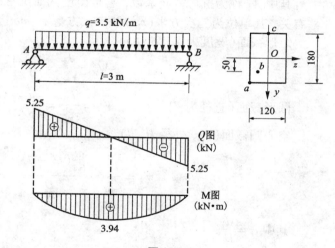

图 11 -6

$$I_z = \frac{bh^3}{12} = \frac{1}{12} \times 120 \times 180^3 = 58.32 \times 10^6 \text{ mm}^4$$

$$\sigma_a = \frac{My_a}{I_z} = \frac{3.94 \times 10^6 \times 90}{58.32 \times 10^6} = 6.08 \text{ MPa （拉）}$$

$$\sigma_b = \frac{My_b}{I_z} = \frac{3.94 \times 10^6 \times 50}{58.32 \times 10^6} = 3.38 \text{ MPa （拉）}$$

$$\sigma_c = \frac{My_c}{I_z} = -\frac{3.94 \times 10^6 \times 90}{58.32 \times 10^6} = -6.08 \text{ MPa （压）}$$

上述三点处应力是拉应力还是压应力是由截面上弯矩为正判断的，中性轴以上的点 c 处为压应力，中性轴以下的点 a、b 处为拉应力。

11.2 梁的正应力强度条件及应用

一、最大正应力

在进行梁的强度计算时，必须算出梁的最大正应力值。对于等直梁，弯曲时的最大正应力一定在弯矩最大的截面的上、下边缘。该截面称为**危险截面**，其上、下边缘的点称为**危险点**。

对于中性轴是截面对称轴的梁，最大正应力的值为

$$\sigma_{max} = \frac{M_{max}}{I_z} y_{max} = \frac{M}{\dfrac{I_z}{y_{max}}}$$

令

$$W_z = \frac{I_z}{y_{max}}$$

则

$$\sigma_{max} = \frac{M_{max}}{W_z} \tag{11-3}$$

其中 W_z 称为抗弯截面系数，它是衡量截面抗弯能力的一个几何量，与截面的形状和尺寸有关，其单位为三次方米(m^3)或三次方毫米(mm^3)。

矩形截面(宽度为 b，高为 h)

$$W_z = \frac{I_z}{y_{max}} = \frac{bh^3/12}{h/2} = \frac{bh^2}{6}$$

圆形截面(直径为 d)
$$W_z = \frac{I_z}{y_{max}} = \frac{\pi d^4/64}{d/2} = \frac{\pi d^3}{32}$$

空心圆截面(内、外径 D、d)

$$W_z = \frac{I_z}{y_{max}} = \frac{\dfrac{\pi}{64}(D^4 - d^4)}{\dfrac{D}{2}} = \frac{\pi D^3}{32}(1-\alpha^4)$$

其中 $\alpha = \dfrac{d}{D}$。

二、正应力强度条件

在一般荷载作用下的细长梁，弯矩对强度影响，要远大于剪力的影响。因此，对细长梁进行强度计算时，主要是限制弯矩所引起的梁内最大弯曲正应力不得超过材料的许用正应力，即

$$\sigma_{max} = \frac{M_{max}}{W_z} \leqslant [\sigma] \tag{11-4}$$

上式即为**正应力强度条件**。

梁的正应力强度条件的应用为以下三种情况：

1. 强度校核　已知梁的材料、截面尺寸与形状(即已知$[\sigma]$和W_z的值)以及所受荷载(即已知 M)的情况下，计算梁的最大正应力 $\sigma_{max} = \dfrac{M_{max}}{W_z}$，并将其与许用应力比较，校核是否

满足强度条件，即满足 $\sigma_{max} \leqslant [\sigma]$ 时，梁的强度满足要求，反之强度不足。

2. 截面设计　已知荷载和采用的材料（即已知 M 和 $[\sigma]$）时，根据强度条件，设计截面尺寸。将（11−4）式改写为

$$W_z \geqslant \frac{M_{max}}{[\sigma]}$$

求出 W_z 后，进一步根据梁的截面形状确定其尺寸。若采用型钢时，则可由型钢表查得型钢的型号。

3. 计算许用荷载　已知梁的材料及截面尺寸（即已知 $[\sigma]$ 和 W_z），根据强度条件确定梁的许用最大弯矩 M_{max}。将（11−4）式改写为

$$[M_{max}] \leqslant [\sigma] W_z$$

求出 $[M_{max}]$ 后，进一步根据平衡条件确定许用外荷载。

在进行上述各类计算时，为了保证既安全可靠又节约材料的原则，设计规范还规定梁内的最大应力允许稍大于 $[\sigma]$，但以不超过 $[\sigma]$ 的 5% 为限，即

$$\frac{\sigma_{max} - [\sigma]}{[\sigma]} \times 100\% < 5\%$$

在进行强度计算时，一般应遵循下列步骤：

（1）分析梁的受力，依据平衡条件确定约束力，分析梁的内力（画出弯矩图）。

（2）依据弯矩图及截面沿梁轴线变化的情况，确定可能的危险截面：对等截面梁，弯矩最大截面即为危险截面。

（3）确定危险点：对于拉、压力学性能相同的材料（如钢材），其最大拉应力点和最大压应力点具有同样的危险程度，因此，危险点显然位于危险截面上离中性轴最远处。而对于拉、压力学性能不等的材料（如铸铁），则需分别计算梁内绝对值最大的拉应力与压应力，因为最大拉应力点与最大压应力点均可能是危险点。

（4）依据强度条件，进行强度计算。

例 11−2　原起重量为 50 kN 的单梁吊车，其跨度 $l = 10.5$ m（其计算简图如图 11−7 所示），由 45a 号工字钢制成。而现拟将其重量提高到 $F = 70$ kN，试校核梁的强度。若强度不够，再计算其可以承受的起重量。梁的材料为 Q235 钢，许用应力 $[\sigma] = 140$ MPa；电葫芦自重 $G = 15$ kN，暂不考虑梁的自重。

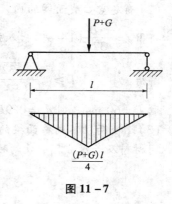

图 11−7

解：（1）画弯矩图，确定危险截面

显然，当电葫芦行至梁中点时所引起的弯矩最大，此时弯矩如图所示。由弯矩图可知，危险面为中点处截面，其弯矩为

$$M_{max} = \frac{(F + G)l}{4} = \frac{(70 + 15) \times 10.5}{4} = 223 \text{ kN·m}$$

（2）计算最大弯曲正应力

等截面梁，且截面（如工字钢、矩形、圆形）关于中性轴对称，此类梁的最大弯曲正应力发生在危险截面（最大弯矩处）的上下边缘点处。

由型钢表查得 45a 工字钢的抗弯截面系数：$W_z = 1430$ cm^3

故梁内最大工作应力为：

$$\sigma_{max} = \frac{M_{max}}{W_z} = \frac{223 \times 10^6}{1430 \times 10^3} = 156 \text{ MPa}$$

(3)依据强度条件，进行强度计算

显然，最大工作应力超过了材料的许用应力，故梁不安全。

梁的最大承载能力：

$$M_{max} \leqslant [\sigma] \cdot W_z = (140 \times 10^6) \times (1430 \times 10^{-6}) = 2 \times 10^5 \text{ N·m}$$

$$F = \frac{4M_{max}}{l} - G = \frac{4 \times 200}{10.5} - 15 = 61.3 \text{ kN}$$

因此，梁的最大起重量为 61.3 kN。

例 11-3 如图 11-8 所示简支梁，受均布载荷 q 作用，梁跨 $l = 2$ m，$[\sigma] = 140$ MPa，$q = 2$ kN/m，试按以下两个方案设计的截面尺寸，并比较重量。

(1)实心圆截面梁；

(2)空心圆截面梁，其内、外径之比 $\alpha = 0.9$。

解：绘制梁的弯矩图，由弯矩图可知，梁中心点截面为危险截面，其上弯矩值为：

$$M_{max} = \frac{ql^2}{8} = \frac{2 \times 2^2 \times 10^6}{8} = 1 \times 10^6 \text{ N·mm}$$

(1)设计实心截面梁的直径 d

依据强度条件：$\sigma_{max} = \frac{M_{max}}{W_z} \leqslant [\sigma]$

将 $W_z = \frac{\pi \cdot d^3}{32}$ 代入后解得

$$d \geqslant \sqrt[3]{\frac{32M_{max}}{\pi [\sigma]}} = \sqrt[3]{\frac{32 \times 1 \times 10^6}{\pi \times 140}} = 41.75 \text{ mm}$$

取 $d = 42$ mm

(2)确定空心截面梁的内、外径 d_1 和 D

将 $W_z = \frac{\pi \cdot D^3}{32}(1 - \alpha^4)$ 代入强度条件

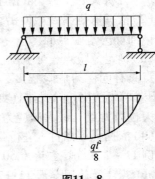

图11-8

解得

$$D \geqslant \sqrt[3]{\frac{32M_{max}}{\pi(1 - \alpha^4)[\sigma]}} = \sqrt[3]{\frac{32 \times 1 \times 10^6}{\pi \times (1 - 0.9^4)140}} = 59.59 \text{ mm}$$

取 $D = 60$ mm，则 $d_1 = 0.9D = 54$ mm

(3)比较两种不同截面梁的重量

因材料及长度相同，故两种截面梁的重量之比等于其截面积之比。

$$重量比 = \frac{\frac{\pi}{4}(D^2 - d_1^2)}{\frac{\pi}{4}d^2} = 0.388$$

上面计算结果表明，空心截面梁的重量比实心截面梁的重量小很多。因此，在满足强度要求的前提下，采用空心截面梁，可节约材料、减轻结构重量。

例 11-4 矩形截面的木搁栅两端搁在墙上，承受由地板传来的荷载如图 11-9(a)所示。木搁栅的间距 $a = 1.2$ m，跨度 $l = 5$ m，木材的许用应力 $[\sigma] = 12$ MPa，当此木搁栅采用 $b = 140$ mm，$h = 210$ mm 的矩形截面时，试计算地板的许可面荷载 $[p]$。

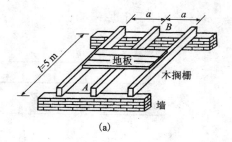
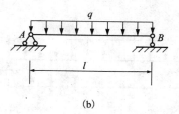

(a)　　　　　　　　　　　　　　　(b)

图 11－9

解：木搁栅支承在墙上，可简化为简支梁计算，如图 11－9(b)所示。当木搁栅的截面尺寸为 $b = 140$ mm，$h = 210$ mm 时，抗弯截面系数为

$$W_z = \frac{bh^2}{6} = \frac{140 \times 210^2}{6} \text{ mm}^3 = 1.029 \times 10^6 \text{ mm}^3$$

木搁栅能承受最大弯距为

$$M_{max} \leqslant W_z[\sigma] = 1.029 \times 10^6 \times 12 \text{ N·mm} = 12.3 \times 10^6 \text{ N·mm} = 12.3 \text{ kN·m}$$

而

$$M_{max} = \frac{ql^2}{8} = \frac{pal^2}{8}$$

即

$$\frac{pal^2}{8} \leqslant 12.3 \text{ kN·m}$$

$$p \leqslant \frac{12.3 \times 8}{1.2 \times 5^2} \text{ kN/m}^2 = 3.25 \text{ kN/m}^2$$

所以，地板的许可面荷载 $[p] = 3.25$ kN/m²。

11.3　提高梁弯曲强度的措施

根据弯曲正应力的强度公式(11－4)，减小梁的工作应力的办法，主要是降低最大弯矩值 M_{max} 和增加截面的抗弯截面系数 W_z。

一、合理安排梁的支座与荷载

当荷载一定时，梁的最大弯矩 M_{max} 与梁的跨度有关，因此，首先应当合理安排支座。例如简支梁受均布荷载作用[图 11－10(a)]，其最大弯矩值为 $M_{max} = \frac{1}{8}ql^2 = 0.125ql^2$，如果将两支座向跨中方向移动 $0.2l$[图 11－10(b)]，则最大弯矩降为 $0.025ql^2$，即只有前者的 $\frac{1}{5}$。所以，工程中起吊大梁时，两吊点位于梁端以内的一定距离处，就可以降低 M_{max} 值。

若结构上允许把集中荷载分散布置，可以降低梁的最大弯矩值。例如，简支梁在跨中受一集中力 F 作用[图 11－11(a)]，其 $M_{max} = \frac{1}{4}Fl$。若在 AB 梁上安置一根短梁 CD[图 11－11(b)]，最大弯矩将减小为 $M_{max} = \frac{1}{8}Fl$，仅为前者的 $\frac{1}{2}$。又如将集中力 F 分散为均布荷载 $q =$

$\dfrac{F}{l}$ [图 11-11(c)]，其最大弯矩减小为 $M_{max}=\dfrac{1}{8}ql^2=\dfrac{1}{8}Fl$，只有原来的 $\dfrac{1}{2}$。

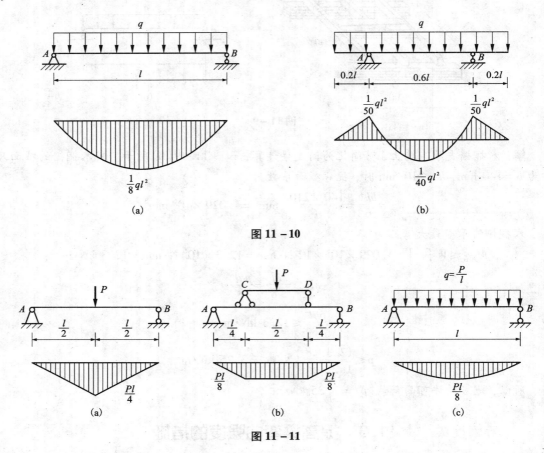

图 11-10

图 11-11

二、采用合理的截面形状

（1）从应力分布规律考虑，应使截面面积较多的部分布置在离中性轴较远的地方。以矩形截面为例，由于弯曲正应力沿梁截面高度按直线分布，截面的上、下边缘处正应力最大，在中性轴附近应力很小，所以靠近中性轴处的一部分材料未能充分发挥作用。如果将中性轴附近的部分面积移至上下边缘处的位置，这样，就形成了工字形截面，其截面积大小不变，而更多的材料则较好地发挥作用。所以从应力分布情况看，工字形、箱形等截面形状比面积相等的矩形截面更合理，而圆形截面又不如矩形截面。凡是中性轴附近用料较多的截面就是不合理的截面。

（2）从抗弯截面系数 W_z 考虑，应在截面面积相等的条件下，使得抗弯截面系数 W_z 尽可能地增大，由式 $M_{max}=[\sigma]\times W_z$ 可知，梁所能承受的最大弯矩 M_{max} 与抗弯截面系数 W_z 成正比。所以从强度角度看，当截面面积一定时，W_z 值愈大愈有利。通常用抗弯截面系数 W_z 与横截面面积 A 的比值 W_z/A 来衡量梁的截面形状的合理性和经济性。表 11-2 中列出了几种常见的截面形状及其 W_z/A 的值。由表可见，槽形截面和工字形截面的 $W_z/A=(0.27\sim0.31)h$，可知这种截面比较合理。

表 11 −2　常见截面的 W_z/A 值

截面形状	矩形	圆形	圆环形
$\dfrac{W_z}{A}$	$0.167h$	$0.125h$	$0.205h$
截面形状	工字形		槽形
$\dfrac{W_z}{A}$	$(0.27 \sim 0.31)h$		$(0.27 \sim 0.31)h$

（3）从材料的强度特性考虑，合理地布置中性轴的位置，使截面上的最大拉应力和最大压应力同时达到材料的容许应力。对抗拉和抗压强度相等的材料，一般应采用对称于中性轴的截面形状，如矩形、工字形、槽形、圆形等。对于抗拉和抗压强度不相等的材料，一般采用非对称截面形状，使中性轴偏向强度较低的一边，如 T 字形、槽形等。设计时最好使 $\dfrac{\sigma_{ymax}}{\sigma_{lmax}} =$

$$\dfrac{\dfrac{My_y}{I_z}}{\dfrac{My_l}{I_z}} = \dfrac{y_y}{y_l} = \dfrac{[\sigma_y]}{[\sigma_l]}，这样才能充分发挥材料的潜力。$$

三、等强度梁

一般承受横力弯曲的梁，各截面上的弯矩是随截面位置而变化的。对于等截面梁，除 M_{max} 所在截面以外，其余截面的材料都没有充分发挥作用。若将梁制成变截面梁，使各截面上的最大弯曲正应力与材料的许用应力 $[\sigma]$ 相等或接近，这种梁称为**等强度梁**。图 11 − 12（a）所示的悬臂梁，图 11 −12（b）所示的薄腹梁，图 11 −12（c）所示的鱼腹式吊车梁等，都是近似地按等强度原理设计的。

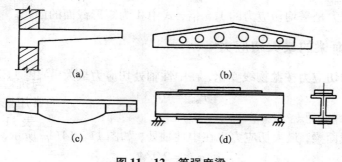

(a)　(b)　(c)　(d)

图 11 −12　等强度梁

若设想把一等强度梁分成若干狭条，然后重叠起来，并使其略微拱起，如图 11 - 12(d)所示，这是汽车以及其他车辆上经常使用的叠板弹簧。

11.4　梁的切应力强度条件及应用

发生平面弯曲时，梁内不仅有弯矩还有剪力，因而横截面上既有弯曲正应力，又有切应力。

在工程中，细长梁的控制因素通常是正应力，一般而言，满足弯曲正应力强度条件的梁均能满足切应力的强度条件。只有在下述一些情况下，才必须对梁作切应力校核：

(1)梁的跨度较小，或在支座附近作用较大的荷载，以至梁的弯矩较小，而剪力较大；

(2)铆接或焊接的工字梁，如腹板较薄而截面高度较大，以至于厚度与高度的比值小于型钢的相应比值，这时需对腹板进行切应力校核；

(3)对于一些经焊接、铆接或胶合而成的梁，需对焊缝、铆钉或胶合面等进行切应力校核。

本节将简要介绍梁横截面上的切应力强度条件及应用。

一、矩形截面梁的切应力

矩形截面梁横截面上各点处的切应力方向均与剪力的方向相同，距中性轴 z 距离为 y 的任意一点处的切应力

$$\tau = \frac{QS_z}{I_z b} \qquad (11-5)$$

式中：Q 为横截面上的剪力；S_z 为距中性轴为 y 的横线以下的面积 A 对中性轴 z 的静矩，如图 11 - 13(a)所示；I_z 为矩形截面对中性轴 z 的惯性矩；b 为矩形截面的宽度。

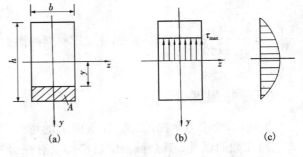

图 11 - 13

由式(11 - 5)可知，切应力沿截面宽度方向均匀分布，沿截面高度方向按抛物线规律分布，如图 11 - 13(b)、图 11 - 13(c)所示，最上层和最下层纤维处切应力为零，中性轴处切应力最大，其值为

$$\tau_{\max} = 3Q/2A \qquad (11-6)$$

说明最大切应力是平均切应力的 1.5 倍，式中 A 为矩形截面的面积。

二、圆形截面梁的最大切应力

圆形截面梁的切应力按抛物线变化，在中性轴处切应力最大，如图 11 - 14(a)其值为

$$\tau_{\max} = 4Q/3A \qquad (11-7)$$

式中 A 为圆形截面的面积。

薄壁圆环形截面梁，最大切应力也在中性轴处，如图 11 - 14(b)所示，其值为

$$\tau_{\max} = 2Q/A \qquad (11-8)$$

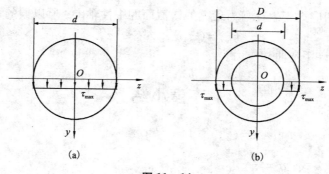

(a) (b)

图 11 – 14

三、工字形截面梁的切应力

工字形截面梁的切应力可按矩形截面的切应力公式(11 – 5)计算,距中性轴距离为 y 处的切应力为

$$\tau = \frac{QS_z}{I_z d}$$

式中, S_z 为图 11 – 15(a)中距中性轴距离为 y 处以下阴影部分面积对中性轴的静矩; d 为腹板宽度。

工字形截面梁的最大切应力如图 11 – 15(b)所示,其值为

$$\tau_{max} = \frac{QS_{zmax}}{I_z d} = \frac{Q}{\dfrac{I_z}{S_{zmax}} \cdot d}$$

式中, S_{zmax} 为中性轴以下(或以上)截面面积对中性轴 z 的静矩。对于热轧工字钢, $\dfrac{I_z}{S_{zmax}}$ 值可以直接查型钢表。

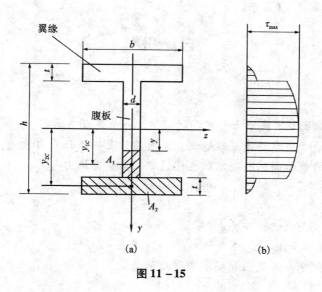

(a) (b)

图 11 – 15

因为梁的最大切应力产生在剪力最大的横截面的中性轴上，所以**梁的切应力强度条件**为

$$\tau_{max} = Q_{max} S_{zmax} / I_z b \leqslant [\tau]$$

式中，$[\tau]$为材料的许用弯曲切应力。

本章小结

1. 梁的正应力

(1)正应力计算公式：$\sigma = \dfrac{M}{I_z} y$

适用条件：平面弯曲的梁，且在弹性变形范围内工作。

正应力的大小沿截面高度呈线性变化，中性轴上各点的正应力为零，上下边缘处最大。

中性轴通过截面形心，并将截面划分为受拉区和受压区。

(2)正应力强度条件：$\sigma_{max} = \dfrac{M_{max}}{W_z} \leqslant [\sigma]$

式中，抗弯截面系数 $W_z = \dfrac{I_z}{y_{max}}$。

对于常用截面，如矩形、圆形等的抗弯截面系数需牢记。

2. 提高梁的抗弯强度的措施

提高梁的抗弯强度的措施是根据正应力强度条件提出的，一是降低最大弯矩；二是增大抗弯截面系数——在面积相同时选择较大的抗弯截面系数的截面形式。

3. 梁的切应力

(1)切应力计算公式：$\tau = \dfrac{QS_z}{I_z b}$

切应力沿截面高度呈抛物线变化，中性轴处切应力最大。

(2)切应力强度条件：$\tau_{max} = Q_{max} S_{zmax} / I_z b \leqslant [\tau]$

自我检测

一、填空题

1. 发生平面弯曲的梁，截面上存在两种应力，一个是正应力，一个是_____。
2. 正应力的大小沿截面高度呈线性变化，中性轴上各点正应力为_____。
3. 剪应力沿梁的截面高度呈抛物线变化，中性轴处剪应力_____。

二、选择题

1. 平面弯曲梁截面上的正应力在(　　)最大。

A. 中性轴　　　　　B. 上、下边缘处　　　C. 截面形心处　　　D. 不确定

2. 根据正应力强度条件提出的提高梁强度的措施，一是(　　)，二是选择合理截面。

A. 提高最大弯矩　　　　　　　　　B. 降低最大弯矩

C. 增大抗弯截面系数　　　　　　　D. 降低抗弯截面系数

三、计算题

1. 说出如图 11 – 16 梁所取截面上弯矩的方向, 并标出哪些部位受拉, 哪些部位受压。

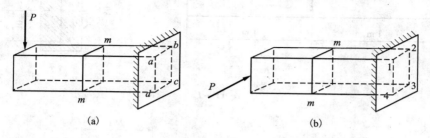

图 11 – 16

2. 如图 11 – 17 所示, 一矩形截面梁, 梁上作用均布荷载, 已知: $l=4$ m, $b=14$ cm, $h=21$ cm, $q=2$ kN/m, 弯曲时木材的容许应力 $[\sigma]=1.1\times10^4$ kPa, 试校核梁的强度。

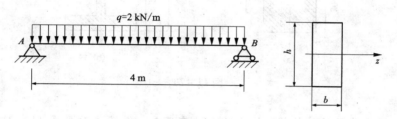

图 11 – 17

3. 简支梁承受均布荷载如图 11 – 18 所示。若分别采用截面面积相等的实心和空心圆截面, 且 $D_1=40$ mm, $\dfrac{d_2}{D_2}=\dfrac{3}{5}$, 试分别计算它们的最大正应力。并问空心截面比实心截面的最大正应力减小了百分之几?

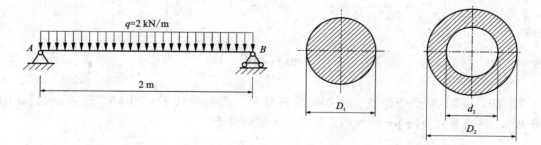

图 11 – 18

4. 图 11 – 19 所示悬臂梁, 横截面为矩形, 承受载荷 F_1 与 F_2 作用, 且 $F_1=2F_2=5$ kN。试计算梁内的最大弯曲正应力及该应力所在截面上 K 点处的弯曲正应力。

5. 图 11 – 20 所示截面梁, 横截面上剪力 $Q=300$ kN, 试计算: (a)图中截面上的最大剪应力和 A 点的剪应力; (b)图中腹板上的最大剪应力, 以及腹板与翼缘交界处的剪应力。

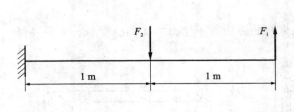 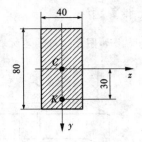

图 11 - 19

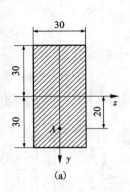 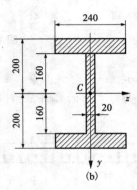

(a)   (b)

图 11 - 20

6. 一对称 T 形截面的外伸梁，梁上作用均布荷载，梁的截面如图 11 - 21 所示。已知：$l = 1.5$ m，$q = 8$ kN/m，求梁截面中的最大拉应力和最大压应力。

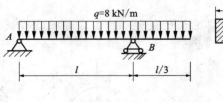 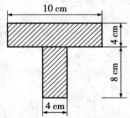

图 11 - 21

7. 图 11 - 22 所示外伸梁，承受荷载 F 作用。已知荷载 $F = 20$ kN，许用应力 $[\sigma] = 160$ MPa，许用剪应力 $[\tau] = 90$ MPa。请选择工字钢型号。

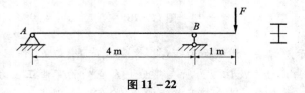

图 11 - 22

第 12 章　弯曲变形

【学习目标】

1. 理解弯曲变形的概念。
2. 掌握用叠加法求梁的变形。
3. 掌握梁的刚度校核及提高弯曲刚度的措施。

【读一读】

下图为民用建筑中房屋的基本组成示意图，主要由基础、墙(或柱)、楼(地)板、楼梯等组成。

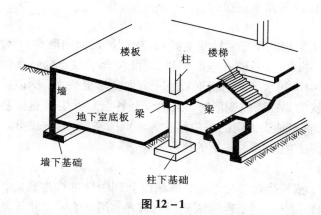

图 12 - 1

【想一想】

1. 这些构件会受到哪些力的作用呢？会产生怎样的变形呢？
2. 哪些构件会产生弯曲变形呢？
3. 怎样确保这些构件发生的变形不影响结构的正常工作？

12.1　弯曲变形的概念

在工程上，对于某些受弯构件，为了保证安全，除必须满足强度要求外，还需满足刚度要求，即要求它的变形不能过大。如桥梁的变形如果过大的话，在机车通过时会引起很大振动；如桥式起重机大梁，变形过大将使吊车产生爬坡现象，并引起振动，以致不能平稳地起吊重物。如楼面梁变形过大，会使下面的抹灰层开裂或者脱落等等。

一、挠度和转角

梁受到外力作用后，原为直线的轴线将弯曲成一条曲线，如图 12 – 2 所示。弯曲变形时，梁的各个横截面在空间的位置也随之发生了改变，即产生了位移。材料力学中把梁的这种位移称为**弯曲变形**或梁的变形。弯曲后的梁轴线称为梁的**挠曲线**。

挠曲线的方程式可以写成

$$y = f(x) \tag{12 – 1}$$

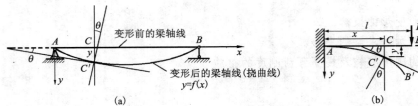

图 12 – 2

梁的变形是用挠度和转角来度量的。

1. 挠度

如图 12 – 2 所示，梁弯曲变形时轴线上的 C 点(即横截面的形心)移动到 C' 点，C' 点已偏离了通过 C 点的竖直线，也就是说 C 点的位移 $\overline{CC'}$ 既包含了 C 点的竖直位移又包含了 C 点的水平位移。由于工程中梁的水平方向变形较竖直方向变形更微小，所以梁的水平位移通常忽略不计，这样，可以认为梁在弯曲变形时，梁轴线上各点只发生竖直位移。梁轴线上任一点(即横截面形心)在垂直于轴线方向的线位移称为该点的**挠度**，用 y 表示，挠度的单位与长度单位一致。按图上选定的坐标系，向下的挠度为正。

2. 转角

如图 12 – 2 所示，梁发生弯曲变形时，横截面会绕中性轴产生转动，工程中将梁的横截面绕它自身的中性轴转过的角度，称为该截面的**转角**，用 θ 表示，并规定顺时针方向的转角为正。转角的单位是弧度或度，根据平面假设，变形前垂直于轴线(x 轴)的横截面，变形后仍垂直于挠曲线。所以，截面转角 θ 就是 y 轴与挠曲线法线的夹角。它应等于挠曲线的倾角，即等于 x 轴与挠曲线切线的夹角。故有 $\tan\theta = \dfrac{\mathrm{d}y}{\mathrm{d}x}$，因为在工程问题中，梁的挠度一般都远小于跨度，挠曲线 $y = f(x)$ 是一条非常平坦的曲线，转角 θ 也是一个非常小的角度，因此，

$$\theta \approx \tan\theta = \frac{\mathrm{d}y}{\mathrm{d}x} = f'(x) \tag{12 – 2}$$

式(12 – 2)为转角方程，反映了挠度与转角的关系，即挠曲线上任意一点处切线的斜率等于该点处横截面的转角。

二、挠曲线的近似微分方程

纯弯曲情况下，弯矩与曲率间的关系为 $\dfrac{1}{\rho} = \dfrac{M}{EI}$，而横力弯曲时，梁截面上有弯矩也有剪力，上式只代表弯矩对弯曲变形的影响。但对于跨度远大于截面高度的梁，剪力对弯曲变形

142

的影响可以忽略，因此$\dfrac{1}{\rho}=\dfrac{M}{EI}$也可作为横力弯曲变形的基本方程。这时，$M$ 和 $\dfrac{1}{\rho}$ 都是 x 的函数。因此$\dfrac{1}{\rho}=\dfrac{M}{EI}$改写为

$$\frac{1}{\rho(x)}=\frac{M(x)}{EI_z} \tag{12-3}$$

由高等数学可知，曲线 $y=f(x)$ 上任意一点的曲率为

$$\frac{1}{\rho(x)}=\pm\frac{\dfrac{\mathrm{d}^2y}{\mathrm{d}x^2}}{\left[1+\left(\dfrac{\mathrm{d}y}{\mathrm{d}x}\right)^2\right]^{3/2}}$$

在工程问题中，挠曲线 $y=f(x)$ 是一条非常平坦的曲线，$\dfrac{\mathrm{d}y}{\mathrm{d}x}$ 是一个很小的量，$\left(\dfrac{\mathrm{d}y}{\mathrm{d}x}\right)^2$ 与 1 相比可以忽略不计，因此上式可以近似地写为

$$\frac{1}{\rho(x)}=\pm\frac{\mathrm{d}^2y}{\mathrm{d}x^2} \tag{12-4}$$

由式(12-3)式(12-4)可以得到

$$\frac{\mathrm{d}^2y}{\mathrm{d}x^2}=\pm\frac{M(x)}{EI_z} \tag{12-5}$$

式(12-5)中的正负号取决于坐标系的选择和弯矩的符号规定。在图 12-3 所示的坐标系中，弯矩的符号由前面第十章的规定，M 为正，挠曲线向下凸，二阶导数 $\dfrac{\mathrm{d}^2y}{\mathrm{d}x^2}$ 为负；M 为负，挠曲线向上凸，二阶导数 $\dfrac{\mathrm{d}^2y}{\mathrm{d}x^2}$ 为正。

可见弯矩 M 的正负号与挠曲线的二阶导数的正负号相反，所以式(12-5)应为

$$\frac{\mathrm{d}^2y}{\mathrm{d}x^2}=-\frac{M(x)}{EI_z} \tag{12-6}$$

式(12-6)称为梁的**挠曲线近似微分方程**。通过求解这一微分方程，就可以得到梁的**挠曲线方程**，从而求得**挠度** y 和**转角** θ。

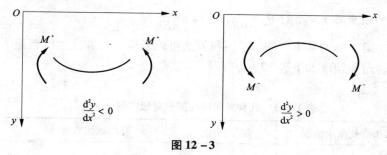

图 12-3

12.2　用积分法求弯曲变形

将挠曲线近似微分方程(12-6)的两边乘以 $\mathrm{d}x$，积分得转角方程为

$$\theta=\frac{\mathrm{d}y}{\mathrm{d}x}=\int\frac{M}{EI}\mathrm{d}x+C \tag{12-7}$$

再乘以 dx，积分得挠曲线方程

$$y = \iint \left(\frac{M}{EI} dx \right) dx + Cx + D \tag{12-8}$$

式中 C、D 为积分常数。等截面梁的 EI 为常量，积分时可提出积分号。根据连续性条件和边界条件，就可确定积分常数。如在固定端，挠度和转角都等于零，在铰支座，挠度等于零，又如在弯曲变形的对称点上，转角应等于零。

例 12-1　求图 12-4 所示悬臂梁 B 端的挠度与转角。

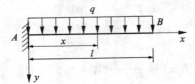

图 12-4

解：选取坐标系如图所示，任意横截面上的弯矩为 $M(x) = -\frac{1}{2}q(l-x)^2$

由公式 (12-7) 和式 (12-8)，得挠曲线的微分方程为

$$EI_z\theta = -\frac{1}{6}q(l-x)^3 + C \tag{a}$$

$$EI_zy = \frac{1}{24}q(l-x)^4 + Cx + D \tag{b}$$

由于在固定端，挠度和转角都等于零，因此边界条件为：

$$x=0, \ \theta=0, \ y=0$$

得：

$$C = \frac{ql^3}{6}, \ D = -\frac{ql^3}{24}$$

将所得的积分常数 C 和 D 代回 (a) 和 (b) 式，得转角方程和挠曲线方程分别为

$$\theta = -\frac{q}{6EI_z}\left[(l-x)^3 - l^3\right] \qquad y = \frac{q}{24EI_z}\left[(l-x)^4 + 4l^3x - l^4\right]$$

以截面 B 的横坐标 $x=l$，得 $\theta_B = \frac{ql^3}{6EI_z}$ 和 $y_B = \frac{ql^4}{8EI_z}$。

积分法是求梁变形的基本方法，运用积分法可以求得转角和挠度的普遍方程。梁在简单荷载作用下的转角和挠度如下表 12-1 所示。

表 12-1　几种常用梁在简单荷载作用下的变形

序号	支承和荷载作用情况	梁端转角	挠曲轴线方程	最大挠度
1		$\theta_B = \dfrac{Fl^2}{2EI}$	$y = \dfrac{Fx^2}{6EI}(3l-x)$	$f_B = \dfrac{Fl^3}{3EI}$

序号	支承和荷载作用情况	梁端转角	挠曲轴线方程	最大挠度
2		$\theta_B = \dfrac{Fc^2}{2EI}$	当 $0 \leqslant x \leqslant c$ $$y = \frac{Fx^2}{6EI}(3c-x)$$ 当 $c \leqslant x \leqslant l$ $$y = \frac{Fc^2}{6EI}(3x-c)$$	$f_B = \dfrac{Fc^2}{6EI}(3l-c)$
3		$\theta_B = \dfrac{ql^3}{6EI}$	$y = \dfrac{qx^2}{24EI}(x^2 + 6l^2 - 4lx)$	$f_B = \dfrac{ql^4}{8EI}$
4		$\theta_A = -\theta_B = \dfrac{Fl^2}{16EI}$	当 $0 \leqslant x \leqslant l/2$ $$y = \frac{Fx}{12EI}\left(\frac{3l^2}{4} - x^2\right)$$	$f_C = \dfrac{Fl^3}{48EI}$
5		$\theta_A = -\theta_B = \dfrac{ql^3}{24EI}$	$y = \dfrac{qx}{24EI}(l^3 - 2lx^2 + x^3)$	$f_C = \dfrac{5ql^4}{384EI}$

注：在图示直角坐标系中，关于挠度和转角的正负号按照下列规定。挠度向下（即与 y 轴的正向相同）的为正，向上的为负；转角顺时针转向的为正，反时针转向的为负。

12.3　用叠加法求弯曲变形

弯曲变形很小时，挠曲线的微分方程（12 – 6）是线性的，在小变形的情况下，梁的转角和挠度与荷载的关系也是线性的，这样，对于几种不同的荷载同时作用时，其任一截面处的转角或挠度等于各个荷载分别单独作用时梁在该截面处的转角和挠度的代数和。梁在简单荷载作用下的转角和挠度可从表 12 – 1 查到。

例 12 – 2　桥式起重机的大梁的自重为均布荷载，集度为 q，作用于跨度中点的吊重为集中力 F。求大梁跨度中点的挠度（图 12 – 5）。

解：大梁的变形是均布荷载 q 和集中力 F 共同引起的。在均布荷载 q 单独作用下，大梁跨度中点的挠度由表 12 – 1 第 5 栏查出为

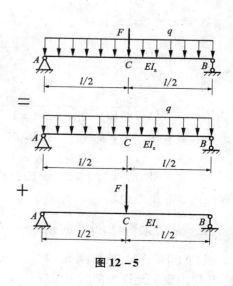

图 12 – 5

145

$$f_{C_q} = \frac{5ql^4}{384EI}$$

在集中力 F 单独作用下，大梁跨度中点的挠度由表 $12-1$ 第 4 栏查出为 $f_{CF} = \frac{Fl^3}{48EI}$，叠加以上结果，求得在均布荷载和集中力共同作用下，大梁跨度中点的挠度是

$$f_C = \frac{5ql^4}{384EI} + \frac{Fl^3}{48EI}$$

12.4 提高弯曲刚度的一些措施

一、梁的刚度条件

在工程中，当按强度条件进行计算后，有时还须进行刚度校核。因为虽然梁满足强度条件时工作应力并没有超过材料的许用应力，但是由于弯曲变形过大往往也会使梁不能正常工作，所以要进行刚度校核。

为了满足刚度要求，应该使梁的最大挠度值不超过允许的范围。用 $[f]$ 表示梁的许用挠度，f 表示挠度的最大值，梁的刚度条件可写为：

$$f \leqslant [f] \qquad\qquad (12-9)$$

梁在使用时有时需同时满足强度条件和刚度条件。通常是按强度条件选择截面尺寸，然后用刚度条件校核。

例 12-2 如图 $12-6$，平面钢闸门最底下一根主梁的计算简图，梁上作用有水压力，其集度 $q = 29.6$ kN/m，选择此梁为 25b 工字钢，$E = 2.1 \times 10^5$ MPa，$[f] = \dfrac{l}{500}$，试校核此梁的刚度。

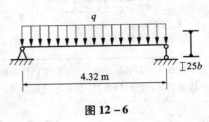

图 12-6

解：梁的许用挠度为：

$$[f] = \frac{l}{500} = \frac{4320}{500} = 8.6 \text{ mm}$$

$$I_z = 5283.96 \text{ cm}^4$$

$$f = \frac{5ql^4}{384EI_z} = \frac{5 \times 29.6 \times 10^3 \times 4.32^4}{384 \times 2.1 \times 10^{11} \times 5283.96 \times 10^{-8}} = 0.012 \text{ m} = 12 \text{ mm}$$

不满足刚度条件，应重新设计。选择 28b 工字钢，查表得：$I_z = 7480$ cm^4。

$$f = \frac{5ql^4}{384EI_z} = \frac{5 \times 29.6 \times 10^3 \times 4.32^4}{384 \times 2.1 \times 10^{11} \times 7480 \times 10^{-8}} = 0.00854 \text{ m} = 8.54 \text{ mm} < [f]$$

所以应选 28b 工字钢。

二、提高梁弯曲刚度的措施

梁的变形与梁的抗弯刚度 EI、梁的跨度 l、荷载形式及支座位置有关。为了提高梁的刚度，在使用要求允许的情况下可以从以下几方面着手：

1. 缩小梁的跨度或增加支座

梁的跨度对梁的变形影响最大，缩短梁的跨度是提高刚度极有效的措施。有时梁的跨度无法改变，可增加梁的支座。如均布荷载作用下的简支梁，在跨中最大挠度为 $f = \dfrac{5ql^4}{384EI} =$ $0.013\,\dfrac{ql^4}{EI}$，若梁跨减小一半，则最大挠度为 $f_1 = \dfrac{1}{16}f$；若在梁跨中点增加一支座，则梁的最大挠度约为 $0.000326\,\dfrac{ql^4}{EI}$，仅为不加支座时的 $\dfrac{1}{38}$（图 12 - 7）。所以在设计中常采用能缩短跨度的结构，或增加中间支座。此外，加强支座的约束也能提高梁的刚度。

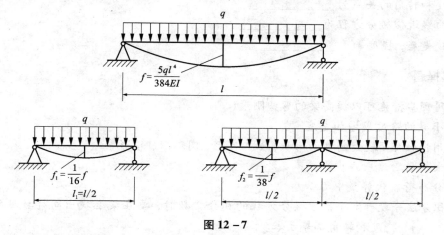

图 12 - 7

2. 选择合理的截面形状

梁的变形与抗弯刚度 EI 成反比，增大 EI 将使梁的变形减小。为此可采用惯性矩 I 较大的截面形状，如工字形、圆环形、箱形等。为提高梁的刚度而采用高强度钢材是不合适的，因为高强度钢的弹性模量 E 较一般钢材并无多少提高，反而提高了成本。

3. 改善荷载的作用情况

弯矩是引起变形的主要因素，变更荷载作用位置与方式，减小梁内弯矩，可达到减小变形、提高刚度的目的。如将较大的集中荷载移到靠近支座处，或把一些集中力尽量分散，甚至改为分布荷载。

本章小结

1. 挠度 y 和转角 θ 是弯曲变形的两个基本量，它们之间的关系是

$$\theta = \frac{dy}{dx} = f'(x)$$

梁在小变形及弹性范围内，梁的挠曲线微分方程为 $\dfrac{d^2y}{dx^2} = -\dfrac{M(x)}{EI_z}$

2. 求解截面上的挠度 y 和转角 θ 的方法有积分法和叠加法，能熟练运用表格 12 - 1 计算指定截面上的挠度 y 和转角 θ。

3. 梁的刚度条件是 $f \leqslant [f]$。

自我检测

一、填空题

1. 梁任一横截面的形心沿 y 轴方向的线位移称为该横截面的_____。

2. 若承受均布荷载的简支梁的截面高度增大一倍，则梁跨中截面上挠度变为原来的_____。

3. 挠度和转角的关系为_____。

4. 挠曲线近似微分方程为_____。

5. 在铰支座，挠度等于_____。

二、选择题

1. 下列哪些措施可以提高梁的弯曲刚度(　　)。

A. 缩小梁的跨度或增加支座

B. 采用惯性矩 I 较大的截面形状，如工字形、圆环形、箱形等

C. 增大梁的跨度或减少支座

D. 用分布荷载代替集中力

2. 用积分法分段确定小挠度微分方程的积分常数时，要在梁上找出同样数目的边界条件，如在(　　)，挠度和转角都等于零。

A. 固定端　　　　　　B. 任一截面　　　　　　C. 铰支座　　　　　　D. 跨中

三、计算题

1. 简支梁受均布荷载 q 作用，如图 $12-8$ 所示，EI 为常数，试用积分法求此梁的转角和挠曲线方程，以及该梁的最大挠度 $y_{\max}$ 和梁两端截面的转角 θ_A 和 θ_B。

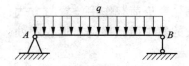

图 12-8

2. 简支梁受荷载作用如图 $12-9$ 所示。试用叠加法求梁跨中点处的挠度和支座处截面的转角。

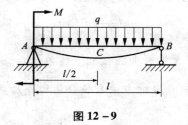

图 12-9

3. 悬臂梁受荷载如图 12-10 所示,试用叠加法求梁跨中点处的挠度和支座处截面的转角。

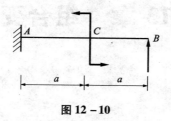

图 12-10

4. 一简支梁由 18 号工字钢制成,受均布荷载 q 的作用,如图 12-11 所示。已知材料的 $E=210$ GPa,$[\sigma]=150$ MPa,$[f/l]=1/400$。试校核梁的强度和刚度。

（由型钢表查得 $W_z=185$ cm^3,$I_z=1660$ cm^4）

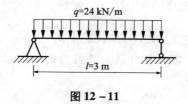

图 12-11

第13章 组合变形

【学习目标】

1. 理解组合变形的概念及组合变形的计算方法。
2. 熟练掌握斜弯曲时杆件的内力、应力分析与强度计算。
3. 熟练掌握偏心压缩时杆件的内力、应力分析与强度计算。
4. 了解截面核心的定义、工程意义及常见简单截面的截面核心。

【读一读】

如图 13–1(a)所示,若在正方形截面短柱的中间处开一槽,使横截面面积减少为原来截面面积的一半,其最大正应力是不开槽时最大正应力的 8 倍。

【想一想】

1. 根据轴向拉压横截面上的正应力公式 $\sigma = \dfrac{N}{A}$,开槽处面积减少一半,则其最大正应力应该为原来的 2 倍,那为什么 13–1(a)开槽时的最大正应力为不开槽时最大正应力的 8 倍?

2. 图 13–1(b)所示的屋架檩条,图 13–1(c)所示的厂房支柱各产生何种变形。

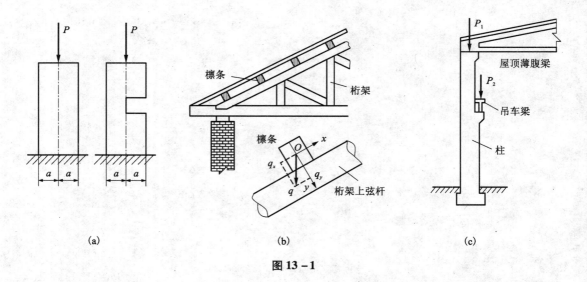

(a)　　　　　　　　(b)　　　　　　　　(c)

图 13–1

13.1　组合变形的概念

一、组合变形的概念

前面几章,我们所研究的构件在外力作用下只发生一种基本变形。但在工程实际中,构件的受力情况是复杂的,构件受力后的变形往往不是单一的基本变形,而是由两种或两种以上的基本变形所构成。例如图 13 - 1(b)所示的屋架檩条的变形是由相互垂直的两个纵向对称面内的平面弯曲组合成的斜弯曲;图 13 - 1(c)所示的厂房支柱产生压缩与弯曲的组合变形。这种由两种或两种以上基本变形组合而成的变形称为**组合变形**。

二、组合变形的计算方法

构件在外力作用下,若满足小变形条件且材料处于线弹性范围内,即受力变形后仍可按原始尺寸和形状进行计算,那么构件上各个外力所引起的变形将相互独立、互不影响。因此可以应用叠加原理来处理杆件的组合变形问题。组合变形杆件的强度计算,通常按下述步骤进行:

(1)将作用于组合变形杆件上的外力分解或简化为基本变形的受力方式;

(2)按各基本变形进行应力计算;

(3)将各基本变形同一点处的应力进行叠加,以确定组合变形时各点的应力;

(4)分析确定危险点的应力,建立强度条件。

由上可知,组合变形杆件的计算是前面各章内容的综合运用。

13.2　斜弯曲

前面介绍过,若梁所受外力或外力偶均作用在梁的纵向对称平面内,则梁变形后的轴线亦在其纵向对称平面内,这种弯曲称为平面弯曲。若梁上的外力虽通过截面形心,但不在梁的纵向对称平面内,而是与其纵向对称平面有一夹角,这时梁变形后的轴线将与外力不在同一纵向平面内,这种弯曲称为**斜弯曲**。

图 13 - 2(a)所示矩形截面悬臂梁,力 F 过截面形心与 y 轴夹角为 φ,y 轴和 z 轴为截面形心坐标轴。下面通过此梁来讨论斜弯曲的强度计算问题。

一、分解外力

将力 F 沿 y 轴和 z 轴方向分解为两个分力:

$$F_y = F\cos\varphi$$
$$F_z = F\sin\varphi$$

显然 F_y 使梁在 xOy 平面内发生平面弯曲,F_z 使梁在 xOz 平面内发生平面弯曲。

二、计算内力

讨论 $abcd$ 截面上的弯矩:

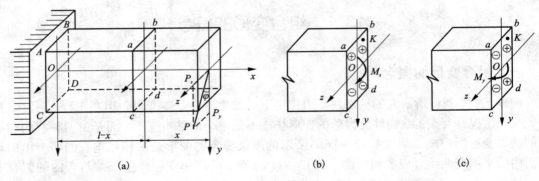

图 13 - 2

F_y 产生的弯矩为：$M_z = F_y \cdot x = F\cos\varphi \cdot x = M\cos\varphi$

F_z 产生的弯矩为：$M_y = F_z \cdot x = F\sin\varphi \cdot x = M\sin\varphi$

式中，$M = F \cdot x$。

三、计算应力

讨论 $abcd$ 截面上任意一点 $K(y, z)$ 的应力：

M_z 引起的应力为 $\sigma' = \dfrac{M_z \cdot y}{I_z} = y\dfrac{M\cos\varphi}{I_z}$

M_y 引起的应力为 $\sigma'' = \dfrac{M_y \cdot z}{I_y} = z\dfrac{M\sin\varphi}{I_y}$

注意：此时 K 点的 σ' 和 σ'' 均为拉应力。对于截面上其他点处的正应力的符号，可由弯曲的变形情况直接判定，如图 13 - 2(b) 所示，拉应力为正号，压应力为负号。

应用叠加原理，截面上任一点处的正应力为：

$$\sigma = \sigma' + \sigma'' = \pm \frac{M_z \cdot y}{I_z} \pm \frac{M_y \cdot z}{I_y} = M\left(\pm y\frac{\cos\varphi}{I_z} \pm z\frac{\sin\varphi}{I_y}\right) \qquad (13-1)$$

四、强度条件

图 13 - 2 所示悬臂梁其固定端截面上的弯矩最大，为危险截面，且其顶点 B 和 C 点为危险点，分别有最大拉应力和最大压应力。而拉压应力的绝对值相等，所以，梁**斜弯曲的强度条件**为：

$$\sigma_{\max} = \frac{M_{z\max}}{W_z} + \frac{M_{y\max}}{W_y} \leqslant [\sigma] \qquad (13-2)$$

利用斜弯曲的强度条件，可以进行强度校核、截面设计和确定许用荷载。但是，在设计截面尺寸时，要遇到 W_z，W_y 两个未知数。可先假设一个 $\dfrac{W_z}{W_y}$ 的比值，根据斜弯曲的强度条件式 (13 - 2) 计算出所需的 W_z 值，从而确定截面尺寸及计算出 W_y 值，再按式 (13 - 2) 进行强度校核。$\dfrac{W_z}{W_y}$ 的比值可按下述范围选取：

矩形截面：　　　　　　$\dfrac{W_z}{W_y}=\dfrac{h}{b}=1.2\sim2$；

工字形截面：　　　　　$\dfrac{W_z}{W_y}=8\sim10$；

槽形截面：　　　　　　$\dfrac{W_z}{W_y}=6\sim8$。

例 13 - 1　图 13 - 3 示简支梁，选用 25a 号工字钢。作用在跨中截面的集中荷载 $F=5\ kN$，其作用线与截面的形心主轴 y 的夹角为 30°，钢材的许用应力 $[\sigma]=160\ MPa$，试校核此梁的强度。

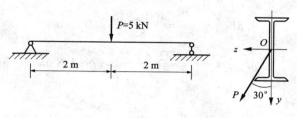

图 13 - 3

解：（1）分解外力

$$F_y=F\cos30°=5\times0.866=4.33\ kN$$

$$F_z=F\sin30°=5\times0.5=2.5\ kN$$

（2）计算内力

$$M_{z\max}=\frac{F_y l}{4}=\frac{4.33\times4}{4}=4.33\ kN\cdot m$$

$$M_{y\max}=\frac{F_z l}{4}=\frac{2.5\times4}{4}=2.5\ kN\cdot m$$

（3）计算应力

由型钢表查得 25a 工字钢的抗弯截面系数 W_y 和 W_z 分别为

$$W_y=48.283\ cm^3=48.283\times10^3\ mm^3$$

$$W_z=401.883\ cm^3=401.883\times10^3\ mm^3$$

代入强度条件式（13 - 2）

$$\sigma_{\max}=\frac{M_{z\max}}{W_z}+\frac{M_{y\max}}{W_y}=\frac{4.33\times10^6}{401.883\times10^3}+\frac{2.5\times10^6}{48.283\times10^3}=62.5\ MPa<[\sigma]$$

该简支梁的强度够。

例 13 - 2　屋面结构中的木檩条，跨长 $l=3\ m$，受集度为 $q=800\ N/m$ 的均布荷载作用（图 13 - 4）。檩条采用高宽比 $h/b=3/2$ 的矩形截面，许用应力 $[\sigma]=10\ MPa$，试选择其截面尺寸。

解：（1）分解外力

$$q_y=q\cos30°=800\times0.866=692.8\ N/m$$

$$q_z=q\sin30°=800\times0.5=400\ N/m$$

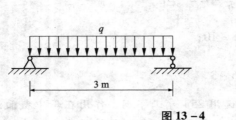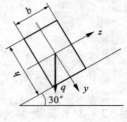

图 13 - 4

(2)计算梁中 M_{max}

$$M_{ymax} = \frac{q_z l^2}{8} = \frac{400 \times 3^2}{8} = 450 \text{ N} \cdot \text{m}$$

$$M_{zmax} = \frac{q_y l^2}{8} = \frac{692.8 \times 3^2}{8} = 779.4 \text{ N} \cdot \text{m}$$

(3)设计截面
由于

$$W_y = \frac{hb^2}{6}, \quad W_z = \frac{bh^2}{6}, \quad \frac{W_z}{W_y} = \frac{h}{b} = \frac{3}{2}$$

代入强度条件

$$\frac{M_{ymax}}{W_y} + \frac{M_{zmax}}{W_z} \leqslant [\sigma]$$

$$\frac{1}{W_z}\left(\frac{W_z}{W_y}M_{ymax} + M_{zmax}\right) \leqslant [\sigma]$$

得

$$W_z \geqslant \frac{\frac{3}{2}M_{ymax} + M_{zmax}}{[\sigma]} = \frac{\left(\frac{3}{2} \times 450 + 779.4\right) \times 10^3}{10} = 145.4 \times 10^3 \text{ mm}^3$$

又因

$$W_z = \frac{bh^2}{6} = \frac{b\left(\frac{3}{2}b\right)^2}{6} = 0.375b^3 \geqslant 145.4 \times 10^3$$

解得

$$b \geqslant 73 \text{ mm}, \quad h = \frac{3}{2}b = \frac{3}{2} \times 73 = 109.5 \text{ mm}$$

故选设计截面为 73 mm × 110 mm 的矩形。

13.3 偏心压缩(拉伸)

作用在杆件上的外力,当其作用线与杆的轴线平行但不重合时,杆件将发生偏心压缩(拉伸)。

一、单向偏心压缩(拉伸)

1. 荷载的简化和截面内力

如图 13 −5(a)所示为单向偏心受压杆,偏心力 F 作用在截面形心 y 轴上。为了将偏心力分解为基本受力形式的叠加,可以将偏心力 F 直接向截面形心简化,简化结果如图 13 −5(b)所示。杆件在轴向压力 F 和力偶矩 $M_z = Fe$ 共同作用下,将产生轴向压缩与平面弯曲的组合变形。

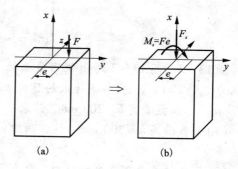

图 13 −5

杆内任意一个横截面上存在两种内力:轴力 $N = F$,弯矩 $M_z = Fe$。

2. 应力计算

轴力 N 在横截面上引起均匀分布的正应力 σ' 如图 13 −6(a)所示,其值为

$$\sigma' = -\frac{F}{A}$$

弯矩 $M_z = Fe$ 在横截面上引起的正应力 σ'' 在截面上线性分布,如图 13 −6(b)所示。

$$\sigma'' = \pm \frac{M_z \cdot y}{I_z}$$

根据叠加原理,横截面上应力分布规律如图 13 −6(c)所示,其中性轴为 $n − n$ 轴,它将截面分为受拉区和受压区。截面上某一点处的应力为

$$\sigma = \sigma' + \sigma'' = -\frac{F}{A} \pm \frac{M_z \cdot y}{I_z} \qquad (13 − 3)$$

式中正负号由变形情况判定。

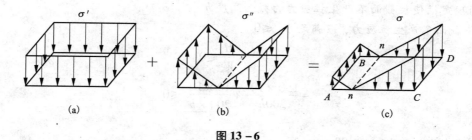

图 13 −6

3. 强度条件

由于偏心力作用下杆件各横截面上的内力、应力均相同,故各个横截面均可视为危险截面,横截面上的最大正应力点即是杆的危险点。从图中可知,最大压应力发生在截面与 F 较近的边线 CD 线上;最大拉应力发生在截面与 F 较远的边线 AB 上,其值分别为

$$\begin{cases} \sigma^- = -\dfrac{F}{A} - \dfrac{M_z}{W_z} \\[2mm] \sigma^+ = -\dfrac{F}{A} + \dfrac{M_z}{W_z} \end{cases} \qquad (13 − 4)$$

单向偏心压缩的强度条件为:

$$\begin{cases} \sigma^- = \left| -\dfrac{F}{A} - \dfrac{M_z}{W_z} \right| \leq [\sigma_y] \\[3mm] \sigma^+ = -\dfrac{F}{A} + \dfrac{M_z}{W_z} \leq [\sigma_l] \end{cases} \qquad (13-5)$$

例 13-3 图 13-7 所示矩形截面柱,结构自重不计,屋架传来的压力 $F_1 = 100$ kN,吊车梁传来的压力 $F_2 = 50$ kN,F_2 的偏心矩 $e = 200$ mm。已知截面宽 $b = 200$ mm,试求:

(1)若截面高 $h = 300$ mm,柱截面中的最大拉应力和最大压应力各为多少?

(2)欲使柱截面不产生拉应力,截面高度 h 应为多少?

解:(1)内力计算

将荷载向截面形心简化,柱的轴力为

$$N = F_1 + F_2 = 100 + 50 = 150 \text{ kN}$$

截面的弯矩为

$$M_z = F_2 e = 50 \times 0.2 = 10 \text{ kN·m}$$

(2)求 σ^+,σ^-

由式(13-4)得

$$\sigma^+ = -\frac{N}{A} + \frac{M_z}{W_z} = -\frac{150 \times 10^3}{200 \times 300} + \frac{10 \times 10^6}{\dfrac{200 \times 300^2}{6}}$$

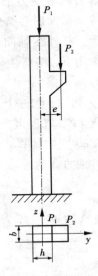

图 13-7

$$= -2.5 + 3.33 = 0.83 \text{ MPa}$$

$$\sigma^- = -\frac{N}{A} - \frac{M_z}{W_z} = -2.5 - 3.33 = -5.83 \text{ MPa}$$

(3)确定欲使柱截面不产生拉应力的截面高度 h

欲使截面不产生拉应力,应满足 $\sigma^+ \leq 0$

$$-\frac{N}{A} + \frac{M_z}{W_z} \leq 0$$

$$-\frac{150 \times 10^3}{200h} + \frac{10 \times 10^6}{\dfrac{200 \times h^2}{6}} \leq 0$$

则 $h \geq 400$ mm,取 $h = 400$ mm。

例 13-4 图 13-8(a)所示起重架在横梁的中点作用集中力 $G = 40$ kN,结构自重不计,横梁 AB 由两根№20a 号槽钢组成,跨长为 $l = 3.5$ m,其 $[\sigma] = 120$ MPa,$E = 200$ GPa。试对 AB 梁进行强度校核。

解:(1)计算横梁的外力

AB 梁的受力图如图 13-8(b),为了计算方便,将 F_B 分解为两个分力 F_{Bx} 和 F_{By},根据平衡方程解得:

$$F_{Bx} = F_{Ax} = \frac{G}{2\tan 30°} = \frac{40}{2\tan 30°} = 34.64 \text{ kN}$$

156

$$F_{Ay} = F_{By} = G/2 = 20 \text{ kN}$$

（2）计算横梁的内力

横梁在 F_{Ay}、G 和 F_{By} 作用下产生平面弯曲，在 F_{Ax} 和 F_{Bx} 作用下产生轴向压缩。

其弯矩及轴力图如图 13-8(c)、(d)所示，据此可判断出危险截面应为梁的中点截面，其内力分量为：

$$N = F_{Ax} = 34.64 \text{ kN}$$

$$M_z = \frac{Gl}{4} = \frac{40 \times 3.5}{4} = 35 \text{ kN·m}$$

（3）强度校核

查表得№20a 号槽钢：$W_z = 178 \text{ cm}^3$，$A = 28.83 \text{ cm}^2$

最大正应力

$$\sigma_{max} = \left| -\frac{N}{A} - \frac{M_z}{W_z} \right|$$

$$= \frac{34.64 \times 10^3}{2 \times 28.83 \times 10^2} + \frac{35 \times 10^6}{2 \times 178 \times 10^3}$$

$$= 104.3 \text{ MPa} < [\sigma]$$

梁 AB 满足强度要求。

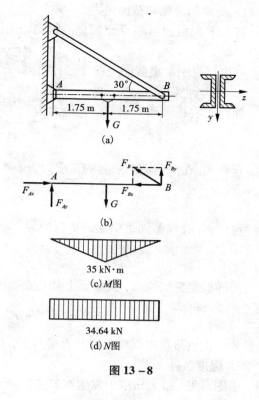

(a)

(b)

35 kN·m

(c) M 图

34.64 kN

(d) N 图

图 13-8

二、双向偏心压缩(拉伸)

如图 13-9 所示，偏心压力 F 的作用点 K 不在截面形心轴上，这种受力情况称为双向偏心压缩。

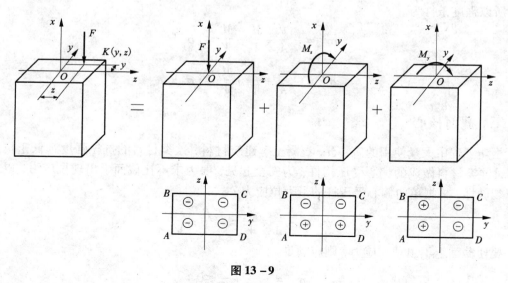

图 13-9

1. 荷载的简化和截面内力

将力 F 向截面形心 O 点简化后得到轴向压力 F 和两个附加力偶 M_z、M_y。

$$M_y = F \cdot z, \quad M_z = F \cdot y$$

杆内任意一个横截面上存在三种内力：轴力 $N = F$，弯矩 $M_y = F \cdot z$，$M_z = F \cdot y$

2. 应力计算

轴力 N 在横截面上引起的正应力为

$$\sigma' = -\frac{F}{A}$$

弯矩 M_z 在横截面上引起的正应力为

$$\sigma'' = \pm \frac{M_z \cdot y}{I_z}$$

弯矩 M_y 在横截面上引起的正应力为

$$\sigma''' = \pm \frac{M_y \cdot z}{I_y}$$

同样根据叠加原理，横截面上某一点处的应力为

$$\sigma = \sigma' + \sigma'' + \sigma''' = -\frac{F}{A} \pm \frac{M_z \cdot y}{I_z} \pm \frac{M_y \cdot z}{I_y}$$

式中正负号可根据变形情况直接判定，如图 13-9 所示。

3. 强度条件

由图可见，最大压应力发生在 C 点，最大拉应力发生在 A 点，其值为

$$\begin{cases} \sigma^- = -\dfrac{F}{A} - \dfrac{M_z}{W_z} - \dfrac{M_y}{W_y} \\[3mm] \sigma^+ = -\dfrac{F}{A} + \dfrac{M_z}{W_z} + \dfrac{M_y}{W_y} \end{cases} \tag{13-6}$$

所以强度条件为

$$\sigma^- = -\frac{F}{A} - \frac{M_z}{W_z} - \frac{M_y}{W_y} \leqslant [\sigma_y]$$

$$\sigma^+ = -\frac{F}{A} + \frac{M_z}{W_z} + \frac{M_y}{W_y} \leqslant [\sigma_l] \tag{13-7}$$

三、截面核心

土建工程中大量使用的砖、石、混凝土等建筑材料，这类材料的抗拉强度远低于抗压强度，对这类材料做成的偏心受压构件，为安全起见，要力求不让截面上出现拉应力，以免出现拉裂破坏，根据单向偏心受压杆的最大拉应力公式：

$$\sigma^+ = -\frac{F}{A} + \frac{M_z}{W_z} = -\frac{F}{A} + \frac{Fe}{W}$$

要使截面上不出现拉应力，则应满足

$$\sigma^+ = -\frac{F}{A} + \frac{Fe}{W} \leqslant 0$$

偏心距 e 满足

$$e \leqslant \frac{W}{A} \tag{13-8}$$

上式说明当偏心矩小于 $\frac{W}{A}$ 时，横截面上的正应力全部为压应力，而不出现拉应力。当偏心压力作用在截面形心周围的一个区域内时，使整个横截面上只产生压应力而无拉应力，这个荷载作用区域称为**截面核心**。

对于直径为 d 的圆截面：$W = \pi d^3/32$，$A = \pi d^2/4$ 代入上式，得 $e \leqslant d/8$，根据圆截面的对称性，截面核心为半径 $e \leqslant d/8$ 的同心圆，如图 13-10(a) 所示。

对于矩形截面，截面核心如图 13-10(b) 所示的菱形。当压力 F 作用在 y 轴上 1 点时，将 $W = bh^2/6$，$A = bh$ 代入 (13-6) 得 $e_1 \leqslant h/6$；同理，当压力 F 作用在 z 轴上 2 点时，将 $W = hb^2/6$，$A = bh$ 代入 (13-6) 得 $e_2 \leqslant b/6$。

工字形和槽形截面的截面核心如图 13-10(c) 和 13-10(d) 所示，其中 $i_y^2 = \dfrac{I_y}{A}$，$i_z^2 = \dfrac{I_z}{A}$。

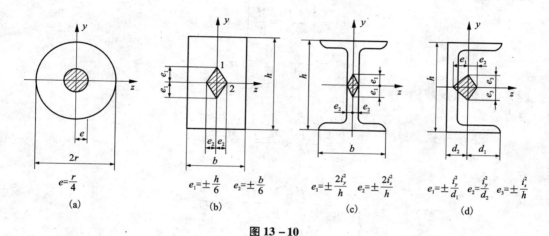

图 13-10

通过以上分析可以看出，截面核心的形状、尺寸与压力 F 的大小无关，只与截面形状和尺寸有关。这样，可先根据截面形状和尺寸确定截面核心的范围，然后只要使力作用点位于截面核心以内，就可达到使整个截面不出现拉应力的目的。

本章小结

1. 组合变形：由两种或两种以上基本变形组合而成的变形称为组合变形。
2. 组合变形的计算方法：
(1) 将作用于组合变形杆件上的外力分解或简化为基本变形的受力方式；
(2) 按各基本变形进行应力计算；
(3) 将各基本变形同一点处的应力进行叠加，以确定组合变形时各点的应力；
(4) 分析确定危险点的应力，建立强度条件。

3. 斜弯曲：

应力公式

$$\sigma = \pm \frac{M_z \cdot y}{I_z} \pm \frac{M_y \cdot z}{I_y}$$

强度条件

$$\sigma_{max} = \frac{M_{zmax}}{W_z} + \frac{M_{ymax}}{W_y} \leqslant [\sigma]$$

4. 偏心压缩(拉伸)：

(1)单向偏心压缩(拉伸)

应力公式

$$\sigma = -\frac{F}{A} \pm \frac{M_z \cdot y}{I_z}$$

强度条件

$$\begin{cases} \sigma^- = \left| -\frac{F}{A} - \frac{M_z}{W_z} \right| \leqslant [\sigma_y] \\ \sigma^+ = -\frac{F}{A} + \frac{M_z}{W_z} \leqslant [\sigma_l] \end{cases}$$

(2)双向偏心压缩(拉伸)

应力公式

$$\sigma = -\frac{F}{A} \pm \frac{M_z \cdot y}{I_z} \pm \frac{M_y \cdot z}{I_y}$$

强度条件

$$\begin{cases} \sigma^- = -\frac{F}{A} - \frac{M_z}{W_z} - \frac{M_y}{W_y} \leqslant [\sigma_y] \\ \sigma^+ = -\frac{F}{A} + \frac{M_z}{W_z} + \frac{M_y}{W_y} \leqslant [\sigma_l] \end{cases}$$

(3)截面核心

当偏心压力作用在截面形心周围的一个区域内时，横截面上只产生压应力而无拉应力，这个区域就是截面核心。力作用点位于截面核心以内，整个截面不出现拉应力。

自我检测

一、选择题

1. 受横向力作用的工字截面梁如图 13-11 所示，P 的作用线通过截面形心，该梁的变形为（　　）。

A. 平面弯曲　　　　　　　　　　　　B. 斜弯曲

C. 平面弯曲与扭转的组合　　　　　　D. 斜弯曲与扭转的组合

2. 如图 13-12 所示结构中，AB 杆将发生的变形为（　　）。

A. 弯曲变形　　　　　　　　　　　B. 拉压变形

C. 弯曲与压缩的组合变形　　　　　D. 弯曲与拉伸的组合变形

3. 如图 13 - 13 所示矩形截面拉杆中间开一深度为 $h/2$ 的缺口，与不开口的拉杆相比，开口处的最大应力是不开口时最大应力的(　　)倍。

A. 2 倍　　　　　B. 4 倍　　　　　C. 8 倍　　　　　D. 16 倍

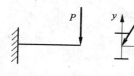
图 13 - 11

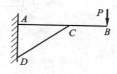
图 13 - 12

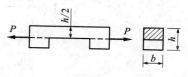
图 13 - 13

4. 三种受压杆如图 13 - 14 所示，杆 1、杆 2、杆 3 的最大压应力分别用 σ_{max1}、σ_{max2}、σ_{max3} 表示，在下列四种结论中，正确的结论是(　　)。

A. $\sigma_{max1} = \sigma_{max2} = \sigma_{max3}$

B. $\sigma_{max1} > \sigma_{max2} = \sigma_{max3}$

C. $\sigma_{max2} > \sigma_{max1} = \sigma_{max3}$

D. $\sigma_{max2} > \sigma_{max1} > \sigma_{max3}$

5. 组合变形的基本计算方法是叠加法，偏心压缩实际上是(　　)的组合变形问题。

A. 拉伸和弯曲　　　　　B. 压缩和弯曲

C. 拉伸和扭转　　　　　D. 压缩和扭转

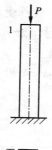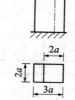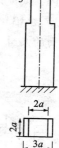
图 13 - 14

二、填空题

1. 如图 13 - 15 所示，图中各杆产生哪些基本变形，CD 杆_____、BC 杆_____、AB 杆_____。

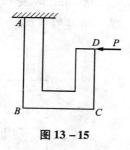
图 13 - 15

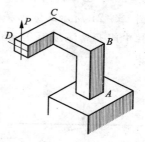
图 13 - 16

2. 如图 13 - 16 所示，图中各杆产生哪些基本变形，CD 杆_____、BC 杆_____、AB 杆_____。

3. 利用叠加法求杆件组合变形的条件是：①为_____；②材料处于_____。

4. 图 13 - 17(a)梁中最大拉应力发生在_____点。

5. 图 13-17(b)梁中最大压应力发生在_____点。

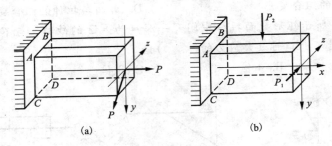

图 13-17

三、计算题

1. 由木材制成的矩形悬臂梁承受荷载如图 13-18 所示。已知木材的许用应力 $[\sigma] = 10$ MPa，试设计矩形截面的尺寸 b 和 h（设 $h = 2b$）。

2. 图 13-19 所示檩条简支于屋架上，承受均布荷载 $q = 2$ kN/m，檩条的跨度 $l = 4$ m，矩形截面的尺寸为 $b = 150$ mm，$h = 200$ mm，木材的许用应力 $[\sigma] = 10$ MPa，试校核檩条的强度。

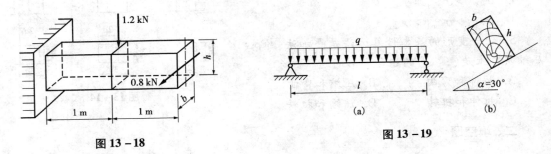

图 13-18

图 13-19

3. 图 13-20 所示简支工字钢梁，集中力 $P = 10$ kN，作用于跨中，通过截面形心并与 y 轴夹角为 $\varphi = 20°$，已知许用应力 $[\sigma] = 160$ MPa，试选择工字钢的型号。（取 $W_z/W_y = 10$）

4. 如图 13-21 所示正方形截面短柱，截面尺寸为 200 mm × 200 mm，承受轴向压力 $P = 60$ kN，短柱中间开槽深度 100 mm，许用应力 $[\sigma] = 15$ MPa。试校核柱的强度。

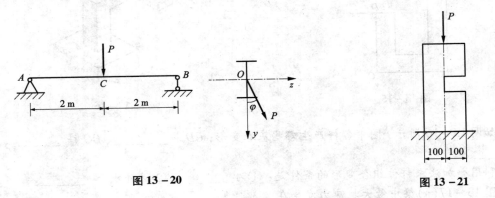

图 13-20

图 13-21

5. 如图 13-22 所示砖砌烟囱高 $H=30$ m，底截面 Ⅰ-Ⅰ 的外径 $d_1=3$ m，内径 $d_2=2$ m，自重 $G_1=2000$ kN，受 $q=1$ kN/m 的风力作用。试求：(1)烟囱底截面 Ⅰ-Ⅰ 上的最大压应力；(2)若烟囱的基础埋深 $h=4$ m，基础及填土自重 $G_2=1000$ kN，土壤的许用压应力 $[\sigma]=0.3$ MPa，求圆形基础的直径 D。

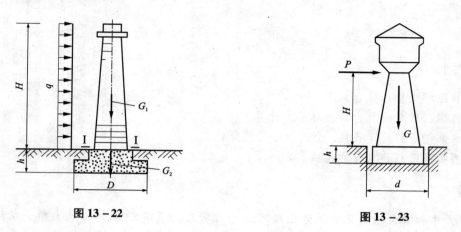

图 13-22   图 13-23

6. 如图 13-23 所示，某水塔盛满水时连同基础总重为 $G=2000$ kN，在离地面 $H=15$ m 处受水平风力的合力 $P=60$ kN 的作用。圆形基础的直径 $d=6$ m，埋置深度 $h=3$ m，地基为红粘土，其容许的承载应力为 $[\sigma_y]=0.15$ MPa。试校核基础底部地基土的强度。

第14章 压杆稳定

【学习目标】

1. 理解压杆失稳的概念。
2. 熟练掌握压杆临界力和临界应力计算。
3. 熟练掌握压杆稳定条件，会进行压杆稳定计算。
4. 掌握提高压杆稳定性的措施。

【读一读】

● 1907 年加拿大魁北克省圣劳伦斯河上一座跨度为 548 m 的钢结构大桥，在施工中倒塌，9000 t 钢结构变成了一堆废铁，在桥上施工的 86 名工人中有 75 人丧生。事后检查肇祸原因，发现它的破坏不是因为强度不够，而是由于桥中下弦两根压杆失去稳定所致（图 14 - 1）。

● 1983 年 10 月 4 日，地处北京的中国社会科学研究院科研楼工地的钢管脚手架距地面 5 ~ 6 米处突然外拱，刹那间，这座高达 54.2 m，长 17.25 m，总重 565.4 kN 的大型脚手架轰然坍塌，造成 5 人死亡，7 人受伤，脚手架所用建筑材料大部分报废，而导致这一灾难性事故的直接原因就是脚手架结构本身存在严重缺陷，致使结构失稳坍塌（图 14 - 2）。

图 14 - 1

图 14 - 2

工程中把承受轴向压力的直杆叫做压杆。从强度观点出发，压杆只要满足轴向压缩的强度条件就能正常工作。这种结论对于短粗杆来说是正确的，而对于细长的杆则不成立。上述两工程实例都是因压杆失去稳定所致。因此，细长杆必须考虑其稳定性问题。

14.1　压杆稳定的概念

一、压杆的稳定性

对于细长压杆的稳定性,可由下面的实验来说明。如图 14 - 3 所示的两根矩形截面的松木直杆,它们的横截面积均为 5 mm × 30 mm,长度分别为 30 mm 与 1000 mm,松木的抗压强度极限为 $\sigma_b = 40$ MPa。按强度考虑,两杆的极限承载能力均应为

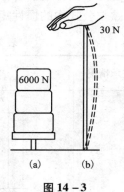

图 14 - 3

$$P = \sigma_b \times A = 40 \times 5 \times 30 = 6000 \text{ N}$$

但是,当给两杆缓缓加压力时,实验结果表明,长度为 30 mm 的杆可承受接近 6000 N 的压力,且在破坏前一直保持着直线形状。而长度为 1000 mm 的杆,压力只加到约 30 N 时,就开始变弯,如继续增大压力,则杆的弯曲变形急剧加大而折断。(a)和(b)竟相差 200 倍。

这种在一定轴向压力作用下,细长直杆由于其轴线不能维持原有直线形状的平衡状态而丧失工作能力的现象叫做**压杆丧失稳定**,简称**压杆失稳**。

二、压杆的稳定平衡

为了研究细长压杆的失稳过程,取一端固定,一端自由的等直细长杆,在自由端施加轴向压力 F,使杆在直线状态下处于平衡。如果给杆以微小的侧向干扰力 Q 使其发生微小弯曲,然后撤去干扰力,则随着轴向压力数值的由小增大,会出现下述两种不同的情况:

(1)当轴向压力 F 小于某一极限值 F_{cr} 时,撤掉干扰力后,压杆将复原为直线平衡。这种当去除横向干扰力 Q 后,能够恢复为原有直线平衡状态的平衡称为**稳定平衡**,如图 14 - 4(a)所示。

(2)当轴向压力 F 逐渐增大到 $F > F_{cr}$ 时,即使撤去干扰,杆仍处于微弯形状,而不能自动恢复到原有的直线平衡状态,如图 14 - 4(b)所示。此时杆件原有直线平衡状态称为**不稳定平衡**。

从稳定平衡过渡到不稳定平衡的特定状态称为**临界状态**。临界状态下的轴向压力 F_{cr},称为**临界力**。

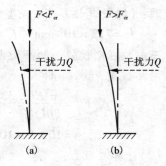

图 14 - 4

对于压杆 $F < F_{cr}$ 时处于稳定平衡,$F \geqslant F_{cr}$ 时处于不稳定平衡,因此,压杆的稳定计算关键在于确定各种压杆的临界力。

14.2　临界力和临界应力

一、临界力计算公式——欧拉公式

在杆件材料服从胡克定律和小变形条件下,根据弯曲变形的理论可推导出细长压杆临界

力的计算公式——欧拉公式：

$$F_{cr} = \frac{\pi^2 EI}{(\mu l)^2} \qquad\qquad (14-1)$$

式中：E 为材料的弹性模量；l 为杆的长度，μl 称为计算长度；I 为杆件横截面的惯性矩；μ 为长度系数，与压杆两端的约束条件有关。参见表 14-1。

提示：当杆端在各方向的支承情况相同时，压杆总是在抗弯刚度最小的纵向平面内失稳，欧拉公式中的惯性矩 I 应取截面的最小惯性矩 I_{min}。

表 14-1　四种常见支承情况下等截面长压杆的长度系数

支承情况	一端固定 一端自由	两端铰支	一端固定 一端铰支	两端固定
图例				
长度系数	2	1	0.7	0.5

例 14-1　如图 14-5 所示压杆由 14 号工字钢制成，其两端铰支。已知材料为 Q235A 钢，其弹性模量 $E = 210$ GPa，屈服点应力 $\sigma_s = 240$ MPa，杆长 $l = 3600$ mm。

(1)试求该杆的临界力 F_{cr}；(2)计算屈服力 F_s。

解：(1)计算临界力，查型钢表得 14 号工字钢几何特性：

$$I_z = 712 \times 10^4 \text{ mm}^4, \quad I_y = 64.4 \times 10^4 \text{ mm}^4, \quad A = 21.5 \times 10^2 \text{ mm}^2$$

压杆应在刚度较小的平面内失稳，故取 $I_{min} = I_y = 64.4 \times 10^4 \text{ mm}^4$。

两端铰支，故 $\mu = 1$

图 14-5

$$F_{cr} = \frac{\pi^2 EI}{(\mu l)^2} = \frac{3.14^2 \times 210 \times 10^3 \times 64.4 \times 10^4}{(1 \times 3600)^2} \text{ (N)}$$

$$= 102.9 \times 10^3 \text{ (N)} = 102.9 \text{ kN}$$

(2)计算屈服力：

$$F_s = A\sigma_s = 21.5 \times 10^2 \times 240 \text{ (N)} = 516 \times 10^3 \text{ N} = 516 \text{ kN}$$

由以上计算可知，压杆的屈服力为压杆稳定临界力的 5 倍多，可见该细长压杆在发生强度破坏之前，首先会发生失稳破坏。

二、临界应力计算公式——欧拉公式

在临界力的作用下，压杆横截面上的平均正应力值称为压杆的**临界应力**，用 σ_{cr} 表示。若以 A 表示压杆的横截面面积，则由欧拉公式得到的临界应力为

$$\sigma_{cr} = \frac{F_{cr}}{A} = \frac{\pi^2 EI}{(\mu l)^2 A} = \frac{\pi^2 E}{(\mu l)^2} \cdot \frac{I}{A}$$

若以 $\dfrac{I}{A} = i^2$ 代入上式，则

$$\sigma_{cr} = \dfrac{\pi^2 E}{\left(\dfrac{\mu l}{i}\right)^2}$$

设

$$\lambda = \dfrac{\mu l}{i} \tag{14-2}$$

则压杆临界应力的欧拉公式为

$$\sigma_{cr} = \dfrac{\pi^2 E}{\lambda^2} \tag{14-3}$$

λ 称为压杆的**柔度**(或长细比)。柔度 λ 是一个无量纲的量，它综合反映了压杆的长度、截面形状及尺寸、杆件两端的支承情况等因素对临界应力的影响。λ 值大，表示压杆细而长，两端约束性能差，临界应力就小，压杆容易失稳；λ 值小，表示压杆粗而短，两端约束性能强，临界应力就大，压杆不易失稳。所以柔度 λ 是压杆稳定计算中的一个十分重要的参数。

三、欧拉公式的适用范围

欧拉公式是在材料服从胡克定律的条件下推导出来的，因此临界应力 σ_{cr} 不应超过材料的比例极限，即

$$\sigma_{cr} = \dfrac{\pi^2 E}{\lambda^2} \leqslant \sigma_p \tag{14-4}$$

用柔度表示，欧拉公式的适用范围为

$$\lambda \geqslant \pi \sqrt{\dfrac{E}{\sigma_p}}$$

若用 λ_p 表示对应于 $\sigma_{cr} = \sigma_p$ 时的柔度值，则有

$$\lambda_p = \pi \sqrt{\dfrac{E}{\sigma_p}} \tag{14-5}$$

显然，当 $\lambda \geqslant \lambda_p$ 时，欧拉公式才成立。

对于常用的 Q235A 钢，$E = 200$ GPa，$\sigma_p = 200$ MPa，代入公式(14-5)得

$$\lambda_p = \pi \sqrt{\dfrac{E}{\sigma_p}} = \pi \sqrt{\dfrac{200 \times 10^3}{200}} \approx 100$$

也就是说，对于用 Q235A 钢制成的压杆，只有当 $\lambda \geqslant 100$ 时，欧拉公式才适用。

四、经验公式

当压杆的柔度小于 λ_p 时，称为中长杆或中柔度杆。这类压杆的临界应力超出了比例极限的范围，不能应用欧拉公式，建筑上目前采用钢结构规范(GBJ 17—1988)规定的抛物线公式，其表达式为：

$$\sigma_{cr} = \sigma_s \left[1 - \alpha \left(\dfrac{\lambda}{\lambda_c}\right)^2 \right] \tag{14-6}$$

式中：σ_s 为材料的屈服极限；α 为系数；λ_c 为对 λ_p 的一个修正值。

各种常用材料的 α、λ_c 值可由相关手册查得。

例如 Q235A 钢，$E = 210$ GPa，$\sigma_s = 240$ MPa，$\alpha = 0.43$，$\lambda_c = 123$，则其经验公式为

$$\sigma_{cr} = 240 - 0.00682\lambda^2 \; (\text{MPa})$$

五、临界应力总图

综合细长杆和中长杆的临界应力，将临界应力 σ_{cr} 和柔度 λ 的函数关系用曲线表示，所作出的曲线称为**临界应力总图**。图 14-6 为 Q235A 钢的临界应力总图。图中 AC 段是以经验公式绘制的曲线，CB 段是以欧拉公式绘制的曲线。两曲线交于 C 点，C 点对应的柔度值 $\lambda_c = 123$。λ_c 是压杆求临界应力的欧拉公式与经验公式的分界点，当 $\lambda \geq \lambda_c$ 时，用欧拉公式计算其临界应力；当 $\lambda < \lambda_c$ 时，用抛物线经验公式计算其临界应力。从理论上讲，分界点应是 λ_p，但因实际轴向受压杆不可能处于理想的中心受压状态，所以工程上都是用以实验为基础的 λ_c 作为分界点。

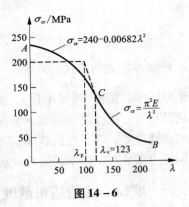

图 14-6

例 14-2　一端固定，一端自由的受压柱，长 $l = 1$ m，材料为 Q235A 钢，$E = 200$ GPa，试计算图 14-7(a)、(b) 所示两种截面的柱子的临界应力和临界力。

解： 由表 14-1 查得一端固定、一端自由的压杆，长度系数 $\mu = 2$。

(1) 圆形截面

$$I = \frac{\pi d^4}{64}, \quad A = \frac{\pi d^2}{4}$$

$$i = \sqrt{\frac{I}{A}} = \frac{d}{4} = 7 \text{ mm}$$

$$\lambda = \frac{\mu l}{i} = \frac{2 \times 1000}{7} = 286 > \lambda_c = 123$$

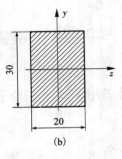

(a)　(b)

图 14-7

用欧拉公式计算临界应力和临界力

$$\sigma_{cr} = \frac{\pi^2 E}{\lambda^2} = \frac{\pi^2 \times 200 \times 10^3}{286^2} = 24.13 \text{ MPa}$$

$$F_{cr} = \sigma_{cr} \cdot A = 24.13 \times \frac{\pi \times 28^2}{4} = 14890 \text{ N} = 14.89 \text{ kN}$$

(2) 矩形截面

$$I_{min} = \frac{hb^3}{12}, \quad A = b \cdot h$$

$$i = \sqrt{\frac{I_{min}}{A}} = \frac{b}{\sqrt{12}} = \frac{20}{\sqrt{12}} = 5.77 \text{ mm}$$

$$\lambda = \frac{\mu l}{i} = \frac{2 \times 1000}{5.77} = 347 > \lambda_c = 123$$

用欧拉公式计算临界应力和临界力

$$\sigma_{cr} = \frac{\pi^2 E}{\lambda^2} = \frac{\pi^2 \times 200 \times 10^3}{347^2} = 16.39 \text{ MPa}$$

$$F_{cr} = \sigma_{cr} \cdot A = 16.39 \times 20 \times 30 = 9834 \text{ N} = 9.83 \text{ kN}$$

14.3　压杆的稳定计算

一、压杆的稳定条件

要使压杆不丧失稳定,应使作用在杆上的轴向压力 F 不超过压杆的临界力 F_{cr},再考虑到压杆应具有一定的安全储备,则压杆的稳定条件为

$$F \leqslant \frac{F_{cr}}{K_w} = [F_{cr}] \qquad (14-7)$$

式中: F 为实际作用在压杆上的压力; F_{cr} 为压杆的临界压力; K_w 为稳定安全系数,随 λ 而变化。 λ 越大,杆越细长,所取安全系数 K_w 也越大。一般稳定安全系数比强度安全系数大,这是因为失稳具有更大的危险性,且实际压杆总存在初曲率和荷载偏心等影响。

将式(14-7)两边除以压杆横截面面积 A,可写成以应力表达的形式

$$\sigma = \frac{F}{A} \leqslant [\sigma_{cr}] \qquad (14-8)$$

式中 $[\sigma_{cr}] = \dfrac{\sigma_{cr}}{K_w}$,称为稳定许用应力,它和临界应力一样,随柔度的增大而降低,这与强度计算时材料的许用应力 $[\sigma]$ 不同。

二、折减系数法

在工程实际中,为了简化压杆的稳定计算,常将变化的稳定许用应力 $[\sigma_{cr}]$ 与强度许用应力 $[\sigma]$ 联系起来,表达为

$$[\sigma_{cr}] = \varphi[\sigma]$$

φ 称为**折减系数**,它是稳定许用应力与强度许用应力之间的比值, φ 也是一个随柔度 λ 而变化的量。表 14-2 列出了几种常用材料的折减系数。

表 14-2　几种常见材料的折减系数 φ

λ	折减系数 φ				
	Q235A 钢 (低碳钢)	16 锰钢	木材	M5 以上砂浆 的砖石砌体	混凝土
20	0.981	0.973	0.932	0.95	0.96
40	0.927	0.895	0.822	0.84	0.83
60	0.842	0.776	0.658	0.69	0.70
70	0.789	0.705	0.575	0.62	0.63
80	0.731	0.627	0.460	0.56	0.57
90	0.669	0.546	0.371	0.51	0.46
100	0.604	0.462	0.300	0.45	—
110	0.536	0.384	0.248	—	—
120	0.466	0.325	0.209	—	—
130	0.401	0.279	0.178		

λ	折 减 系 数 φ				
	Q235A 钢（低碳钢）	16 锰钢	木材	M5 以上砂浆的砖石砌体	混凝土
140	0.349	0.242	0.153	—	—
150	0.306	0.213	0.134	—	—
160	0.272	0.188	0.117	—	—
170	0.243	0.168	0.102	—	—
180	0.218	0.151	0.093	—	—
190	0.197	0.136	0.083	—	—
200	0.180	0.124	0.075	—	—

式(14－8)可写为

$$\sigma = \frac{F}{A} \leqslant \varphi[\sigma] \tag{14－9}$$

上式称为压杆折减系数法的稳定条件,可理解为由于压杆在强度破坏前便失稳,所以将强度许用应力降低,以保证压杆安全。

应用稳定条件式(14－9),可对压杆进行三个方面的计算,即稳定性校核、确定许用荷载和截面设计。对于压杆的截面设计应注意,由于式(14－9)中有 A 和 φ 两个相关联的未知量,工程中通常采用试算法。

例 14－3 图 14－8 所示一根钢管支柱,管长 $l = 2.5$ m,两端铰支,承受轴向压力 $F = 250$ kN。截面尺寸为 $D = 102$ mm,$d = 86$ mm,材料采用 Q235A 钢,其容许应力 $[\sigma] = 160$ MPa。校核该柱的稳定性。

解:(1)计算柔度

两端铰支压杆的长度系数 $\mu = 1$

惯性半径为

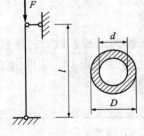

图 14－8

$$i = \sqrt{\frac{I}{A}} = \sqrt{\frac{\frac{\pi}{64}(D^4 - d^4)}{\frac{\pi}{4}(D^2 - d^2)}} = \sqrt{\frac{D^2 + d^2}{16}} = \frac{\sqrt{102^2 + 86^2}}{4} = 33.35 \text{ mm}$$

柔度为 $\qquad \lambda = \dfrac{\mu l}{i} = \dfrac{1 \times 2.5 \times 10^3}{33.35} = 74.96$

(2)查表确定折减系数 φ

查表 14－2 得

$\lambda_1 = 70$ 时,$\varphi_1 = 0.789$ $\qquad$ $\lambda_2 = 80$ 时,$\varphi_2 = 0.731$

用线性插入法计算 $\lambda = 74.96$ 时的 φ 值

由 $\dfrac{\varphi - \varphi_1}{\varphi_2 - \varphi_1} = \dfrac{\lambda - \lambda_1}{\lambda_2 - \lambda_1}$ 得 $\qquad \varphi = \dfrac{74.96 - 70}{80 - 70} \times (0.731 - 0.789) + 0.789 = 0.760$

(3)校核稳定性

$$\frac{F}{A} = \frac{250 \times 10^3}{\frac{\pi}{4} \times (102^2 - 86^2)} = \frac{250 \times 10^3}{2361.28} = 105.9 \text{ MPa}$$

$$\varphi[\sigma] = 0.76 \times 160 = 121.6$$

因 $\dfrac{F}{A} < \varphi[\sigma]$

所以该支柱满足稳定性的条件。

例 14 - 4 图 14 - 9 所示三角支架，压杆 BC 采用№16 工字钢，材料为 Q235A 钢，许用应力 $[\sigma] = 160$ MPa，支架结点 B 作用一竖向力 F。试根据 BC 杆的稳定条件确定三角支架的许可荷载 $[F]$。

解： (1) 确定 F 与 BC 杆所受轴力 N_{BC} 的关系

$$\sum F_y = 0, \quad N_{BC}\sin 60° - F = 0, \quad F = \frac{\sqrt{3}}{2}N_{BC}$$

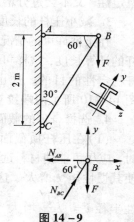

图 14 - 9

(2) 计算柔度

查型钢表得到 BC 杆截面有关数据：

$$A = 26.1 \text{ cm}^2, \quad i_y = 1.89 \text{ cm}, \quad i_z = 6.58 \text{ cm}$$

BC 杆两端铰支，取 $\mu = 1$，因 $i_y < i_z$，则取 i_y 计算，因此柔度为

$$\lambda = \frac{\mu l}{i_y} = \frac{1 \times \dfrac{2}{\cos 30°} \times 10^3}{1.89 \times 10} = \frac{4000}{18.9 \times \sqrt{3}} = 122.19$$

(3) 查表确定折减系数 φ

查表 14 - 2 得

$\lambda_1 = 120$ 时，$\varphi_1 = 0.466$ $\quad$ $\lambda_2 = 130$ 时，$\varphi_2 = 0.401$

根据线性插入法计算 $\lambda = 122.19$ 时的 φ 值

$$\varphi = \frac{122.19 - 120}{130 - 120} \times (0.401 - 0.466) + 0.466 = 0.452$$

(4) 计算许可荷载 $[F]$

由稳定条件，得

$$[N_{BC}] = A \cdot [\sigma] \cdot \varphi = 26.1 \times 10^2 \times 160 \times 0.452 = 188.75 \times 10^3 \text{ N} = 188.75 \text{ kN}$$

三角支架的稳定许可荷载

$$[F] = \frac{\sqrt{3}}{2}[N_{BC}] = \frac{\sqrt{3}}{2} \times 188.75 = 163.46 \text{ kN}$$

14.4 提高压杆稳定性的措施

压杆临界力的大小，反映压杆稳定性的高低。所以提高压杆的临界力或临界应力，就成为提高压杆稳定性的关键。从欧拉公式和经验公式可知临界应力与压杆的材料和柔度有关，而柔度涉及杆端约束、截面形状和尺寸、压杆长度等因素，我们可以根据这几方面的因素，采取适当的措施来考虑提高压杆稳定性。

1. 合理地选用材料

对于大柔度压杆，根据欧拉公式可知，其临界应力 σ_{cr} 与材料的弹性模量 E 成正比，而与材料的强度无关，由于各种钢材的弹性模量 E 值均在 $200 \sim 240$ GPa 之间，差别不是很大。因此没有必要选用优质钢材。

对于中柔度杆，由经验公式可知，其临界应力与材料强度有关，所以选用高强度钢可在

一定程度上提高压杆的稳定性。

2. 改善杆端约束情况

由表 14-1 可知，杆端约束越强，长度系数就越小，临界应力就越大，因此增强杆端约束可使压杆的稳定性得到提高。例如，在条件允许的情况下，可将两端简支的约束情况变为一端简支、一端固定的约束情况或两端固定的约束情况，即可以提高压杆的稳定性，又不会过分增加工程造价。

3. 减小压杆的长度

在条件许可的情况下，可通过增加中间约束等方法来减小压杆的计算长度，这样可使压杆的柔度值明显减小，以达到提高压杆稳定性的目的。这也是提高稳定性的最有效的方法之一。如图 14-10 所示两端铰支的细长压杆，若中间增加一支承，它的临界应力提高为原来的四倍。

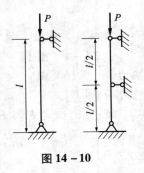

图 14-10

4. 选择合理的截面形状

（1）在压杆横截面面积 A 一定时，应尽可能使材料远离截面形心，使其惯性矩 I 增大。这样可使其惯性半径 $i = \sqrt{\dfrac{I}{A}}$ 增大，则柔度值将减小。如图 14-11 所示，当面积相

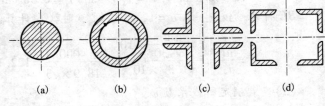

(a)   (b)   (c)   (d)

图 14-11

同时，空心圆截面[图 14-11(b)]要比实心圆合理[图 14-11(a)]；分散布置形式的组合截面[图 14-11(d)]要比集中布置形式的组合截面[图 14-11(c)]合理。

（2）压杆的失稳发生在 λ 大的纵向平面，为了提高压杆的稳定性，应使各个纵向平面内的 λ 相同或基本相同。

当压杆在各纵向平面内的约束情况相同时，应采用使各个方向的惯性矩相同的截面如圆形和方形截面。

当压杆在各纵向平面内的约束情况不相同时，应采用使各个方向的惯性矩不相同的截面如矩形和工字形截面，以与相应的约束配合。

本章小结

1. 压杆稳定的概念

$$F < F_{cr} \quad 压杆稳定 \qquad F \geqslant F_{cr} \quad 压杆失稳$$

2. 临界力的欧拉公式

$$F_{cr} = \frac{\pi^2 EI}{(\mu l)^2}$$

3. 临界应力的计算

（1）计算柔度

$$\lambda = \frac{\mu l}{i}$$

（2）计算临界应力细长杆 $\lambda \geqslant \lambda_c$，根据欧拉公式计算

$$\sigma_{cr} = \frac{\pi^2 E}{\lambda^2}$$

中长杆 $\lambda < \lambda_c$，根据抛物线经验公式计算

$$\sigma_{cr} = \sigma_s \left[1 - \alpha \left(\frac{\lambda}{\lambda_c} \right)^2 \right]$$

4. 压杆稳定计算

$$\sigma = \frac{P}{A} \leq \varphi [\sigma]$$

5. 提高压杆稳定性的措施：合理地选用材料、改善杆端约束情况、减小压杆的长度、选择合理的截面形状。

自我检测

一、选择题

1. 材料和柔度都相同的两根压杆（　　）。
A. 临界应力一定相等，临界压力不一定相等　　　B. 临界应力不一定相等，临界压力一定相等
C. 临界应力和临界压力都一定相等　　　　　　　D. 临界应力和临界压力都不一定相等

2. 两根细长压杆 a、b 的长度，横截面面积，约束状态及材料均相同，若其横截面形状分别为正方形和圆形，则二压杆的临界压力 F_{cr}^a 和 F_{cr}^b 的关系为（　　）。
A. $F_{cr}^a = F_{cr}^b$　　　　　　B. $F_{cr}^a < F_{cr}^b$　　　　　　C. $F_{cr}^a > F_{cr}^b$　　　　　D. 不可确定

3. 如图 14-12 所示直杆，其材料相同，截面和长度相同，支承方式不同，在轴向压力作用下，哪个柔度最大，哪个柔度最小？下列四种答案中正确的是（　　）。
A. λ_a 大，λ_c 小　　　B. λ_b 大，λ_d 小　　　C. λ_b 大，λ_c 小　　　D. λ_a 大，λ_b 小

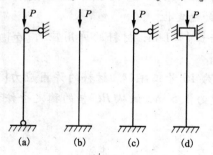

（a）　（b）　（c）　（d）

图 14-12

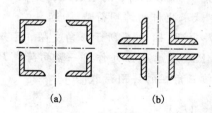

（a）　　　　　　（b）

图 14-13

4. 由四根相同的等边角钢组成一组合截面压杆。若组合截面的形状分别如图 14-13（a）、（b）所示，则两种情况下其（　　）。
A. 稳定性不同，强度相同　　　　　　　　B. 稳定性相同，强度不同
C. 稳定性和强度都不同　　　　　　　　　D. 稳定性和强度都相同

5. 判断压杆属于细长杆，还是中长杆的依据是（　　）。
A. 柔度　　　　　　B. 长度　　　　　　C. 横截面尺寸　　　D. 临界应力

二、填空题

1. 细长压杆由于其轴线不能维持原有直线形状的平衡状态而丧失工作能力的现象叫做_____。

2. 在压杆的稳定计算中，柔度越大，则表示杆越细长，临界应力越_____，压杆越容易失稳。

3. 压杆的柔度反映了压杆的_____、_____、_____等因素对临界应力的影响。

4. 若将细长压杆的长度增加一倍，其临界压力为原来的_____倍。

5. 正方形截面细长压杆，若截面的边长由 a 增大到 $2a$ 后仍为细长杆（其他条件不变），则杆的临界应力为原来的_____倍。

三、计算题

1. 一细长木杆长 $l = 3.8$ m，截面为圆形，直径 $d = 100$ mm，材料的 $E = 10$ GPa，试分别计算下列情况下木杆的临界力和临界应力：

（1）两端铰支；

（2）一端固定、一端铰支。

2. 一细长压杆一端固定、一端铰支，截面为№22a 工字钢，杆长 $l = 4.5$ m，材料的 $E = 200$ GPa，试计算压杆的临界力和临界应力。

3. 图 14 – 14 所示为两根材料、长度和约束都相同的细长压杆，（a）杆的横截面是直径为 d 的圆，（b）杆的横截面是 $d \times d/2$ 的矩形，试问（a）、（b）两杆的临界力之比为多少？

4. 一端固定，一端自由的矩形截面受压木杆，已知杆长 $l = 2.8$ m，截面尺寸 $b \times h = 100$ mm $\times 200$ mm，轴向压力 $P = 20$ kN，木材的许用应力 $[\sigma] = 10$ MPa，试校核该杆的稳定性。

5. 图 14 – 15 所示三角支架中，BD 杆为圆截面钢杆，已知 $P = 10$ kN，BD 杆材料的许用应力 $[\sigma] = 160$ MPa，直径 $d = 40$ mm，试校核 BD 杆的稳定性。

6. 一圆形压杆，两端固定，直径 $d = 40$ mm，杆长 $l = 1$ m，材料的许用应力 $[\sigma] = 160$ MPa，试求此杆的许用荷载。

7. 如图 14 – 16 所示三角支架，已知其压杆 BC 为 16 号工字钢，材料的许用应力 $[\sigma] = 160$ MPa，在结点 B 处作用一竖向荷载 P，BC 杆长度为 1.5 m，试从 BC 杆的稳定条件考虑，计算该三角架的许用荷载 $[P]$。

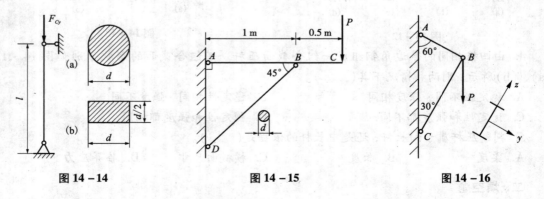

图 14 – 14　　　　　　　　图 14 – 15　　　　　　　　图 14 – 16

第三部分 结构力学

支承荷载起骨架作用的构件或由其组成的整体都称为**结构**。房屋中的梁、柱、屋架、基础等构件,以及由这些构件所组成的体系都是结构的具体例子。图 15 - 1 就是由吊车梁、柱、屋架以及基础等构件组成的工业厂房结构示意图。

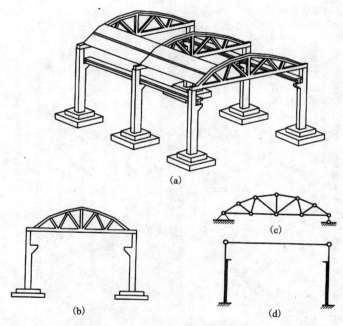

图 15 - 1 工业厂房结构示意图

由杆件组成的结构称为**杆系结构**。当组成结构的各杆轴线都在同一平面时,称为**平面杆系结构**。

本部分主要研究杆系结构的以下几个方面:

(1)结构计算简图的合理选择。

(2)分析杆系结构的组成规律,以便选择合理的结构形式。

(3)分析结构的内力和变形的计算方法,以便进行强度、刚度和稳定性的计算。

第15章　结构的计算简图

实际结构是很复杂的，完全按照结构的实际情况进行力学计算是不可能的，也是不必要的。因此，在对实际结构进行力学计算之前，必须加以简化，略去一些不重要的细节，显示其主要特征，用一个简化了的图形来代替实际结构，这种图形称为结构的计算简图。计算简图的选择直接影响到计算的工作量和精确度，因此，必须慎重选择。

一、选择计算简图的原则

（1）计算简图要尽可能反映实际结构的受力情况和变形特征，以使计算结果接近实际情况。

（2）分清主次，略去一些次要因素的影响，力求使计算简便。

二、计算简图的简化内容

将实际结构简化为计算简图，通常包括以下几个方面的内容：

1. 结构体系的简化

结构体系的简化包括平面简化、杆件的简化及结点的简化等。

（1）平面简化。一般的结构都是空间结构，各部分相互连接成为一个空间整体，以承受各个方向可能出现的荷载。但是，当空间结构在某平面内的杆系结构主要承担该平面内的荷载时，可以把空间结构分解为若干个平面结构进行计算，这种简化称为平面简化。

如图15-2(a)所示为一仓库房屋骨架示意图，也是工程中常见的一个空间结构。其上面的重量和屋面承受的荷载等由屋面板传到各横向刚架上，然后再传到基础。因此主要受力

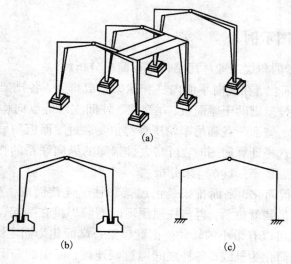

(a)

(b)　　　(c)

图 15-2

的部分是横向刚架，通常进行受力分析时可略去各横向刚架之间的纵向联系作用，把原来的空间结构简化为一系列的平面刚架[见图15-2(b)]来分析。

（2）杆件简化。杆件结构中的杆件，由于其横截面尺寸通常远比长度小很多，所以，在计算简图中杆件可用其轴线来表示，杆件的长度则按轴线交点间的距离计取。杆件的自重或作用在杆件的荷载，按作用在杆件的轴线上来考虑。例如图15-2(b)所示的平面刚架，各杆件就可以简化为轴线，如图15-2(c)所示。

（3）结点的简化。结构中杆件间相互连接的部分称为结点。根据结点的实际构造，通常简化为铰结点和刚结点。被连接的杆件在连接处不能相对移动，但可以相对转动，这种连接可简化为铰结点，如图15-3所示。被连接的杆件在连接处既不能移动，也不能转动，这种连接简化为刚结点，如图15-4所示。

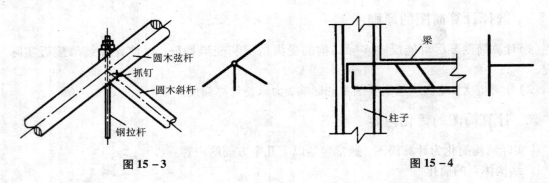

图15-3　　　　　　　　　　　　　　　　　图15-4

2. 支座的简化

支座有四种形式：固定铰支座、可动铰支座、固定端支座和定向支座，其计算简图可参看第1章相关内容。

3. 荷载的简化

作用在结构上的实际荷载比较复杂，根据实际受力情况，常可将荷载简化为集中荷载或分布荷载等。

三、结构计算简图示例

将图15-1(a)所示的单层工业厂房结构进行简化分析。

（1）对其进行平面简化，在横向平面内柱和屋架组成排架，各排架沿车间纵向以一定间距有规律地排列，这些排架借助于屋面板、吊车梁、柱间支承等纵向构件就连接成一个空间结构。从荷载传递来看，屋面荷载和吊车轮压等都主要通过屋面板和吊车梁等构件传递到一个个横向排架上，故在选择计算简图时，可略去排架间的纵向联系的作用，把空间结构简化为一系列的平面排架[见图15-1(b)]来分析。

（2）对平面排架进行简化，平面排架是由屋架和柱子连接而成，首先分析屋架的简化。屋架采用预埋钢板，在吊装就位后，再与柱顶预埋的钢筋焊接在一起，则屋架端部与柱顶不能发生相对线位移，但可以有微小的转动。因此屋架一端简化为固定铰支座，另一端简化为可动铰支座，屋架各杆简化为轴线，各杆之间通过铰连接，屋架的简图如图15-1(c)所示。其次讨论柱子的计算简图。由于上下两段柱的截面不同，因此上下柱应分别用一条通过各自截面形心的轴线来表示。由于屋架的刚度很大,相应的变形很小,因此认为两柱顶之间的距离在受荷载前后没有变化,即用 $EA = \infty$ 的梁来代替该屋架。经过上述处理,该排架的计算简图如图 15 - 1(c)所示。

四、平面杆系结构的分类

平面杆系结构中所有杆件的轴线都在同一平面内,且荷载也作用在此平面内。

常见平面杆系结构有以下几种:

1. 梁

梁是一种受弯构件,可以是单跨的[图 15 - 5(a)、(b)],也可以是多跨的[图 15 - 5(c)、(d)]。

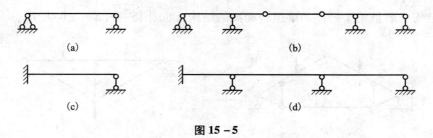

图 15 - 5

2. 拱

拱是一种杆轴为曲线且在竖向荷载作用下,会产生水平约束力的结构[图 15 - 6(a)、(b)]。

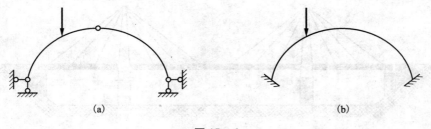

图 15 - 6

3. 桁架

桁架是若干直杆组成,各杆相连接处的结点均为铰结点的结构。如图 15 - 7 所示屋架桁架的一种,在结点荷载作用下,各杆的内力只有轴力。

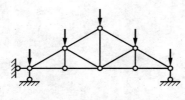

图 15 - 7

4. 刚架

刚架通常由若干直杆组成,各杆相连接处的结点为刚结点。如图 15 – 8(a)、(b)所示,组成刚架的各杆的内力有弯矩、剪力、轴力。

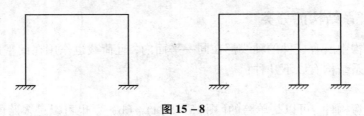

图 15 – 8

5. 组合结构

组合结构一般是桁架杆件和梁组合而成的结构,如图 15 – 9(a)、(b)所示。

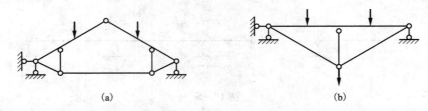

(a)   (b)

图 15 – 9

6. 悬索结构

主要承重构件为悬挂在塔、柱上的缆索,索只承受轴向拉力,如图 15 – 10 所示。

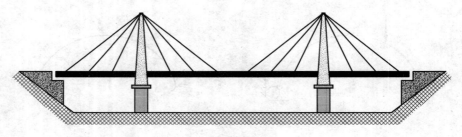

图 15 – 10

第16章　平面体系的几何组成分析

【学习目标】

1. 领会几何不变体系、几何可变体系、瞬变体系和刚片、约束、自由度等概念。
2. 掌握无多余约束的几何不变体系的几何组成规则，及常见体系的几何组成分析。
3. 领会结构的几何特性与静力特性的关系

16.1　分析几何组成的目的

一、几何不变体系和几何可变体系

杆系结构是由杆件相互连接用来支承荷载的。设计时必须保持结构原有的几何形状和位置。因此，由杆件组成体系时，并不是无论怎样组成都能作为工程结构使用的。图16－1(a)所示的体系受荷载时容易发生侧倾，则不能作为工程结构使用；加一根斜杆，形成图16－1(b)所示体系在荷载作用下仍能保持其原来的几何形状和位置，从而可以作为工程结构使用。

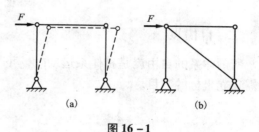

图16－1

由杆件组成的体系可以分为两类：

1. 几何不变体系

在忽略变形的前提下，在任何外力作用下，若体系都能保证其形状或位置不变，则该体系称为几何不变体系。如图16－1(b)所示。

2. 几何可变体系

在忽略变形的前提下，在某种外力作用下，若体系不能保证其形状或位置不变，则该体系称为几何可变体系。如图16－1(a)所示。

二、体系几何组成分析的目的

结构必须是几何不变体系，所以，对结构进行分析计算，必须首先分析判别它是否是几何不变的。这种分析判别体系是否几何不变的过程称为体系的几何组成分析，其目的在于：

(1)保证结构的几何不变性，以确保结构能承受荷载并维持平衡。

(2)根据体系的几何组成，以确定结构是静定的还是超静定的，从而选择约束力与内力的计算方法。

(3)通过几何组成分析，明确结构的构成特点，从而选择结构受力分析的顺序。

16.2 几何组成分析的几个概念

一、刚片

在进行几何组成分析时，由于不考虑材料的应变，因而组成结构的某一杆件或者已经判明是几何不变的部分，均可视为**刚体**。平面的刚体又称**刚片**。

在应用分析时，应当注意刚片的形状是可以任意替换的。

想一想，在对体系进行几何组成分析时，能不能用一根链杆代替一个刚片。图 16-2 所示三个图形是否可以替换？替换时应注意什么？

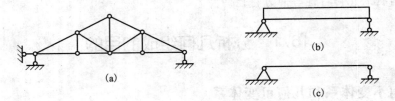

图 16-2

二、自由度

所谓体系的**自由度**是指体系运动时，可以独立改变的几何参数的数目，即确定体系位置所需独立坐标的数目。

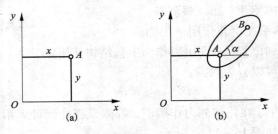

图 16-3

平面内的一个点，要确定它的位置，需要有 x，y 两个独立的坐标图 16-3(a)，因此，一个点在平面内有两个自由度。

确定一个刚片在平面内的位置则需要有三个独立的几何参变量。如图 16-3(b)，在刚片上先用 x，y 两个独立的坐标确定 A 点的位置，再用倾角 α 确定通过 A 点的任一线段 AB 的位置，这样，刚片的位置便完全确定了。因此，一个刚片在平面内有三个自由度。地基也可以看作是一个刚片，但这种刚片是不动刚片，它的自由度为零。

由以上分析可见，凡体系的自由度大于零，则可以发生运动，位置是可以改变的，即都是几何可变体系。

三、约束

能使体系减少自由度的装置称为**约束**。减少一个自由度的装置称为一个约束，减少若干个自由度的装置，就相当于若干个约束。工程中常见的约束有以下几种：

(1)**链杆**：一根链杆或一个可动铰支座(一根支座链杆)使刚片减少一个自由度，因此，一根链杆相当于一个约束，如图 16 – 4(a)所示。

(2)**固定铰支座**：一个固定铰支座使刚片减少两个自由度，相当于两个约束，亦相当于两根链杆，如图 16 – 4(b)所示。

(3)**固定端支座**：一个固定端支座使刚片减少三个自由度，因此，一个固定端支座相当于三个约束，亦相当于三根链杆，如图 16 – 4(c)所示。

(4)**单铰**：一个单铰使刚片减少两个自由度，一个单铰相当于两个约束，亦相当于两根链杆，如图 16 – 4(d)所示。

(5)**单刚结点**：一个单刚结点使刚片减少三个自由度，因此，一个单刚结点相当于三个约束，亦相当于三根链杆，如图 16 – 4(e)所示。

(6)**复铰**：若一个复铰上连接了 n 个刚片，则该复铰具有 $2(n-1)$ 个约束，等于 $(n-1)$ 个单铰的作用，如图 16 – 4(f)所示。

(7)**复刚结点**：若一个复刚结点上连接了 n 个刚片，则该复刚结点具有 $3(n-1)$ 个约束，等于 $(n-1)$ 个单刚结点的作用，如图 16 – 4(g)所示。

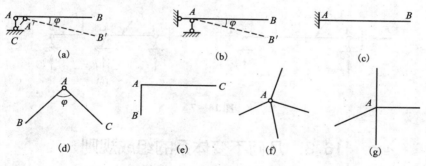

图 16 – 4

四、实铰和虚铰

如图 16 – 5(a)所示，两个刚片用一个铰相连，此铰相当于两根链杆 1、2，如图 16 – 5(b)所示，链杆 1、2 的实际交点 A 称为**实铰**。

如图 16 – 5(c)所示，两个刚片由两根链杆相连，这两根链杆延长线的交点 A 称为**虚铰**。图 16 – 5(c)与图 16 – 5(b)等效，两刚片的联结点仍为 A 点。

当连接两个刚片的两根链杆平行时[图 16 – 5(d)]，则认为此虚铰在无穷远处。

五、静定结构与超静定结构

不能使体系自由度减少的装置称为**多余约束**。如图 16 – 6(a)所示，一个点 A 在平面内有两个自由度，若用两根不共线的链杆 1、2 将其与地基相连，A 点被固定，减少了两个自由

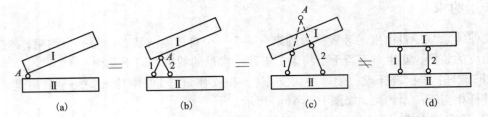

图 16-5 实铰和虚铰

度。若用三根链杆 1、2、3 与地基相连[图 16-6(b)]，仍然减少两个自由度，所以其中必有一根链杆是多余约束。在图 16-6(b)中，有无链杆 3，体系均是几何不变体系，所以也可以这样理解，多余约束就是不影响体系几何不变性的约束。

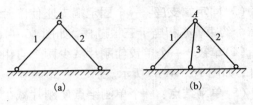

图 16-6

静定结构：只需要利用静力平衡条件就能计算出结构的全部支座约束力的结构称为静定结构。其几何组成特征是几何不变且无多余约束，如图 16-7(a)所示。

超静定结构：若结构的全部支座约束力和杆件内力不能只由静力平衡条件来确定的结构称为超静定结构。其几何组成特征是几何不变有多余约束，如图 16-7(b)所示。

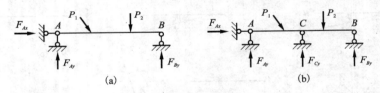

图 16-7

16.3 几何不变体系的组成规则

铰接三角形是最基本的几何不变体系，几何不变体系的简单组成规则都可以利用铰接三角形分析而得出。

一、几何不变体系的简单组成规则

规则一：二元体规则。

一个点和一个刚片用两根不共线的链杆相连，组成几何不变体系，且无多余约束[图 16-8(a)]。这种几何不变体系称为二元体。

规则二：两刚片规则。

两刚片用一个铰和一根链杆相连，且铰和链杆不在同一直线上，组成几何不变体系，且无多余约束[（图 16-8(b)]。

规则三：三刚片规则。

三刚片用三个不共线的铰两两相连，组成几何不变体系，且无多余约束[图 16-8(c)]，

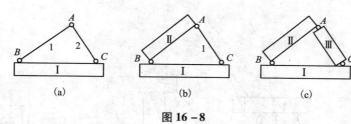

图 16 – 8

这种几何不变体系称为铰接三角形。

二、瞬变体系与常变体系

在二元体规则中强调用不共线的
两根链杆相连方可组成几何不变体系，
如图 16 – 9（a）所示，如果点 A 是由两
根共线的链杆 BA、CA 与刚片 I 相连，
显然，当 A 处受到竖向荷载作用时，点
A 会沿竖向作微小的移动，这说明体系
为几何可变体系。不过当 A 发生微小

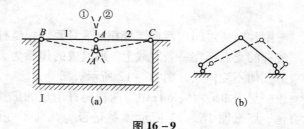

图 16 – 9

移动至 A' 点时，两根链杆将不再共线，运动亦将不继续发生。这种在某一瞬时经过微小移动
后不再能继续移动的体系称为瞬变体系。

除瞬变体系以外的几何可变体系均可称为常变体系，如图 16 – 9（b）所示体系为常变体
系。瞬变体系和常变体系都是几何可变体系，都不能作为结构使用。

三、虚铰在几何不变体系组成规则的应用

1. 两刚片规则的推广

利用虚铰的概念，两刚片规则还可表述为：两刚片用三根不交于
一点且不互相平行的链杆相连，组成无多余约束的几何不变体系，如
图 16 – 10 所示。

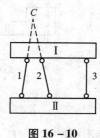

如图 16 – 11（a）所示，I 和 II 两刚片是由交于 A 点的三根链杆相
连，显然，刚片 I 可以绕实铰 A 无限制地转动，所以此体系为常变
体系。

图 16 – 10

图 16 – 11（b）所示，刚片 I、II 是由三根链杆 1、2、3 相连，三根
链杆有一个虚铰 A，刚片 I 相对刚片 II 绕 A 点作微小的转动后，三根链杆不再交于一点，两
刚片不能继续转动，所以原体系为瞬变体系。

图 16 – 11（c）所示的体系，两刚片 I、II 是由三根平行且等长链杆 1、2、3 相连接，两刚
片可以作相对移动直至重叠，因此原体系为常变体系。

图 16 – 11（d）所示的体系为两刚片由三根平行但不等长的链杆相连，刚片 I 相对刚片 II
可作微小移动，体系为可变体系，但经过微小的移动后，三根链杆不再平行，体系成为不变
体系，因此，原体系为瞬变体系。

2. 三刚片规则的推广

利用虚铰的概念，三刚片规则还可表述为：

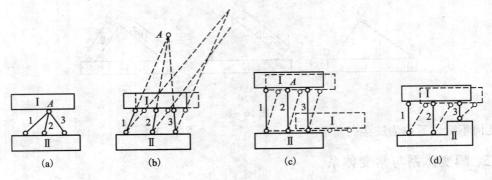

图 16-11

三刚片两两之间用两根链杆相连,只要六根链杆中每两根链杆的交点不在一条直线上,则组成的体系为无多余约束的几何不变体系。图 16-12 所示。

想一想,如果六根链杆中每两根链杆组成的虚铰是在无穷远,那么图 16-13 所示体系是否为几何不变体系?下面我们来分别讨论图 16-13 所示的三种情况。

(1)有一个虚铰在无穷远

如图 16-13(a)所示,连接Ⅰ、Ⅱ刚片的两平行链杆

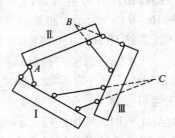

图 16-12

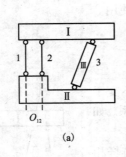
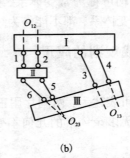
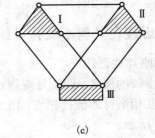

图 16-13

1、2 组成的虚铰 O_{12} 在无穷远。如将Ⅲ刚片看成一链杆 3,3 与链杆 1、2 不平行,体系为无多余约束的几何不变体系;如Ⅲ刚片与链杆 1、2 平行,体系则为瞬变体系;如Ⅲ刚片与链杆 1、2 平行且等长,则体系为常变体系。

(2)有两个虚铰在无穷远

如图 16-13(b)所示,连接刚片Ⅰ、Ⅱ的虚铰 O_{12} 及连接Ⅰ、Ⅲ刚片的虚铰 O_{13} 均在无穷远,但连接Ⅱ、Ⅲ刚片的虚铰 O_{23} 不在无穷远。若链杆 1、2 与链杆 3、4 不平行,则体系为无多余约束的几何不变体系;若链杆 1、2 与链杆 3、4 平行但不等长,则体系为瞬变体系;若链杆 1、2 与链杆 3、4 平行且等长,则体系为常变体系。

(3)有三个虚铰在无穷远

如图 16-13(c)所示,Ⅰ、Ⅱ、Ⅲ刚片各用一对平行链杆两两相连,这三对平行链杆组成

的虚铰均在无穷远,体系为几何可变体系。

16.4　几何组成分析举例

几何不变体系的简单几何组成规则,是进行几何组成分析的依据。只要能正确灵活地运用它们,便可以对各种各样的体系进行正确的几何组成分析。在进行几何组成分析时应注意从以下几个方面考虑。

一、简化体系

在对体系进行几何组成分析时,可以先简化体系再进行几何组成分析。简化体系的方法有以下几种:

(1)利用二元体规则简化体系——**拆除不影响体系几何不变性的二元体**

例 16-1　试分析图 16-14(a)所示体系的几何组成。

解:图 16-14(a)所示体系,假如 BB' 以下部分是几何不变的,则1、2链杆为二元体,亦为几何不变,故可先将二元体部分去掉,只分析 BB' 以下部分。当去掉由1、2链杆组成的二元体后,又因体系左、右完全对称,故只分析半边体系的几何组成即可。现取左半分析,如图 16-14(b)所示,AB

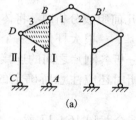
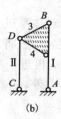

图 16-14

杆和3、4链杆组成刚片 Ⅰ,如图中影线部分。将 CD 当作刚片 Ⅱ,地基视为刚片 Ⅲ,则三刚片分别由不在一条直线上的 A、C、D 三铰两两相连,构成几何不变体系。因此,整个体系为无多余约束的几何不变体系。

(2)利用两刚片规则简化体系——**拆除不影响体系几何不变性的三支座链杆**

若体系与地基相连,只有三根不相交于同一点的支座链杆,则可拆除体系与地基的联系,只分析体系本身。因为若体系本身为一刚片,则它与地基是按两刚片规则组成的。

例 16-2　试分析图 16-15(a)所示体系的几何组成。

解:对图 16-15(a)所示屋架进行几何组成分析时,因为此体系的支座链杆只有三根且不相交于同一点,所以,若体系本身为一刚片,则它与地基是按两刚片规则组成的。因此,可只分析体系本身即可。由图 16-15(b)所示体系本身可见,1、2、3杆组成几何不变的铰接三角形,然后分别依次增加由(4,5)、(6,7)、(9,10)、(8,11)、(12,13)各对链杆组成二元体,故此屋架为无多余约束的几何不变体系。

(3)用直杆等效代换折杆和曲杆

(4)用铰约束等效代换固定铰支座

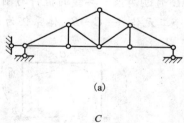

(a)

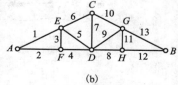

(b)

图 16-15

例 16 -3 试分析图 16 -16(a)所示体系的几何组成。

解: 对图 16 -16(a)所示体系作几何组成分析时,由观察可见: T 形杆 BDE 可作为刚片 I,折杆 AD 也是一个刚片,但由于它只用两个铰 A、D 分别与地基和刚片 I 相连,其约束作用与通过 A、D 两铰的一根链杆完全等效,如图 16 -16(a)中虚线所示。因此,可用链杆 AD 等效代换折杆 AD,同时用 A 铰等效代换固定铰支座 A。同理可用链杆 CE 等效代换折杆 CE。于是图 16 -16(a)所示体系可由图 16 -16(b)所示体系等效代换。

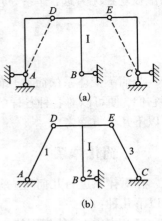

图 16 -16

由图 16 -16(b)可见,刚片 I 与地基用不交于同一点的三根链杆 1、2、3 相连,组成无多余约束的几何不变体系。

二、选择刚片

对体系进行几何组成分析时,将体系中哪些杆件看作刚片,哪些杆件看作链杆是解题的关键。一般将地基、一根大杆件、一个铰接三角形或一个已确定为几何不变的部分视为一个刚片,再进一步分析各刚片之间的连接是否满足几何不变体系的组成规则。

此外,在分析时还应注意所确定的刚片数量最多为三个,且一个刚片的范围应尽可能的大。

例 16 -4 试分析图 16 -17 所示体系的几何组成。

解:方法一: 如图 16 -17(a)所示,将地基、AC 杆和 BC 杆分别看作刚片 I、II、III,则三刚片之间两两分别由铰 A、C、B 相连,三个铰不共线,符合三刚片规则,体系为无多余约束的几何不变体系。

方法二: 如图 16 -17(b)所示,将地基和 AC 杆分别看作刚片 I 和刚片 II,CB 杆看作链杆,则刚片 I、II 是由铰 A 和链杆 CB 相连,符合两刚片规则,体系为无多余约束的几何不变体系。

方法三: 如图 16 -17(c)所示,利用二元体规则,将地基看作刚片,AC、BC 杆看作链杆,则点 C 通过两根不共线的链杆与刚片相连,组成无多余约束的几何不变体系,或在地基上增加一个二元体 A—C—B,体系仍为无多余约束的几何不变体系。

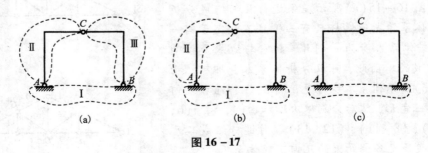

图 16 -17

例 16 -5 试分析图 16 -18 所示体系的几何组成。

解: 图 16 -18 中有两个铰接三角形 ACE 和 BDF,将其分别看作刚片 I、II,则两刚片由三根链杆 CD、EF、AB 相连，三根链杆平行不等长，因此原体系为瞬变体系。

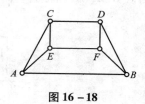

图 16-18

从例 16-1 到 16-5 题都是采用先简化体系，再选择刚片，然后判断各刚片之间的联系是否满足几何不变体系的组成规则的方法来分析体系的，因此本书中把这种从内部刚片出发进行几何组成分析的方法称为"找刚片法"。

三、从能直接观察出的几何不变部分出发进行分析

从能直接观察出的几何不变部分开始，应用体系组成规律，逐步扩大不变部分直至整体，这种从地基出发进行几何组成分析的方法可以称为"扩大刚片法"。

能直接观察出的几何不变部分有如下几种：

1. 与地基相连的二元体

如图 16-19(a)所示的三角桁架。是用不在同一直线上的两链杆将一点和基础相连，构成几何不变的二元体。对图 16-19(b)所示桁架作几何组成分析时，观察其中 ABC 部分是由链杆 1、2 固定 C 点而形成的二元体。在此基础上，分别依次增加用链杆(3，4)、(5，6)、(7，8)组成的二元体，故此桁架为无多余联系的几何不变体系。

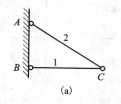
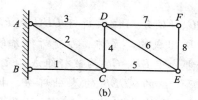

图 16-19

2. 与地基相连的一刚片

如图 16-20(a)所示简支梁，是用不交于同一点的三根链杆，将刚片和基础相连，构成几何不变体系。对图 16-20(b)所示多跨梁作几何组成分析时，观察其中 ABC 部分，它是由不交于同一点的三根链杆 1、2、3 和基础相连组成几何不变体系。于是，可以将 ABC 梁段和基础一起看成是一扩大了的基础。在此基础上，依次用铰 C 和链杆 4 连接 CDE 梁，用铰 E 和链杆 5 连接 EF 梁。由图可见，铰 C 与链杆 4 及铰 E 与链杆 5 均不共线，满足两刚片组成规则，故由此组成的多跨梁属无多余联系的几何不变体系。

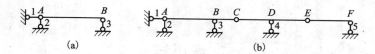

图 16-20

3. 与地基相连的二刚片

如图 16-21(a)所示的三铰刚架，是用不在一条直线上的三个铰，将两刚片和基础三者之间两两相连构成几何不变体系。对图 16-21(b)所示体系作几何组成分析时，观察出其中 ABC 部分为几何不变的三铰刚架。可以将三铰刚架 ABC 与基础一起看成是一个扩大了的基础。在此基础上，继续用不共线的铰 D、E、F 将刚片Ⅲ、Ⅳ与扩大基础两两相连。再用不共

189

线的铰 G、H、K 将刚片 Ⅴ、Ⅵ 与扩大基础两两相连，共同组成几何不变体系，且无多余约束。

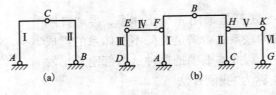

图 16-21

四、应用举例

例 16-6　试对图 16-22 所示多跨梁进行
几何组成分析。

解：将 AB 梁段看作刚片，它用铰 A 和链杆 1
与基础相连，组成几何不变体系。并将其看作扩

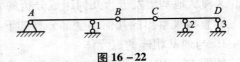

图 16-22

大基础。将 BC 梁段看作链杆，则 CD 梁段视为刚片，则扩大基础与 CD 梁段用不交于同一点
的链杆 BC、2、3 相连，组成无多余约束的几何不变体系。

例 16-7　试对图 16-23 所示体系进行几何组成
分析。

解：先用链杆 DG、FG 分别代换折杆 DHG 和 FKG，
并拆除链杆 DG、FG 所组成的二元体，再分析体系的下
半部分；体系的下半部分中 EF、CF 两链杆组成二元体，
可先拆除，最后分析体系的 $ADEB$ 的基础部分，折杆
ADE、杆 EB 与基础用三个不共线的铰 A、E、B 两两相
连，组成几何不变体系，所以整个体系为无多余约束的
几何不变体系。

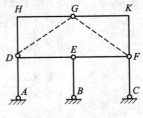

图 16-23

例 16-8　试对图 16-24 所示体系进行几何组成
分析。

解：可先拆除体系本身与地基相连的三支座链杆，
只分析体系本身即可。将 AB 看成一刚片，在刚片上增
加用链杆 1、2 组成的二元体，再增加用链杆 3、4 组成的
二元体，则链杆 5 是多余约束。因此，该体系是有一个多余约束的几何不变体系。

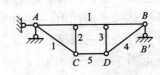

图 16-24

本章小结

1. 平面杆件体系的分类

$$
\text{体系}
\begin{cases}
\text{几何不变}
\begin{cases}
\text{无多余约束——静定结构} \\
\text{有多余结构——超静定结构}
\end{cases} \\
\text{几何可变}
\begin{cases}
\text{常变体系} \\
\text{瞬变体系}
\end{cases}
\end{cases}
$$

只有几何不变体系可用作结构。

2. 几何不变体系的简单组成规则

（1）基本原理

平面杆件体系中的铰接三角形是几何不变体系。

（2）约束

工程中常见的约束及其性质如下：

1）一个链杆相当于一个约束。

2）一个简单铰或铰支座相当于两个约束。

3）一个刚性连接或固定端相当于三个约束。

4）连接两刚片的两根链杆的交点相当于一个铰。

（3）组成规则

凡符合以下各规则所组成的体系，都是几何不变体系，且无多余约束。

1）不在一条直线上的两根链杆固定一个点。

2）两个刚片用不全平行也不全交于一点的三根链杆连接。

3）两个刚片用一个铰和不通过该铰的链杆连接。

4）三个刚片用不在一条直线上的三个铰两两相连。

应用上述组成规则时，应特别注意必须满足各规则的限制条件。

3. 分析几何组成的目的及应用

1）保证结构的几何不变性，确保其承载能力。

2）确定结构是静定的还是超静定的，从而选择确定约束力和内力的相应计算方法。

3）通过几何组成分析，明确结构的构成特点，从而选择受力分析的顺序。

自我检测

一、判断题

1. 超静定结构的几何组成特征是有多余约束的几何不变体系。（　　）

2. 因为瞬变体系只在某一瞬时发生微小位移，所以它可以用作工程结构。（　　）

3. 平面上的一个点和一个刚片的自由度均为 3 个。（　　）

4. 两根链杆和一个单铰都是两个约束，所以在进行几何组成分析时，可以认为两根链杆的约束效果和一个单铰的约束效果完全一样。（　　）

二、填空题

1. 通过几何组成分析，将体系分为＿＿＿＿＿＿＿和＿＿＿＿＿＿＿两种，只有＿＿＿＿＿＿＿才能作结构。

2. 几何不变体系可以分为＿＿＿＿＿结构和＿＿＿＿＿结构。

3. 在几何组成分析时，认为地基是自由度为＿＿＿＿＿的刚片。

4. 连接 n 根杆（或刚片）的复铰相当于＿＿＿＿＿个单铰，相当于＿＿＿＿＿根链杆。

三、选择题

1. 在一结构体系中加一个"二元体"组成一新体系，则新体系的自由度。（　　）

A. 与原体系相同

B. 是原体系自由度减 1

C. 是原体系自由度加 1

D. 是原体系自由度减 2

2. 如图 16 – 25 所示体系的几何组成为（　　）。

A. 有多余约束的几何不变体系

B. 无多余约束的几何不变体系

C. 瞬变体系

D. 可变体系

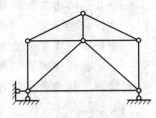

图 16 – 25

3. 当两个刚片用三根链杆相联时，有下列（　　）情形属于几何不变体系。

A. 三根链杆交于一点

B. 三根链杆完全平行

C. 三根链杆完全平行，但不全等长

D. 三根链杆不完全平行，也不全交于一点

4. 在图 16 – 26 各体系中，有（　　）所示体系不属于几何不变体系。

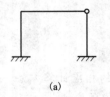　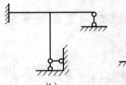　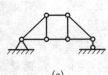　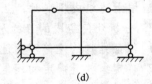

(a)　　　　　　　(b)　　　　　　　(c)　　　　　　　(d)

图 16 – 26

5. 试分析图 16 – 27 所示体系的几何组成。（　　）

A. 几何不变体系，有 1 个多余约束

B. 几何可变体系，有 1 个多余约束

C. 几何不变体系，有 2 个多余约束

D. 几何不变体系，无多余约束

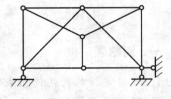

图 16 – 27

四、分析题

试对以下各图所示平面体系作几何组成分析，如果体系是几何不变的，确定有无多余约束，有多少个多余约束。

1.

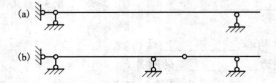　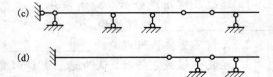

图 16 – 28

2.

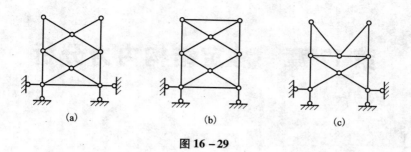

(a)   (b)   (c)

图 16 – 29

3.

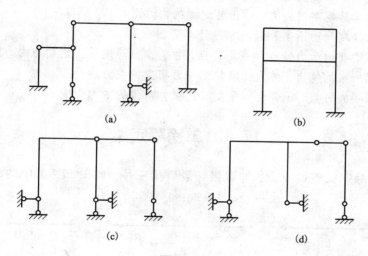

(a)   (b)

(c)   (d)

图 16 – 30

4.

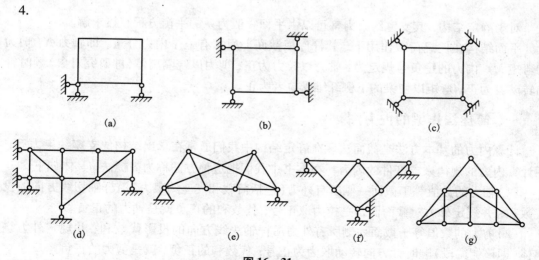

(a)   (b)   (c)

(d)   (e)   (f)   (g)

图 16 – 31

第17章 静定结构内力分析

【学习目标】

1. 能正确分析多跨静定梁各部分之间的从属关系，明确力的传递途径。
2. 能正确计算静定梁的内力，作出静定梁的内力图。
3. 能够认识静定平面刚架及绘制相应计算简图。
4. 正确认识刚架的受力特点和变形特点，并能作出静定平面刚架的内力图。
5. 正确认识桁架的特点，并能计算静定平面桁架的内力。
6. 正确认识拱的特点，能领会水平支座约束力对拱的内力影响。

17.1 单跨静定梁

常见的单跨静定梁有简支梁、伸臂梁和悬臂梁三种，如图 17 – 1 中的(a)、(b)、(c)所示。

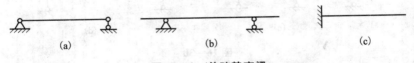

(a)　　　　　　　　　(b)　　　　　　　　　(c)

图 17 – 1 单跨静定梁

对于静定结构，其支座约束力都可以由平面一般力系的平衡方程直接求解。

平面结构在任意荷载作用下，其杆件横截面上通常有三个内力分量，即轴力 N，剪力 Q 和弯矩 M。内力的正负号规定为：轴力以拉力为正；剪力以绕隔离体(即研究对象)顺时针方向转动者为正；弯矩以使梁的下侧纤维受拉者为正。

一、简捷法作梁的内力图

计算内力的基本方法是截面法。在静定结构中我们通常在求出结构的支座约束力后，再用计算内力的规律来求杆件的内力。在本书中我们把这种方法称为简捷法，具体如下：

(1)轴力的数值等于截面一侧所有外力(包括荷载和支座约束力)沿杆轴切线方向的投影代数和；并规定外力对截面而言是拉力取正号；代数和的正负就是轴力的正负。

(2)剪力的数值等于截面一侧所有外力沿杆轴法线方向的投影代数和；并规定外力绕隔离体(即该侧梁段)顺时针方向转动取为正号；代数和的正负，就是剪力的正负。

(3)弯矩的数值等于截面一侧所有外力对截面形心之矩的代数和；并规定外力使所研究的梁段产生下凸变形(即梁下侧受拉)为正，该梁段是指从外力作用点到要求内力的截面，并将外力作用点视为自由端，要求内力的截面视为固定端，使该梁段成为一根悬臂梁以便于判别变形；最后若代数和为正，则该截面弯矩为正，梁下侧受拉。

梁内力图的形状特征和梁上荷载的关系见表 17 – 1。

表 17 – 1 梁内力图的形状特征和梁上荷载的关系

梁上荷载情况	无横向外力区段	横向均布力作用区段	横向集中力作用处	集中力偶作用处	铰结处
剪力图	水平线	斜直线	为零处	有突变	无变化	无影响
弯矩图	一般为斜直线	抛物线	有极值	有尖角	有突变	为零

利用以上关系作单跨静定梁内力图的方法称为简捷法。

简捷法作单跨静定梁的内力图的步骤如下：

（1）计算支座约束力，并可在计算简图上将支座约束力以正值和实际方向标注。

（2）分段：在外力改变处将梁分段，并常以各分段点作为控制截面。

（3）作剪力图。

方法一：计算出控制截面的剪力之后，根据剪力图的变化规律作出各杆段的剪力图。

方法二：从左至右，顺着外力（包括荷载和支座约束力）的方向和大小，按剪力图的变化规律可直接作剪力图，而不先计算控制截面的剪力。

（4）作弯矩图。计算出控制截面的弯矩之后，用叠加法或根据弯矩图的变化规律作出各杆段的弯矩图。

例 17 – 1 作图 17 – 2 所示简支梁的内力图。

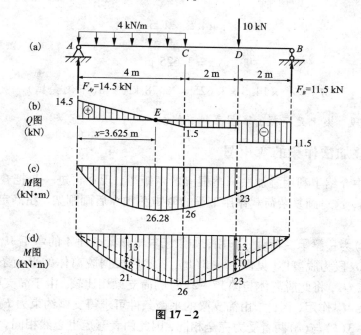

图 17 – 2

解：（1）计算支座约束力，并标注在计算简图上[图 17 – 2(a)]。

$$F_{Ay} = 14.5 \text{ kN}(\uparrow)$$

$$F_B = 11.5 \text{ kN}(\uparrow)$$

（2）分段：将梁分为 AC、CD、DB 三段。

（3）作剪力图：采用从左至右，顺着外力的方向和大小，按剪力图的变化规律直接作剪力图［图 17 - 2(b) ］。

AB 段：梁上荷载为向下的均布线荷载 Q 图画下斜直线。且在 A 截面处有支座约束力 F_{Ay}，Q 图有突变，故

$$Q_{A右} = 0 + F_{Ay} = 14.5 \text{ kN}$$
$$Q_C = 14.5 - 4 \times 4 = -1.5 \text{ kN}$$

CD 段：梁上无荷载，Q 图画水平直线。故

$$Q_{D左} = Q_C = -1.5 \text{ kN}$$

DB 段：梁上无荷载，Q 图画水平直线。且在 D 截面处有向下集中力 $10 \text{ } kN$，故

$$Q_{D右} = -1.5 - 10 = -11.5 \text{ kN}$$
$$Q_{B左} = Q_{D右} = -11.5 \text{ kN}$$

（4）作弯矩图［图 17 - 2(c) ］：

先计算控制截面的弯矩

$$M_A = 0$$
$$M_C = 14.5 \times 4 - 4 \times 4 \times 2 = 26 \text{ kN} \cdot \text{m（下侧受拉）}$$
$$M_D = 11.5 \times 2 = 23 \text{ kN} \cdot \text{m（下侧受拉）}$$
$$M_B = 0$$

AC 段：梁上荷载为向下的均布线荷载，M 图画下凸曲线，在剪力为零的截面处，弯矩有极值。

$$\frac{14.5}{x} = \frac{1.5}{4 - x}$$
$$x = 3.625 \text{ m}$$
$$M_{极} = \frac{1}{2} \times 14.5 \times 3.625 = 26.28 \text{ kN} \cdot \text{m（下侧受拉）}$$

CD 段、DB 段、梁上无荷载，M 图画斜直线。

二、区段叠加法作梁的弯矩图

在第 10 章中介绍了利用叠加法画整根梁的弯矩图，现在再进一步把叠加法推广到画某一段梁的弯矩图，这对画复杂荷载作用下梁的弯矩图和今后画刚架、超静定梁的弯矩图是十分有用的。

图 17 - 3(a) 为一梁承受荷载 q 作用，如果已求出该梁截面 A 的弯矩 M_A 和截面 B 的弯矩 M_B，则可取出 AB 段为脱离体［见图 17 - 3(b) ］，然后根据脱离体的平衡条件分别求出截面 A、B 的剪力 Q_A、Q_B，将此脱离体与图 17 - 3(c) 的简支梁相比较，由于简支梁受相同的荷载 q 及杆端力偶 M_A、M_B 作用，因此，由简支梁的平衡条件可求得支座约束力 $F_A = Q_A$，$F_B = Q_B$。

可见图 17 - 3(b) 与(c)两者受力完全相同，因此两者弯矩也必然相同。对于图 17 - 3(c)所示简支梁来讲，可用叠加法作出其弯矩图，如图 17 - 3(d)所示，因此，AB 段的弯矩图也可用叠加法作出。由此得出结论：任意梁段都可以当作简支梁，都可用简支梁弯矩图的叠加法来作该段梁的弯矩图。这种一段梁应用叠加法作弯矩图的方法称为"区段叠加法"。

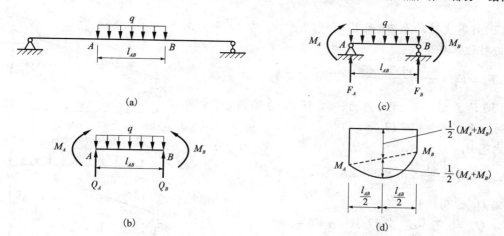

图 17 - 3

例 17 - 2　用区段叠加法作图 17 - 2 所示简支梁的内力图。

解：（1）计算支座约束力，略［图 17 - 2(a)］；

（2）分段：将梁分为 AC、CB 两段；

（3）求分段点弯矩

$$M_A = 0$$

$$M_C = 14.5 \times 4 - 4 \times 4 \times 2 = 26 \text{ kN} \cdot \text{m（下侧受拉）}$$

$$M_B = 0$$

（4）用区段叠加法作弯矩图［图 17 - 2(d)］

先画轴线，描出各分段点弯矩，因 AC 段和 CB 段均有荷载，故分别将 A、C 两点间，C、B 两点间弯矩用虚线相连（如没有荷载，则用实线相连），再以虚线为基线叠加该段梁按简支梁在荷载单独作用下的弯矩图。

其中 AC 段中点的弯矩为：

$$M_{AC中} = \frac{M_A + M_C}{2} + \frac{ql_{AC}^2}{8} = \frac{0 + 26}{2} + \frac{4 \times 4^2}{8} = 13 + 8 = 21 \text{ kN} \cdot \text{m（下侧受拉）}$$

CB 段上 D 点的弯矩为：

$$M_D = \frac{M_C + M_B}{2} + \frac{Fl_{CB}}{4} = \frac{26 + 0}{2} + \frac{10 \times 4}{4} = 13 + 10 = 23 \text{ kN} \cdot \text{m（下侧受拉）}$$

三、斜梁的内力分析

在建筑工程中，常会遇到杆轴倾斜的斜梁，如楼梯梁，坡屋顶中的斜梁。

斜梁的内力计算与内力图绘制方法同水平梁，作图时应注意纵坐标应垂直梁的轴线。

例 17 - 3　作图 17 - 4(a) 所示斜梁的内力图。

解：（1）换算荷载［图 17 - 4(b)］，

$$\cos\alpha = \frac{2}{\sqrt{5}}, \quad \sin\alpha = \frac{1}{\sqrt{5}}$$

$$q_0 = \frac{q}{\cos\alpha} = \frac{4}{\frac{2}{\sqrt{5}}} = 4.474 \text{ kN/m}$$

（2）计算支座约束力[图 17 −4(b)]

由对称性可得

$$F_A = F_B = \frac{q_0 l}{2} = \frac{4.74 \times 3}{2} = 6.7 \text{ kN}(\uparrow)$$

（3）计算任一截面的内力，取 AK 段为隔离体，利用平衡条件[图 17 −4(c)]

由 $\sum M_K = 0$

$$M_K = 6.7x - \frac{1}{2} \times 4.474x^2 = 6.7x - 2.237x^2$$

沿 Q_K 方向投影，则有

$$Q_K = 6.7\cos\alpha - 4.474x\cos\alpha = 6 - 4x$$

沿 N_K 方向投影，则有

$$N_K = -6.7\sin\alpha + 4.474x\sin\alpha = -3 + 2x$$

（4）作内力图[图 17 −4(d)、(e)、(f)]

由 M_K、Q_K、N_K 的内力方程可以看出，该斜梁的弯矩图是二次抛物线，剪力图和轴力图是斜直线，如图 17 −4(d)、(e)、(f)所示。

（5）用简捷法作内力图

弯矩图[图 17 −4(d)]

$$M_A = 0$$
$$M_B = 0$$

$$M_{AB\text{中}} = \frac{1}{8} \times 4.474 \times 3^2 = 5.03 \text{ kN} \cdot \text{m}(\text{下侧受拉})$$

剪力图[图 17 −4(e)]

$$Q_A = 6.7\cos\alpha = 6 \text{ kN}$$
$$Q_B = -6.7\cos\alpha = 6 \text{ kN}$$

轴力图[图 17 −4(f)]

$$N_A = -6.7\sin\alpha = -3 \text{ kN}$$
$$N_B = 6.7\sin\alpha = 3 \text{ kN}$$

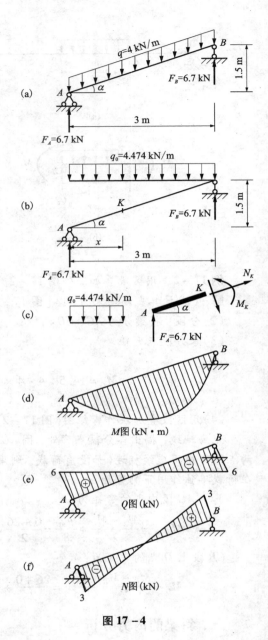

图 17 −4

17.2　多跨静定梁

【想一想】

　　在实际工程中，我们看到的梁式桥一般是由几根短梁相连而成，如图 17 −5 所示梁式桥，在受力分析时，若将其连接处简化成铰约束，试想一想，这种梁的支座约束力和内力能不能用静力平衡条件求解出来呢？我们应该从哪根短梁开始计算呢？

图 17 – 5

一、多跨静定梁的特点

多跨静定梁是由若干根单跨静定梁用铰连接而成的静定结构。它能跨越几个相连的跨度，且受力性能又优于相应的一连串的简支梁，所以在房屋建筑和公路桥梁中常被采用。

常用的多跨静定梁有图 17 – 6(a)、(d)所示的两种形式，其计算简图分别为图 17 – 6(b)和图 17 – 6(e)。图 17 – 6(c)、(f)为它们的层次图。层次图形象地反映了多跨静定梁中各杆之间的依赖关系。

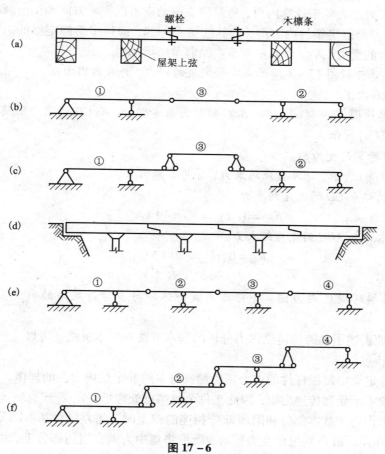

图 17 – 6

1. 基本部分与附属部分

如图 17-6(c)所示①外伸梁是与基础相联的几何不变部分，称为**基本部分**；而③是由①和②支承的，它们需要依靠基本部分的支承才能保持其几何不变性，故称为**附属部分**。同理，图 17-6(f)所示①为基本部分，而②、③、④为附属部分。

2. 多跨静定梁内力分析的顺序

多跨静定梁基本部分和附属部分的依赖关系决定了力的传递特点是：当竖向荷载作用于基本部分上时，只有基本部分受力，附属部分不受影响；而荷载作用在附属部分上时，除附属部分承受力外，其基本部分也同时承受由附属部分传来的支座约束力。这种力的传递关系在层次图中可以清楚的反应出来。而且，这一特点也决定了多跨静定梁内力分析的顺序是：先计算附属部分，将附属部分求出的支座约束力反向加于基本部分，再对基本部分进行计算。

二、多跨静定梁的内力分析

分析多跨静定梁的思路和步骤：

(1)确定多跨静定梁的基本部分和附属部分，将其拆分成若干根单跨静定梁，并从附属部分到基本部分，从上往下画出层次图。

(2)画出各单跨静定梁的受力图，按照先附属部分后基本部分的顺序，计算出各单跨静定梁的支座约束力。为便于计算内力，通常将支座约束力以实际方向和正值画出来。

(3)画出各单跨静定梁的内力图，将其连接在一起，即得多跨静定梁的内力图。在已画出各单跨静定梁的受力图后，可以从左至右绘制单跨梁的内力图。

例 17-2 试分析图 17-7 所示多跨静定梁的内力，并画其内力图。

解：(1)作层次图。

由梁的计算简图 17-7(a)可知，ABC 短梁为基本部分，而 CD 短梁为附属部分。作出层次图如图 17-7(b)所示。

(2)画各单跨梁的受力图。

如图 17-7(c)所示，计算支座约束力，并将其画出来。

先计算附属部分 CD 的支座约束力

$$F_{Cx} = 0，F_{Cy} = F_D = 40 \text{ kN}(\uparrow)$$

再计算基本部分 ABC 的支座约束力

$$F_{Ax} = 0，F_{Ay} = 20 \text{ kN}(\uparrow)$$

$$F_B = 140 \text{ kN}(\uparrow)$$

(3)绘制各单跨梁的内力图，并将其连成一体即得多跨静定梁的内力图，如图 17-7(d)、(e)。

上例详细地讲述了多跨静定梁内力分析的基本方法和基本思路。可以总结出多跨静定梁弯矩图的一些特点：

(1)多跨静定梁中每根杆件的内力图仍然符合单跨静定梁内力图的规律。

(2)由于铰不承受和传递力矩，因此在每个铰结点处弯矩一定等于零。

(3)集中力作用于基本部分和附属部分相连的铰上时，此力只对基本部分起作用，而对附属部分不起作用。故在画梁的受力图时，既可将集中力画在附属部分上，也可将其画在基本部分上。

掌握多跨静定梁内力图的特点，不仅可以帮助我们判断已作出的多跨静定梁的内力图是否正确，在梁受力简单时还可以应用这些特点及区段叠加法直接作出梁的弯矩图。

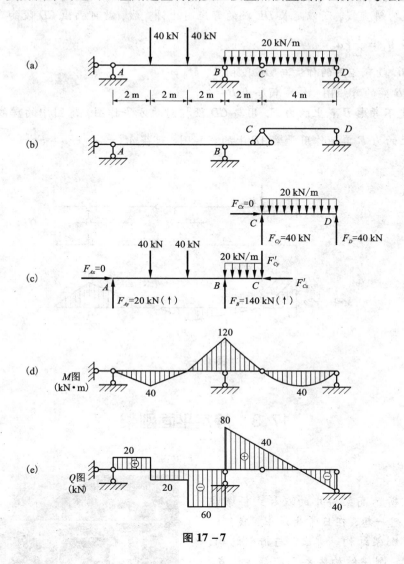

图 17 –7

例 17 –3　试作图 17 –8(a)所示多跨静定梁的弯矩图。

解：(1)分析梁上力的传递顺序

由梁的几何组成可知，*AB* 为基本部分，而 *BD*、*DF* 为附属部分。因此该多跨静定梁上力的传递顺序是：*DF→BD→AB*。

(2)作弯矩图，如图 17 –8(b)所示。作弯矩图时按力的传递顺序进行。

先作 *DF* 梁的弯矩图：作图顺序为 *F→E→D*。

EF 段：无荷载作用的梁段，弯矩图为斜直线；可由 $M_F =0$，$M_E = -Pa$(上侧受拉)直接画出。

DE 段：仍为无荷载作用的梁段，弯矩图为斜直线；由于 *D* 点为铰结点，故可得 $M_D =0$，而 *E* 点的弯矩已知，因此 *DE* 段的弯矩图为从一条从 *E* 点弯矩到 *D* 点弯矩的斜直线。

再作 BD 梁的弯矩图：作图顺序为 $D \to C \to B$。

CD 段：无荷载作用的梁段，弯矩图为斜直线；且从 C 点到 E 点均无荷载作用，因此 CE 段的弯矩图也为斜直线，所以延长 DE 段的弯矩图的斜直线，就可画出 CD 段的弯矩图，再按比例关系可知 $M_C = \dfrac{1}{2} Fa$。

BC 段：BC 段弯矩图的作法与 DE 段相同，$M_B = 0$。

最后作 AB 梁的弯矩图：作图顺序为 $B \to A$。

AB 段：先不考虑 B 点上的力 F，用与 CD 段相同的方法作图，得图中的虚线，再在虚线上叠加 B 点上的力 F 单独作用于梁 AB 上的弯矩图，可得 $M_A = -\dfrac{1}{4} Fa - Fa = -\dfrac{5}{4} Fa$。

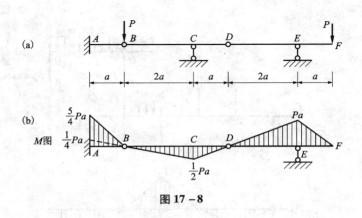

图 17-8

17.3 静定平面刚架

【想一想】

图 17-9 所示高架桥中的双柱式桥墩属于刚架结构，想一想，在日常生活中，我们还在哪里用到了刚架结构。那么，与桁架结构、排架结构相比，刚架结构体系具有哪些优点，为什么？

图 17-9

一、刚架的特点

刚架是由直杆组成的具有刚结点的结构。当组成刚架的各杆的轴线和外力都作用于同一平面内时，该刚架称为平面刚架。刚架的主要特点就是具有刚结点。刚结点的特性是汇交于刚结点上的各杆之间的夹角在结构变形前后保持不变，它可以承受和传递弯矩。

刚架的优点：

（1）从变形角度来看，在刚结点处连接的各杆不能发生相对转动，因而各杆之间的夹角在结构变形前后保持不变。如图 17-10(a) 所示刚架，其结点 B 和 C 是刚结点，因而变形前汇交于两结点的各杆相互垂直，变形后仍应相互垂直。如果把图 17 – 10（a）刚架中的刚结点改为铰结点，如图 17 – 10（b）所示，则是几何可变体系。要使它成为几何不变体系则需增加图中虚线所示的 AC 杆。可见，刚架依靠刚结点可用较少的杆件便能保持其几何不变性，而且内部空间大、便于利用。

（2）从受力角度来看，刚结点可以承受和传递弯矩，因而在刚架中弯矩是主要内力。比较同高、同跨的排架和刚架结构在同样荷载作用下的内力情况，其弯矩图如图 17 – 11 所示，由于刚架结点能承担和传递弯矩，致使横梁跨中弯矩的峰值较排架结构的小且分布均匀。并且，弯曲变形也较排架结构的小。通常刚架各杆均为直杆，制做加工也亦较方便。因此，刚架在工程中得到广泛的应用。

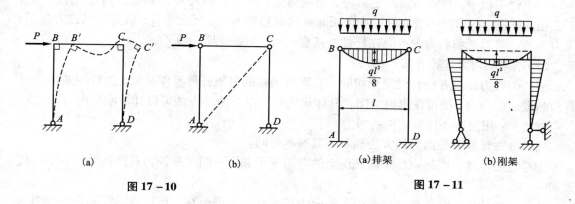

图 17 – 10　　　　　　　　图 17 – 11

二、静定平面刚架的分类：

凡由静力平衡条件即可确定全部约束力和内力的平面刚架，称为静定平面刚架。静定平面刚架分类如下：

（1）悬臂刚架［图 17 – 12（a）］，常用于火车站站台、雨棚等。

（2）简支刚架［图 17 – 12（b）］，常用于起重机的钢支架及渡槽横向计算所取的简图等。

（3）三铰刚架［图 17 – 12（c）］，常用于小型厂房、仓库、食堂等结构。

（4）组合刚架［图 17 – 12（d）］，常用于小型厂房、简易工棚等。

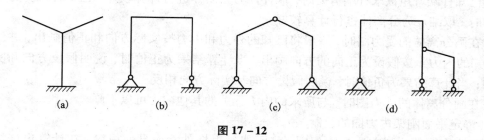

图 17 – 12

在土建工程中，平面刚架用得很普遍，而静定平面刚架又是分析超静定刚架的基础，所以，掌握静定平面刚架的内力分析方法具有十分重要的意义。

三、静定平面刚架的内力分析与内力图的绘制

1. 静定平面刚架的内力分析

(1)刚架的内力表示

刚架中的杆件多为梁式杆,杆截面内同时存在弯矩 M、剪力 Q 和轴力 N。为了明确表示各截面内力,特别为了区别相交于同一刚结点的不同杆端截面的内力,在内力符号右下角采用两个脚标,其中,第一个脚标表示内力所属截面,第二个脚标是该截面所在杆的另一端。例如 M_{AB} 表示 AB 杆 A 端截面的弯矩,M_{BA} 则表示 AB 杆 B 端截面的弯矩。

(2)刚架内力的正负号规定和绘图要求

在土建工程中,弯矩不强调正负号,绘制弯矩图时,常将弯矩图画在杆件的受拉一侧,不注正、负号。剪力以使所在杆段产生顺时针转动趋势为正,反之为负;轴力仍以拉力为正、压力为负。剪力图和轴力图可画在杆件的任意一边,但需注明正负号。

(3)刚架的内力计算方法

刚架的内力计算方法与梁完全相同。只需将刚架的每根杆件看作是梁,逐杆用截面法计算控制截面的内力,便可作出内力图。具体运用时有以下两种方法可以计算刚架内力。

方法一:用简捷法计算刚架的内力

用简捷法计算刚架内力的方法和单跨梁基本相同。

①弯矩的计算。刚架内任一横截面上的弯矩等于截面一侧所有外力对该截面形心矩的代数和。

②剪力的计算。杆件任一横截面上的剪力等于截面一侧所有与该杆件轴线垂直的外力的代数和。外力绕所考虑的部分顺时针转动时,取为正号;反之,取负号。

③轴力的计算。杆件任一横截面上的轴力等于截面一侧所有与该杆件轴线平行的外力的代数和。外力背离截面时为拉力取正号;指向截面时为压力取负号。

方法二:用截面法计算刚架的内力

将刚架在要求内力的杆端拆开,取结点或杆件为分离体进行受力分析,画出受力图,再由平衡方程求解内力。这种方法主要用于超静定结构中已求出杆端弯矩后,需求杆端剪力和杆端轴力的情况。

为便于计算,应用时应注意以下几点

①已知杆端弯矩欲求杆端剪力时,取杆件为分离体进行计算较好;已知杆端剪力欲求杆端轴力时,取结点为分离体进行计算较好。

②在画分离体的受力图时,一般将已知的外力和内力按实际方向和正值画出,并注明大小,未知的内力先按假设为正向的方向画出,当计算结果为正值时,说明假设方向和实际方向相同;当计算结果为负值时,说明假设方向和实际方向相反。

③在画分离体的受力图时,与所求的内力无关的其他内力可以不画。

2. 静定平面刚架内力图的绘制

刚架内力图的绘制方法与梁相同,将刚架每根杆件看作是一根梁,在计算出杆端内力后,也可用内力图的规律和叠加法逐杆绘制其内力图。

3. 静定平面刚架内力图的规律

刚架中每根杆件内力图的规律和单跨梁基本相同。

（1）在无荷区段：轴力和剪力是常数，轴力图和剪力图是零或者是一条平行线。当剪力图是零时，弯矩图可能是零或平行线；当剪力图是平行线时，弯矩图一定是斜线。

（2）在均布荷载区段：剪力图是斜线，弯矩图是曲线，曲线的凸向与均布荷载的指向一致。在剪力等于零的截面上，弯矩有极值。当均布荷载不与杆件轴线垂直时，轴力图是一条斜线。

（3）在刚结点处力矩应平衡。若交于刚结点的杆件只有两根，且结点上又无力偶作用，则这两杆的杆端弯矩一定相等，同为外侧受拉或内侧受拉。

现通过例题说明刚架内力计算和内力图的绘制方法。

例 17 - 4　作图 17 - 13(a)所示刚架的内力图。

解：（1）计算刚架的支座约束力，并以实际方向和正值在计算简图上标注。

$$F_{Ax} = 0, \quad F_{Ay} = P(\uparrow), \quad m_A = Pa(\curvearrowleft)$$

（2）画弯矩图

逐杆分段用简捷法计算各杆杆端弯矩，作弯矩图。

BC 杆：

$$M_{CB} = 0, \quad M_{BC} = -Pa(外侧受拉)$$

因为 BC 杆无荷载，其弯矩图为斜直线，可画出 BC 杆 M 图如图 17 - 13(b)所示。

AB 杆：

$$M_{BA} = -Pa(外侧受拉), \quad M_{AB} = -Pa(外侧受拉)$$

同样因 AB 杆中间无荷载，其弯矩图为直线，可画出 AB 杆的 M 图如图 17 - 13(b)所示。

（3）画剪力图

逐杆分段用简捷法计算各杆杆端剪力，作剪力图。

BC 杆：

$$Q_{BC} = P$$

因为 BC 杆中间无荷载，所以剪力图是平行于 BC 的直线如图 17 - 13(c)所示。

AB 杆：

$$Q_{AB} = 0$$

因为 AB 杆中间无荷载，可见全杆剪力均为零。

（4）画轴力图

逐杆分段用简捷法计算各杆杆端轴力，作轴力图。

BC 杆：

$$N_{BC} = 0$$

因为 BC 杆中间无荷载，所以全杆轴力均为零。

AB 杆：

$$N_{AB} = -P(压力)$$

因为 AB 杆中间无荷载，所以轴力图是平行于 AB 杆的直线如图 17 - 13(d)所示。

（5）校核

用截面法计算部分杆端内力，可以检查杆端内力是否正确。

杆端弯矩的计算：M_{BC} 为已知时，取 B 刚结点为分离体，作其受力图，如图 17 - 13(g)所示。因在此处杆端剪力和杆端轴力与杆端弯矩的计算无关，故在此处的 B 刚结点的受力图中

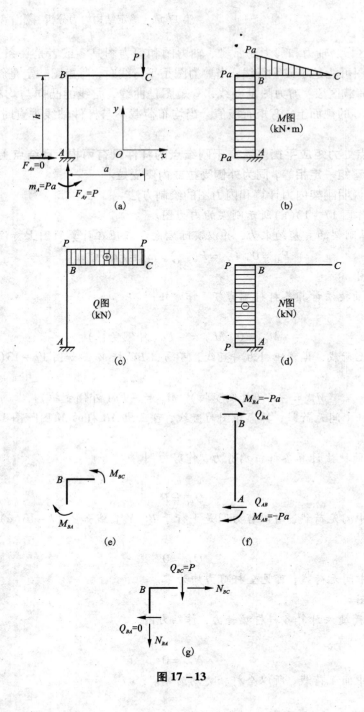

图 17 - 13

可以不画杆端剪力和杆端轴力。

由 $\sum M_A = 0$ 得

$$M_{BA} = M_{BC} = -Pa(外侧受拉)$$

计算结果与简捷法计算结果相同，结果正确。

杆端剪力的计算：杆端弯矩为已知时，取 AB 杆件为分离体，作其受力图，如图 17 - 13(f)所示。因在此处杆端轴力与杆端剪力的计算无关，故在此处 AB 杆受力图中可以不画杆端轴力。

206

由 $\sum M_A = 0$ 得 $\qquad Q_{BA} = \dfrac{Pa - Pa}{h} = 0$

由 $\sum M_B = 0$ 得 $\qquad Q_{AB} = \dfrac{Pa - Pa}{h} = 0$

计算结果与简捷法计算结果相同，结果正确。

杆端轴力的计算：杆端剪力为已知时，取 B 刚结点为分离体，作其受力图，如图 17 – 13 (g)所示。因在此处杆端弯矩与杆端轴力的计算无关，故在此处的 B 刚结点的受力图中可以不画杆端弯矩，只画杆端剪力和杆端轴力。

由 $\sum F_x = 0$ 得 $\qquad\qquad N_{BC} = 0$

由 $\sum F_y = 0$ 得 $\qquad\qquad N_{BA} = -P\,(压力)$

例 17 – 5　作图 17 – 14(a)所示刚架的内力图。

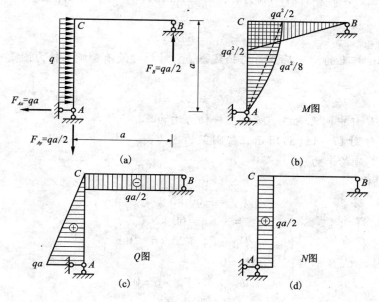

图 17 – 14

解：(1)计算支座约束力

$$F_{Ax} = qa\,(\leftarrow)$$
$$F_{Ay} = qa/2\,(\downarrow)$$
$$F_B = qa/2\,(\uparrow)$$

(2)作弯矩图

用简捷法计算各杆杆端弯矩，利用内力图的规律和叠加法作弯矩图[图 17 – 14(b)]。

AC 杆：

$$M_{AC} = 0,\ M_{CA} = qa^2 - \frac{qa^2}{2} = \frac{qa^2}{2}\,(内侧受拉)$$

弯矩图为右凸出曲线，用区段叠加法画其弯矩图。

$$M_{CA} = \frac{0 + \dfrac{qa^2}{2}}{2} + \frac{qa^2}{8} = \frac{3qa^2}{8}\,(内侧受拉)$$

207

CB 杆：
$$M_{BC} = 0, \quad M_{CB} = M_{CA} = qa^2/2(\text{内侧受拉})$$

因为 CB 杆无荷载作用，所以弯矩图是一条斜直线，将两端弯矩用直线连接起来。

（3）作剪力图

用简捷法计算各杆杆端剪力，利用内力图的规律作剪力图[图 17 – 14(c)]。

AC 杆：
$$Q_{AC} = qa, \quad Q_{CA} = qa - qa = 0$$

因为 AC 杆受均布荷载作用，所以剪力图是一条斜直线，将两端剪力用直线连接起来。

CB 杆：
$$Q_{CB} = Q_{BC} = -qa/2$$

因为 CB 杆无荷载作用，所以剪力图是一条平行线。

（4）作轴力图，计算各杆杆端轴力，利用内力图的规律作轴力图[图 17 –14(d)]。

AC 杆：
$$N_{AC} = N_{CA} = qa/2(\text{拉力})$$

因为 AC 杆上的均布荷载与杆轴线垂直，对轴力没有影响，轴力图是一条平行线。

CB 杆：
$$N_{BC} = N_{CB} = 0$$

因为 BC 杆中间无荷载，所以全杆轴力均为零。

例 17 – 6 作图 17 – 15(a)所示三铰刚架的内力图。

解：（1）求支座约束力

考虑整体平衡，

由 $\sum M_B = 0$，得 $\qquad F_{Ay} = -60 \text{ kN}(\downarrow)$

由 $\sum F_y = 0$，得 $\qquad F_{By} = -F_{Ay} = 60 \text{ kN}(\uparrow)$

由 $\sum F_x = 0$，得 $\qquad F_{Ax} - F_{Bx} + 20 \times 6 = 0$

考虑右半刚架 CEB 平衡，由 $\sum M_C = 0$
$$F_{By} \times 3 - F_{Bx} \times 6 = 0$$
$$F_{Bx} = 30 \text{ kN}(\leftarrow)$$
$$F_{Ax} = -90 \text{ kN}(\rightarrow)$$

（2）画弯矩图

AD 杆：

用简捷法求出该杆杆端弯矩，分别为
$$M_{AD} = 0$$
$$M_{DA} = 90 \times 6 - 20 \times 6 \times 3 = 180 \text{ kN·m}(\text{内侧受拉})$$

以 M_{AD} 和 M_{DA} 的连线为基线叠加简支梁在均布荷载作用下的弯矩值，即得 AD 杆的弯矩图，其跨中弯矩值
$$M_{AD}^{\text{中}} = \frac{1}{2}(180 + 0) + \frac{1}{8} \times 20 \times 6^2 = 180 \text{ kN·m}(\text{内侧受拉})$$

最终，弯矩图如图 17 –15(b)所示。

DC 杆：

由 D 结点力矩平衡得

$$M_{DC} = 180 \text{ kN} \cdot \text{m}(\text{下侧受拉})$$

C 铰处无弯矩

$$M_{CD} = 0$$

DC 杆无荷载，弯矩图应为斜直线。

CE 杆：

CE 杆无荷载，其剪力应与 DC 段相同，根据 $\dfrac{dM}{dx} = Q$ 可知，CE 杆弯矩图与 CD 杆弯矩图斜率相同。因此，CE 杆的弯矩图是 CD 杆弯矩图的延长线。

BE 杆：

由 E 结点的弯矩平衡得

$$M_{EB} = 180 \text{ kN} \cdot \text{m}(\text{外侧受拉})$$

B 是铰结点无弯矩

$$M_{BE} = 0$$

BE 杆无荷载，该段弯矩为斜直线。

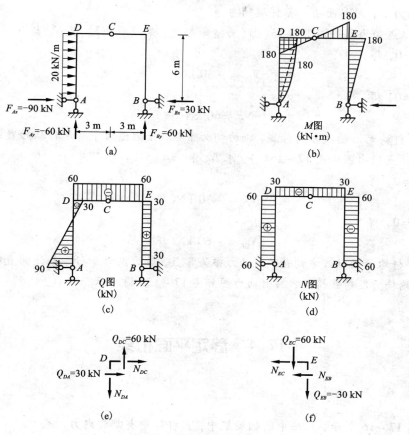

图 17-15

根据以上各杆端弯矩和杆段荷载情况，画出弯矩图如图 17-15(b)所示。

(3)画剪力图

AD 杆：用简捷法求得杆端剪力分别为

$$Q_{AD} = 90 \text{ kN}$$

$$Q_{DA} = 90 - 20 \times 6 = -30 \text{ kN}$$

AD 杆受有均匀分布荷载，剪力图应为斜线。

DC 杆：

$$Q_{DC} = -60 \text{ kN}$$

DC 杆无荷载，剪力应为常数。

CE 杆：DE 杆无荷载，故 CE 杆剪力等于 DC 杆剪力。

BE 杆：

$$Q_{BE} = 30 \text{ kN}$$

该杆无荷载，剪力为常数。

根据各杆端剪力及各杆段承受荷载情况，画出剪力图如图 17-15(c)所示。

(4)画轴力图，用截面法求各杆端轴力

①画 D 结点受力图如图 17-15(e)(为清晰起见，未画弯矩)，求 N_{DA} 与 N_{DC}：

由 $\sum F_x = 0$，得

$$N_{DC} = -30 \text{ kN}(\text{压})$$

由 $\sum F_y = 0$，得

$$N_{DA} = 60 \text{ kN}(\text{拉})$$

AD、DC 杆均无沿轴线方向荷载，轴力均为常数，轴力图为平行于杆轴的直线。

②画 E 结点受力图如图 17-15(f)，求 N_{EC} 和 N_{EB}：

由 $\sum F_x = 0$，得

$$N_{EC} = -30 \text{ kN}(\text{压})$$

由 $\sum F_y = 0$，得

$$N_{EB} = -60 \text{ kN}(\text{压})$$

EC、EB 杆均无沿轴线方向荷载，轴力亦为常数，轴力图为平行于基线的直线。

根据杆端轴力及荷载情况，画出轴力图如图 17-15(d)所示。

17.4 静定平面桁架

【想一想】

1. 如图 17-16 所示，厂房中的钢屋架中，各杆件中有哪些内力产生？

2. 如将梁离中性轴近的未被充分利用的材料掏空，就得到如图 17-17 图所示的桁架，这样做合不合理？

图 17 - 16

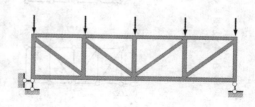

图 17 - 17

一、桁架的特点及分类

由若干直杆在两端用铰连接组成的结构称为**桁架**。如图 17 - 18 所示。

平面桁架计算中，通常引用下述假定：

（1）所有结点都是无摩擦的理想铰。

（2）所有杆轴都是在同一平面内的直线，且通过铰的中心。

（3）荷载和支座约束力都作用在结点上，且位于桁架所在的平面内。

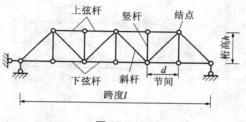

图 17 - 18

由上述假设，桁架杆件均简化为二力杆，故各杆内力均只有轴力。

这种桁架称为**理想桁架**。理想桁架由于各杆只受轴力，应力分布均匀，材料可得到充分利用。因而与梁比较，桁架节省材料，跨度大。实际的桁架与上述假定是有差别的。例如：组成桁架各杆的轴线不可能都是平直的；荷载也不一定作用在结点上；桁架结点往往是榫接、铆接或焊接而不是无摩擦的铰接等。但理论计算和实际量测结果表明，在一般情况下，用理想桁架计算可以得到令人满意的结果。

如图 17 - 18 所示组成的杆件依其所在位置的不同，可分为弦杆和腹杆两类。弦杆又可分为上弦杆和下弦杆，腹杆又可分为竖杆和斜杆。弦杆上相邻两结点的区间称为节间，桁架最高点到两支座连线的距离称为桁高。两支座之间的距离称为跨度。

按几何组成方式，静定平面桁架可分为：简单桁架、联合桁架和复杂桁架等三类。

简单桁架是由一个基本铰接三角形开始，逐次增加二元体所组成的几何不变且无多余联系的静定结构，如图 17 - 19（a）、（b）、（c）。

联合桁架是由几个简单桁架，按两刚片或三刚片所组成的几何不变且无多余联系的静定结构，如图 17 - 19（d）、（e）。

复杂桁架指的是凡不是按上述两种方式组成的，几何不变且无多余联系的静定结构，如图 17 - 19（f）、（g）。

按桁架外形可分为平行弦桁架 [图 17 - 19（c）]、三角形桁架 [图 17 - 19（d）]、折线形桁架[图17-19(b)]以及曲线形桁架[图17-19(h)]。

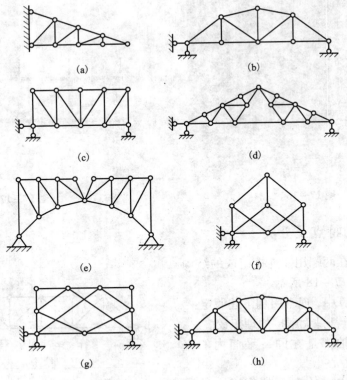

图17-19

二、桁架内力分析

桁架内力分析的数解法，主要有结点法、截面法和联合法。

在具体计算时应运用哪种方法解题比较好，我们在后面举例说明。但无论用哪种方法，都应注意一点，为便于计算，由于规定轴力的符号以使杆件受拉为正，受压为负。因此，在分离体的受力图中，对于方向已知的内力应该按照实际方向画出，标注正值；对于方向未知的内力，通常假设为拉力，如果计算结果为正值，则说明此内力为拉力，如果计算结果为负值，则说明此内力为压力。

1. 结点法

(1)结点法：截取桁架的一个结点为分离体计算杆件内力的方法。

(2)应用时应注意的问题：由于结点上的荷载、约束力和杆件内力作用线都汇交于一点，组成了一个平面汇交力系。平面汇交力系可以建立两个平衡方程式$\sum F_x = 0$和$\sum F_y = 0$，解算两个未知力。因此，应用结点法时，正确选择计算的结点是解题的关键。应从不多于两个未知力的结点开始，且在计算过程中应尽量使每次选取的计算结点，其未知力不超过两个。

(3)特殊结点：用结点法计算桁架内力时，得用某些结点平衡的特殊情况，可使计算简化。常见的特殊情况有如下几种：

①不共线的两杆结点，当结点上无荷载作用时[图17-20(a)]，则两杆内力均为零。

②由三杆构成的结点，有两杆共线，且结点上无荷载作用时[图17-20(b)]，则不共线

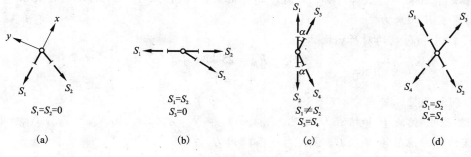

图 17 – 20

的第三杆的内力必为零，共线的两杆内力大小相等，符号相同。

　　③由四根杆构成的 K 形结点，其中两杆共线，另两杆在此直线同侧且夹角相等 [图 17 – 20(c)]，如结点上无荷载作用时，则非共线的两杆内力大小相等，符号相反。

　　④由四根杆构成的 X 形结点，各杆两两共线 [图 17 – 20(d)]，如结点上无荷载作用时，则共线两杆内力大小相等，且符号相同。

　　以上各条均可用平衡方程证明。

　　桁架中内力为零的杆件称为零杆。

　　应用以上结点平衡的特殊情况，我们可以判断桁架中的零杆。

　　如图 17 – 21(a)、(b)所示桁架中，虚线所示各杆均为零杆。

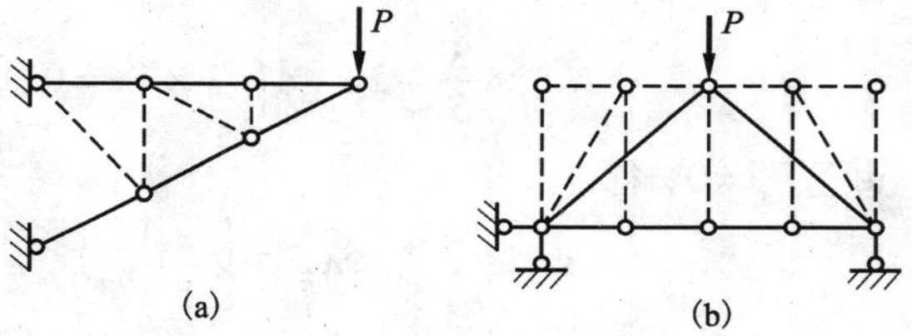

　　(4)应用举例

例 17 – 7　试用结点法求图 17 – 22(a)所示桁架各杆的内力。

图 17 – 21

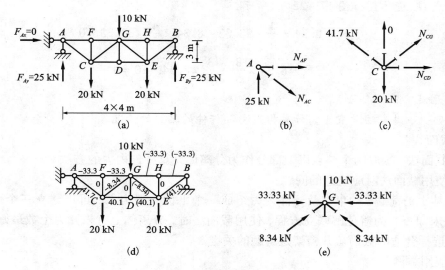

图 17 – 22

解：由于桁架和荷载都对称，只需计算半桁架各杆内力，另一半利用对称关系即可确定。

（1）求支座约束力

由于结构和荷载均对称，故

$$F_{Ay} = F_{By} = 25 \text{ kN}(\uparrow)$$

$$F_{Ax} = 0$$

（2）判别各特殊杆内力

由结点 F、结点 H 和结点 D 可见，N_{CF}、N_{EH} 和 N_{DG} 均为零，且 $N_{AF} = N_{FG}$，$N_{HG} = N_{HB}$。因此，只需计算结点 A 和结点 C，便可求得各杆内力。

（3）求内力

结点 A：受力图如图 17－22(b)所示，

由 $\sum F_y = 0$，得 $\qquad -N_{AC} \times \dfrac{3}{5} + 25 = 0$，$N_{AC} = 41.7 \text{ kN}$（拉力）

由 $\sum F_x = 0$ 得 $\qquad N_{AF} + 41.7 \times \dfrac{4}{5} = 0$，$N_{AF} = -33.3 \text{ kN}$（压力）

结点 C：受力图如图 17－22(c)所示，

由 $\sum F_y = 0$，得

$$N_{CG} \times \frac{3}{5} - 20 + 41.7 \times \frac{3}{5} = 0,\ N_{CG} = -8.34 \text{ kN}（压力）$$

由 $\sum F_x = 0$，得

$$-8.34 \times \frac{4}{5} - 41.7 \times \frac{4}{5} + N_{CD} = 0,\ N_{CD} = 40.1 \text{ kN}（拉力）$$

计算结果写于图 17－22(d)所示桁架上。（左半桁架各杆所注数字是计算成果，右半桁架各杆所注括号内的数字是根据对称关系求得成果）

（3）校核

取结点 G，受力图如图 17－22(e)所示，

$$\sum F_x = 8.34 \times \frac{4}{5} + 33.33 - 8.34 \times \frac{4}{5} - 33.33 = 0$$

$$\sum F_y = 8.34 \times \frac{3}{5} + \frac{3}{5} \times 8.34 - 10 = 0$$

计算无误。

由上可见，结点法适宜于需计算桁架全部杆件的轴力的情况。

2. 截面法

（1）截面法：截取两个结点以上部分作为分离体计算杆件内力的方法。

（2）使用截面法时应注意的问题：

分离体上的荷载、约束力及杆件内力组成一个平面一般力系，可以建立三个平衡方程，解算三个未知力。为避免解联立方程，使用截面法时，分离体上有未知力个数最好不多于三个，因此选择合适的截面截开桁架是解题的关键。

（3）应用举例

例 17－8 试用截面法求图 17－23(a)所示桁架中 a、b、c 各杆的内力 N_a、N_b、N_c。

解：（1）求支座约束力：

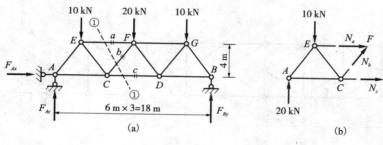

图 17 −23

由于对称，故

$$F_{Ay} = F_{By} = 20 \text{ kN } (\uparrow)$$

$$F_{Ax} = 0$$

（2）求内力

作截面①−①切断 a、b、c 三杆，取①−①以左部分为分离体，画受力图如图 17 −23（b）所示。

由 $\sum M_C = 0$，得

$$N_a \times 4 + 20 \times 6 - 10 \times 3 = 0, \quad N_a = -22.5 \text{ kN } (\text{压})$$

由 $\sum M_F = 0$，得

$$N_c \times 4 + 10 \times 6 - 20 \times 9 = 0, \quad N_c = 30 \text{ kN } (\text{拉})$$

由 $\sum Fx = 0$，得

$$N_b \times \frac{3}{5} + 30 - 22.5 = 0, \quad N_b = -12.5 \text{ kN } (\text{压})$$

（3）校核

$$\sum M_E = 20 \times 3 + 12.5 \times \frac{3}{5} \times 4 + 12.5 \times \frac{4}{5} \times 3 - 30 \times 4 = 0$$

计算无误。

总结：截面法适宜于计算指定杆件的内力。

3. 联合法

（1）联合法：联合使用截面法与结点法求解桁架内力的方法。

（2）应用范围：单用截面法或结点法不能求解桁架内力的情况下使用。

（3）应用举例：

例 17 −9　求图 17 −24（a）所示桁架中 a、b 两杆的内力。

解：（1）求支座约束力

由 $\sum M_B = 0$，得

$$F_{Ay} = 20 \text{ kN } (\uparrow)$$

由 $\sum M_A = 0$，得

$$F_{By} = 40 \text{ kN } (\uparrow)$$

（2）求杆 a 和杆 b 的内力

以截面 Ⅰ − Ⅰ 截取桁架左半部为分离体，画受力图如图 17 −23（b）所示。这时分离体上共有四个未知力，而平衡方程只有三个，不能解算。

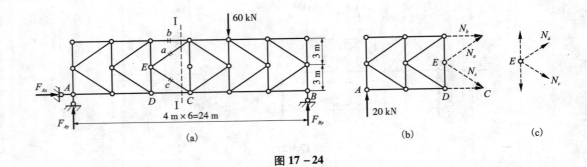

图 17 – 24

故先取 E 结点为分离体，画受力图如图 17 – 23(c)所示。
由 $\sum F_x = 0$，得

$$N_a \times \frac{4}{5} + N_c \times \frac{4}{5} = 0, \quad N_a = -N_c$$

再由截面 I – I 以左用平衡方程
由 $\sum F_y = 0$ 得

$$20 - N_c \times \frac{3}{5} + N_a \times \frac{3}{5} = 0$$

$$N_a = -16.7 \text{ kN （压力）}$$

由 $\sum M_C = 0$ 得

$$F_{Ay} \times 12 - N_a \times \frac{4}{5} \times 3 + N_a \times \frac{3}{5} \times 4 + 6 N_b = 0$$

$$N_b = -26.7 \text{ kN （压力）}$$

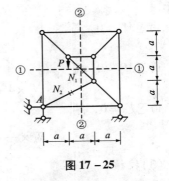

图 17 – 25

对于具体问题，选择合适的截面，可以简捷地求得欲求杆件的内力。例如欲求图 17 – 25
桁架指定杆的内力 N_1、N_2。当求得支座约束力后，可先用①—①截面取上部为分离体，这时
虽然截断四根杆，但其中有三根为彼此平行的竖杆，其内力在 x 轴上的投影均为零，因此可
利用 $\sum F_x = 0$ 求得 $N_1 = 0$，然后再用②—②截面取右半部为分离体，用 $\sum F_y = 0$ 便可求得 N_2。

四、几种桁架受力性能的比较

桁架类型较多，桁架外形对于杆件内力的大小和性质有较大的影响。现取工程中常用的
平行弦、三角形和抛物线形三种桁架，以相同跨度、相同高度、相同节间及相同荷载作用下
的内力分布[图 17 – 26(a)、(b)、(c)、(d)]加以分析比较。

平行弦桁架的内力分布很不均匀。上弦杆和下弦杆内力值均是靠支座处小，向跨度中间
增大。腹杆则是靠近支座处内力大，向跨中逐渐减小。如果按各杆内力大小选择截面，弦杆
截面沿跨度方向必须随之改变，这样结点的构造处理较为复杂。如果各杆采用相同截面，则
靠近支座处弦杆材料性能不能充分利用，造成浪费。其优点是结点构造划一，腹杆可标准
化，因此，可在轻型桁架中应用。

三角形桁架的内力亦很不均匀，端弦杆内力很大，向跨中减小较快。且端结点处上、下
弦杆的夹角小，构造较复杂。由于三角形屋架的上弦斜坡外形符合屋顶构造要求，适宜于较

216

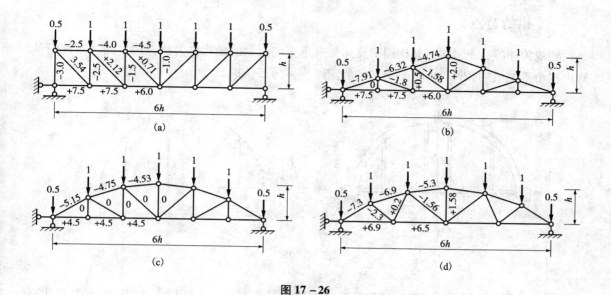

图 17 - 26

小跨度屋盖结构采用。

　　抛物线形桁架上、下弦杆内力分布均匀。当荷载作用在上弦杆结点时，腹杆内力为零；当荷载作用在下弦杆结点时，腹杆中的斜杆内力为零，竖杆内力等于结点荷载。是一种受力性能较好，较理想的结构形式。但上弦的弯折较多，构造复杂，结点处理较为困难。因此，工程中多采用的是如图 17 - 26(c)所示的外形接近抛物线形的折线形桁架，且只在跨度为 18 m 至 30 m 的大跨度屋盖中采用。

17.5　三铰拱

【想一想】

　　图 17 - 27 所示三种结构在竖向荷载作用下，哪种结构有水平支座约束力，你认为水平支座约束力对结构的内力有什么影响，是否有利？

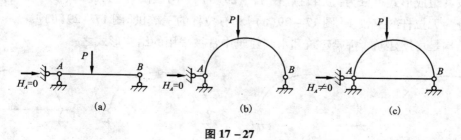

图 17 - 27

一、拱的特点

轴线为曲线，在竖向荷载作用下支座处有水平约束力的结构称为**拱**。两个曲杆刚片与基础由三个不共线的铰两两相连，组成的静定结构称为**三铰拱**。

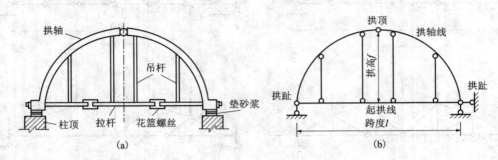

图 17 – 28

图 17 – 28(a)所示为一带拉杆的装配式钢筋混凝土三铰拱，图 17 – 28(b)所示为其计算简图。曲杆各截面形心的连线称为**拱轴线**；常用的三铰拱多是对称形式，顶铰设于跨中称为**拱顶**；两端支座处称为**拱趾**；两拱趾连线称为**起拱线**；两拱趾间的距离称为拱的跨度 l；起拱线至拱顶的距离称为拱高 f；拱高 f 与跨度 l 之比称为拱的**高跨比**。高跨比是拱的一个重要参数，工程中常用的拱结构，其高跨比一般为 $1/2 \sim 1/8$。

拱的特点：杆轴为曲线，而且在竖向荷载作用下，支座有水平约束力(或称为水平推力)。

拱结构与梁的区别，不仅在于外形不同，更重要的还在于在竖向荷载作用下是否产生水平推力。如图 17 – 27(b)、(c)所示的两结构，虽然它们的杆轴都是曲线，但图 17 – 27(b)所示结构与图 17 – 27(a)所示简支梁一样，在竖向荷载作用下，不产生水平推力，故不是拱结构，而是曲梁。图 17 – 27(c)所示结构在竖向荷载作用下将产生水平推力 F_{Ax}，故属于拱式结构。

二、拱的分类

拱按其组成形式可分为：无铰拱[图 17 – 29(a)]、两铰拱[图 17 – 29(b)]和三铰拱。三铰拱又分为无拉杆的三铰拱[图 17 – 29(c)]和有拉杆的三铰拱[图 17 – 29(d)]。

拱结构是房屋建筑、桥梁建筑和水利建筑中常被采用的结构形式之一。

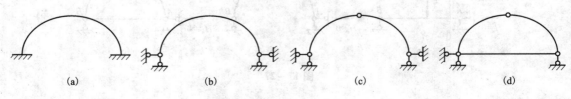

图 17 – 29

三、三铰拱的内力分析

拱截面内力正负号规定：弯矩不强调正负号；剪力以使研究对象有顺时针转动趋势时取正号，反之取负号；由于拱常受压力，故拱轴力以压为正，拉为负。

三铰拱为静定结构，其支座约束力和内力均可由平衡条件确定。现以图 17－30（a）所示的三铰拱为例说明其支座约束力和内力的计算方法。并将拱与梁[图 17－30（b）]加以比较，用以说明拱的受力特性。

1. 支座约束力的计算

由图 17－30（a）可见，三铰拱有四个支座约束力 F_{Ay}、F_{Ax}、F_{By}、F_{Bx}，需要四个方程才能计算。以全拱为分离体，可建立三个平衡方程式，然后取左半拱（或右半拱）为分离体，以铰 C 处 $\sum M_C = 0$ 的条件，建立补充方程。就能求解这四个支座约束力，可见三铰拱是静定结构。首先考虑拱的整体平衡如图 17－30（a）所示。

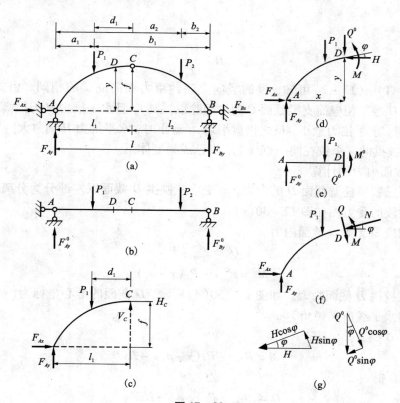

图 17－30

由 $\sum M_B = 0$，得

$$F_{Ay} = \frac{1}{l}(P_1 b_1 + P_2 b_2)$$

由 $\sum M_A = 0$ 得

$$F_{By} = \frac{1}{l}(P_1 a_1 + P_2 a_2)$$

由 $\sum F_x = 0$ 得

$$F_{Ax} = F_{Bx} = H$$

再取左半拱为分离体，作受力图如图 17 – 30(b)所示，由 $\sum M_C = 0$ 得

$$H = \frac{1}{f}(F_{Ay}l_1 - P_1d_1)$$

为了便于比较，取与三铰拱同跨度、同荷载的简支梁如图 17 – 30(b)，由平衡条件可得简支梁的支座约束力及 C 截面弯矩分别为

$$F_{Ay}^0 = \frac{1}{l}(P_1b_1 + P_2b_2)$$

$$F_{By}^0 = \frac{1}{l}(P_1a_1 + P_2a_2)$$

$$M_C^0 = F_{Ay}l_1 - P_1d_1$$

比较三铰拱与简支梁的支座约束力可见

$$F_{Ay} = F_{Ay}^0 \qquad\qquad (17-1)$$

$$F_{By} = F_{By}^0 \qquad\qquad (17-2)$$

$$H = \frac{M_C^0}{f} \qquad\qquad (17-3)$$

由式(17 – 1)、(17 – 2)可知，拱的竖向支座约束力和简支梁的相同。由式(17 – 3)可知，拱的推力 H 等于相应简支梁截面 C 的弯矩除以拱高 f，且水平推力 H 与拱高 f 成反比，拱愈高，f 愈大时，水平推力愈小，反之拱愈平坦，f 愈小时，水平推力 H 则愈大。当 $f = 0$ 时，$H = \infty$，这时三铰拱的三个铰在同一直线上，拱已成瞬变体系。

2. 任意截面内力的计算

为了计算三铰拱任意截面 D 的内力，首先取三铰拱 D 截面以左部分为分离体画受力图，其相应简支梁段的受力图如图 17 – 30(e)。

先计算相应简支梁 D 截面内力

$$Q^0 = F_{Ay}^0 - P_1$$

$$M^0 = F_{Ay}^0 x - P_1(x - a_1)$$

再计算三铰拱 D 截面内力。如图 17 – 30(d)所示，D 截面的形心坐标为 (x, y)，该处拱轴线的切线与水平线所夹锐角为 φ。

由 $\sum M_D = 0$ 得

$$M = F_{Ay}x - P_1(x - a_1) - Hy$$

由 $\sum F_y = 0$ 得

$$Q = (F_{Ay} - P_1)\cos\varphi - H\sin\varphi$$

由 $\sum F_x = 0$ 得

$$N = (F_{Ay} - P_1)\sin\varphi + H\cos\varphi$$

再将 $F_{Ay} = F_{Ay}^0$、$Q^0 = F_{Ay}^0 - P_1$ 和 $M^0 = F_{Ay}^0 x - P_1(x - a_1)$ 代入得

$$M = M_A^0 - Hy \qquad\qquad (17-4)$$

$$Q = Q^0\cos\varphi - H\sin\varphi \qquad\qquad (17-5)$$

$$N = Q^0\sin\varphi + H\cos\varphi \qquad\qquad (17-6)$$

式(17-4)、(17-5)、(17-6)是三铰拱任意截面内力计算公式,由于拱轴是曲线,φ 将随截面不同而改变。但是当拱轴曲线方程 $y=f(x)$ 为已知时,可利用 $\tan\varphi=\dfrac{\mathrm{d}y}{\mathrm{d}x}$ 确定各截面的 φ 值。

3. 受力特点

由上述分析可知:

(1)在竖向荷载作用下,梁没有水平约束力,而拱有水平推力。

(2)由式(17-4)可知,由于推力的存在,三铰拱截面上的弯矩比简支梁的弯矩小。弯矩的降低,使拱能更充分地发挥材料的作用。

(3)由式(17-6)可知,在竖向荷载作用下,梁的截面内没有轴力,而拱的截面内轴力较大,且一般为压力。

由此可见,拱比梁能更有效地发挥材料作用,因此适用于较大的跨度和较重的荷载。由于拱主要是受压,便于利用抗压性能好而抗拉性能差的材料,如砖、石、混凝土等。但拱在支座处受到向内的水平推力,也就给基础施加向外的推力,所以三铰拱的基础比梁的基础要大。因此,常用有拉杆的三铰拱,以减少拱对基础或支承物的推力。

4. 拱的内力图

现举例说明三铰拱内力图的作图步骤。

例 19-11　试作图 17-31(a)所示三铰拱的内力图。拱轴为二次抛物线,当坐标原点选在左支座 A 时,拱轴方程式为 $y=\dfrac{4f}{l^2}(l-x)x$。

解:(1)计算支座约束力。考虑整体的平衡条件,则由 $\sum M_B=0$ 得

$$F_{Ay}=7\ \text{kN}(\uparrow)$$

由 $\sum M_A=0$ 得

$$F_{By}=5\ \text{kN}(\uparrow)$$

由 $\sum F_x=0$ 得

$$F_{Ax}=F_{Bx}$$

考虑左半部的平衡条件,则由 $\sum M_C=0$ 得

$$F_{Ax}=6\ \text{kN}(\rightarrow)$$

(2)分段列内力方程。设拱轴线任一点处切线与水平线夹的锐角为 φ。

AC 段:考虑截面左半部,则有

$$M(x_1)=-\frac{1}{8}x_1^2+x_1\quad(0\leqslant x_1\leqslant 8)$$

$$Q(x_1)=-6\sin\varphi+(7-x_1)\cos\varphi\quad(0<x_1<8)$$

$$N(x_1)=6\cos\varphi+(7-x_1)\sin\varphi\quad(0<x_1<8)$$

CD 段:考虑截面右半部,则有

$$M(x_2)=\frac{3}{8}x_2^2-7x_2+32\quad(8\leqslant x_2\leqslant 12)$$

$$Q(x_2)=6\sin\varphi-\cos\varphi\quad(8<x_2<12)$$

$$N(x_2) = 6\cos\varphi + \sin\varphi \quad (8 < x_2 < 12)$$

DB 段：考虑截面右半部，则有

$$M(x_3) = \frac{3}{8}x_3^2 - 11x_3 + 80 \quad (12 \leqslant x_3 \leqslant 16)$$

$$Q(x_3) = 6\sin\varphi - 5\cos\varphi \quad (12 < x_3 < 16)$$

$$N(x_3) = 6\cos\varphi + 5\sin\varphi \quad (12 < x_3 < 16)$$

(3)画内力图。根据方程取点，画内力图如图 17 – 31（b）~（d）所示。注意无论左半拱或右半拱，φ 均为所取点处切线与水平线夹的锐角。所取截面内力计算结果见表 17 – 2。

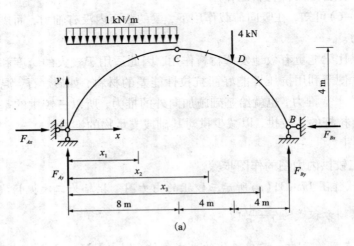

(a)

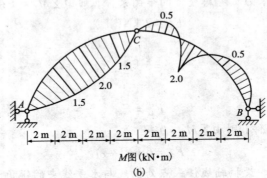

M图（kN·m）

(b)

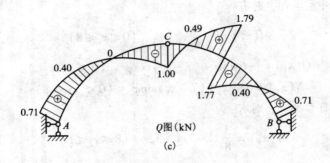

Q图（kN）

(c)

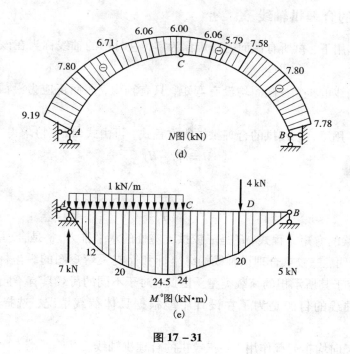

图 17－31

表 17－2 三铰拱内力

参数	截面的几何参数						弯矩 M /(kN·m)	剪力 Q /kN	轴力 N /kN
参数	x/m	y/m	$\tan\varphi$	$\varphi/(°)$	$\sin\varphi$	$\cos\varphi$			
AC 段	0	0	1	45	0.707	0.71	0.000	0.71	9.19
AC 段	2	1.75	0.75	36.870	0.600	0.80	1.500	0.40	7.80
AC 段	4	3	0.5	26.565	0.447	0.89	2.000	0.00	6.71
AC 段	6	3.75	0.25	14.036	0.243	0.97	1.500	−0.49	6.06
AC 段	8	4	0	0	0	1.00	0	−1.00	6.00
CD 段	10	3.75	−0.25	14.036	0.243	0.97	−0.5	0.49	6.06
CD 段	12	3	−0.5	26.565	0.447	0.89	2	1.79	5.79
DB 段	12	3	−0.5	26.565	0.447	0.89	2	−1.77	7.58
DB 段	14	1.75	−0.75	36.870	0.600	0.800	−0.500	−0.40	7.80
DB 段	16	0	−1	45	0.707	0.71	0	0.71	7.78

　　为了将拱与梁进行比较，图 17－31(e)所示为对应简支梁的弯矩图，由此看出，三铰拱的最大弯矩比简支梁要小很多(简支梁的最大弯矩为 24.5 kN·m，而三铰拱的最大弯矩则降为 2 kN·m)。由式(17－4)可知，三铰拱弯矩的下降完全是由于水平推力而造成的。因此，在竖向荷载作用下存在水平推力，是拱结构的基本特点。

四、三铰拱的合理拱轴线

在一定荷载作用下，拱所有截面的弯矩都为零，这时拱的轴线称为在该荷载作用下的**合理拱轴线**。

具有合理拱轴线的拱，各截面均没有弯矩，只有轴力，因而正应力沿截面均匀分布，材料的使用最经济。

在竖向荷载作用下，三铰拱的合理拱轴线方程式，可由式(17 – 4)求得

$$M = M_A^0 - Hy$$

故

$$y = \frac{M^0}{H} \qquad\qquad (17-7)$$

式中：M^0 是简支梁的弯矩方程式，H 是三铰拱支座处的水平推力，y 是合理拱轴线的纵坐标。

式(17 – 7)证明，三铰拱合理拱轴线的纵坐标和简支梁弯矩图的纵坐标成正比。而简支梁的弯矩图，决定于其所承担的荷载类型。因此，对于不同的荷载具有不同的合理拱轴线。

研究合理拱轴线的目的是为了在设计中能根据具体荷载情况，选择较为合理的结构形式。

下面研究在竖向均布荷载作用下，三铰拱的合理拱轴线。

图 17 – 32 所示三铰拱，已知拱跨 l，拱高为 f，均布竖向荷载为 q，试确定其合理拱轴线方程。

(1)求支座约束力

由于对称，则有

$$F_{Ay} = F_{By} = \frac{1}{2}ql$$

$$F_{Ax} = F_{Bx} = H = \frac{ql^2}{8f}$$

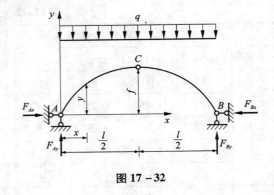

图 17 – 32

(2)求相应简支梁任意截面(x, y)的弯矩方程式

$$M^0 = V_A^0 x - \frac{1}{2}qx^2 = \frac{1}{2}qx(l-x)$$

(3)由式(17 – 7)确定合理拱轴方程式

$$y = \frac{M^0}{H} = \frac{4f}{l^2}x(l-x)$$

方程式是一个以左拱趾为原点，起拱线为力轴的一个二次抛物线方程式。说明在竖向均匀分布荷载作用下，三铰拱的合理拱轴线是二次抛物线。因此，房屋建筑中拱的轴线常用抛物线。

本章小结

1. 静定平面结构的分类及比较

(1)静定梁

单跨静定梁(又可分为:简支梁,伸臂梁,悬臂梁):是组成各种结构的基本构件之一。

多跨静定梁:是使用短梁跨越大跨度的一种较合理的结构形式。

(2)静定刚架(又可分为:悬臂刚架,简支刚架,三铰刚架):是由直杆组成具有刚结点的结构。

1)由于有刚结点,内力分布均匀,可以充分发挥材料性能;同时刚结点处刚架杆数少,内部空间大,有利于使用。

2)由于各杆均为直杆,便于制作加工。

静定桁架(又可分为:简单桁架,联合桁架,复杂桁架):是由等截面直杆,相互用铰连接组成的结构。理想桁架各杆均为只受轴向力的二力杆。内力分布均匀,材料可得到充分利用。可用较少材料,跨越较大跨度。

静定拱(又可分为:不带拉杆的三铰拱,带拉杆的三铰拱):是由曲杆组成,在竖向荷载作用下,支座处有水平约束力的结构。水平推力使拱的弯矩比梁的弯矩小很多。因而可以更充分发挥材料的作用。且由于拱主要受压,便于利用抗压性能好而抗拉性能差的砖、石、混凝土等建筑材料。

2. 静定平面结构的受力分析

(1)基本原理

1)静力平衡原理:主要利用静力平衡方程式,计算支座约束力和任意截面内力。

2)叠加原理:用叠加法作内力图,可以使绘制工作得到简化。

3)荷载和内力之间的微分关系:利用微分关系可以迅速而简捷地绘制和校核内力图。

(2)解题步骤

1)以全结构为分离体画受力图,用平衡方程式计算支座约束力。

2)计算结构控制截面的内力,一般用简捷法,也可用截面法。截取分离体,画受力图;在受力图上,除应包括荷载和支座约束力外,还必须将截面上的内力(多为所求未知力)作为分离体的外力画出(取分离体时,应按结构几何组成的相反顺序进行,也就是按先附属、后基本的次序进行。以使未知力的个数与平衡方程式数一致,便于求解)。

3)利用静力平衡原理,列出平衡方程式求解。

4)根据计算结果画出内力图。

3. 静定平面结构的特性

(1)从结构的几何组成分析看,静定结构是无多余联系的几何不变体系。

(2)从受力分析看,静定结构的全部约束力和内力都可以由平衡条件确定,因此,静定结构的约束力和内力与所使用的材料、截面的形状和尺寸无关。

(3)支座移动、温度变化、制造误差等因素,只能使静定结构产生位移,不会引起约束力和内力。

自我检测

一、判断题

1. 多跨静定梁基本部分承受荷载时，附属部分不会因此而产生内力。 （　　）
2. 刚架在刚结点处联结的各杆杆端弯矩相等。 （　　）
3. 轴线是曲线的结构称为拱。 （　　）
4. 三铰拱的支座反力中水平推力与拱高成反比，与拱轴曲线形状无关。 （　　）
5. 桁架中的零杆因不受力，故可将其拆去。 （　　）

二、填空题

1. 多跨静定梁的计算顺序是：先计算＿＿＿＿＿＿＿＿，后计算＿＿＿＿＿＿＿＿。
2. 图 17-33 所示的多跨静定梁 A 支座的支座反力 R_A = ＿＿＿＿＿＿＿＿；F 截面的弯矩 M_F = ＿＿＿＿＿＿＿＿；B 截面的弯矩 M_B = ＿＿＿＿＿＿＿＿。

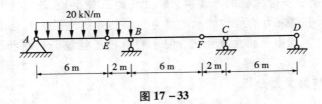

图 17-33

3. 静定刚架的内力有＿＿＿＿＿＿＿、＿＿＿＿＿＿＿、＿＿＿＿＿＿＿三种。
4. 理想桁架中各杆均用＿＿＿＿＿＿＿连接，且各杆内力只有＿＿＿＿＿＿＿。

三、选择题

1. 如图 17-34 所示刚架支座 A 水平反力 F_{Ax} 是（　　）。

A. 1 kN   B. 2 kN   C. 3 kN   D. 以上都不正确

2. 如 17-33 图所示三铰拱支座 A 处的水平反力为（　　）。

A. 3 kN   B. 4 kN   C. 5 kN   D. 6 kN

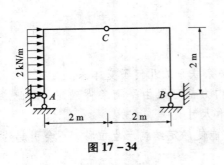

图 17-34

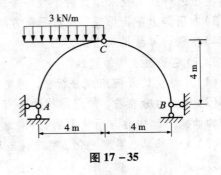

图 17-35

3. 如图 17－36 所示桁架中内力为零的杆件有（　　）。

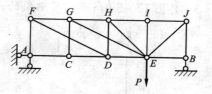

A. AC、CD、EB

B. AC、CD、CG

C. CG、CD、IE

D. AC、CD、CG、GE、IE、EB

图 17－36

4. 在下列各种因素中，（　　）能使静定结构产生内力和变形。

A. 荷载作用　　　　B. 支座移动　　　　C. 温度变化　　　　D. 制造误差

四、习题

1. 试作图 17－37 所示梁的内力图，并比较两梁之间的受力性能的差别。

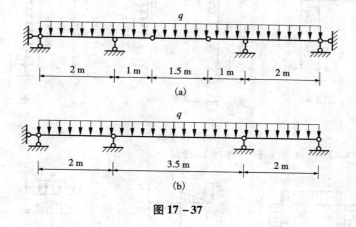

图 17－37

2. 不计算支座反力，利用多跨静定梁内力图的特点和区段叠加法画图 17－38 所示梁的 M 图。

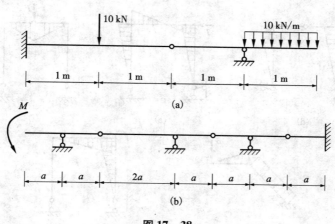

图 17－38

3. 作图 17-39 所示悬臂刚架的内力图。

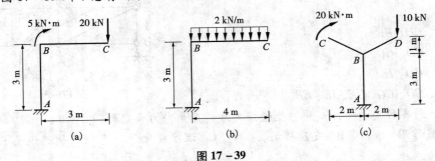

图 17-39

4. 作图 17-40 所示简支刚架的内力图。

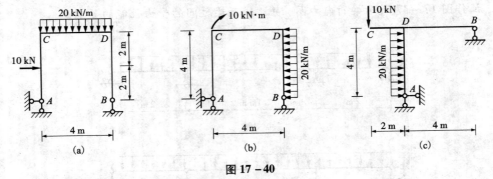

图 17-40

5. 检查图 17-41 中 M 图正误，并改正错误。

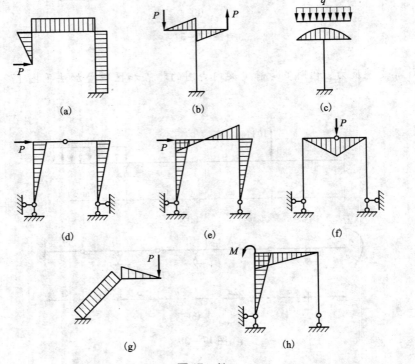

图 17-41

228

6. 作图 17－42 所示三铰刚架的内力图。

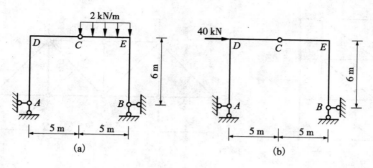

图 17－42

7. 试判断图 17－43 所示各桁架中的零杆。

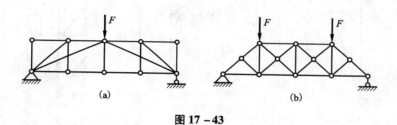

图 17－43

8. 求图 17－44 所示桁架各杆的轴力。

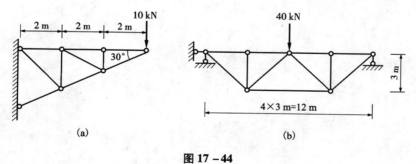

图 17－44

9. 求图 17 –45 所示桁架指定杆的轴力。

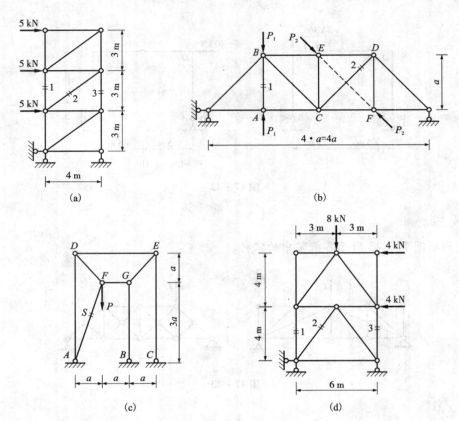

(a)

(b)

(c)

(d)

图 17 –45

第18章　静定结构的位移计算

【学习目标】

1. 掌握虚功及虚功原理，理解单位荷载法计算静定结构位移的步骤和原理。
2. 熟练运用图乘法计算梁和刚架的位移。
3. 掌握静定结构在支座移动时的位移计算。
4. 掌握线弹性体系的互等定理。

【读一读】

建筑起拱

如图 18-1(a)所示屋架在竖向荷载作用下，下弦各结点产生虚线所示位移。在结构的制作过程中，将各下弦杆做得比实际长度短些，拼装后下弦向上起拱，如图 18-1(b)所示，在屋盖自重作用下，下弦各杆位于原设计的水平位置。

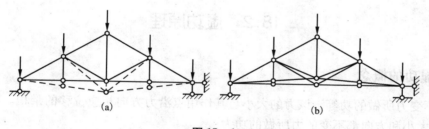

图 18-1

18.1　概述

一、结构的位移

杆系结构在荷载或其他因素作用下，将发生形状的改变，这种改变称为变形。由于变形，结构上各点的位置会移动，杆件的横截面会转动，这种移动和转动称为**结构的位移**。

如图 18-2 所示刚架，在荷载作用下发生了虚线所示的变形，杆端截面形心 A 移到了 A' 点，AA' 称为 A 点的**线位移**，记为 Δ_A。若将 Δ_A 沿水平和竖向分解，则其分量 Δ_{AH} 和 Δ_{AV} 分别称为 A 点的水平线位移和竖向线位移。同时截面 A 还转动了一个角度，此角度称为截面 A 的**角位移**。用 φ_A 表示。

如图 18-3 所示刚架，在荷载作用下发生了虚线所示的变形，C、D 两点的水平线位移分别为 Δ_{CH} 和 Δ_{DH}，它们之和 $(\Delta_{CD})_H = \Delta_{CH} + \Delta_{DH}$ 称为 C、D 两点的水平**相对线位移**。A、B 两个

截面的转角分别为 φ_A 和 φ_B，它们之和 $\varphi_{AB}=\varphi_A+\varphi_B$ 称为 A、B 两个截面的**相对角位移**。

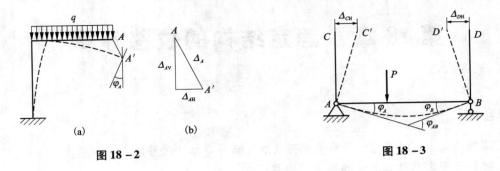

图 18 – 2   图 18 – 3

我们将以上线位移、角位移、相对线位移及相对角位移统称为**广义位移**。

二、计算位移的目的

（1）验算结构的刚度，即验算结构的位移是否超过允许的位移限值。

（2）为超静定结构的计算打基础。在计算超静定结构时，除利用静力平衡条件外，还必须考虑位移条件。

（3）在结构的制作、架设、养护等过程中，往往需要预先知道结构的变形情况，以便采取一定的施工措施，因而也需要进行位移计算。

18.2 虚功原理

一、虚功的概念

一个不变力所做的功等于该力的大小与其作用点沿力方向相应位移的乘积。如图 18 – 4（a）所示，大小和方向都不变的力所做的功为：

$$W=P\cdot AA'\cos\alpha$$

又如图 18 – 4（b）所示一转盘受力偶 $M=P\cdot D$ 作用，当圆盘转动一微小角度 $\mathrm{d}\theta$ 时，此力偶所做的功为

$$\mathrm{d}W=P\cdot AA'+P\cdot BB'=P\cdot(AA'+BB')$$

其中：
$$AA'=OA\cdot\mathrm{d}\theta$$
$$BB'=OB\cdot\mathrm{d}\theta$$
$$AA'+BB'=(OA+OB)\cdot\mathrm{d}\theta=D\cdot\mathrm{d}\theta$$

所以
$$\mathrm{d}W=PD\mathrm{d}\theta=M\mathrm{d}\theta$$

$$W=\int\mathrm{d}W=\int_0^\theta M\mathrm{d}\theta=M\theta$$

即力偶所做的功等于力偶矩与角位移的乘积。

根据以上两例可知，做功的力不一定是一个力，也可以是一个力偶，甚至还可以是一对力或者一个力系。我们用一个公式来统一表达力或力偶做功：

$$W=P\Delta \tag{18 – 1}$$

式中：P 称为广义力，Δ 为广义位移。

注意广义位移要和广义力相对应，例如广义力是力偶，广义位移就是角位移；广义力若是集中力，则广义位移就是线位移。

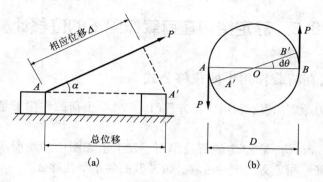

图 18 – 4

由上可知，功包含了两个要素——力和位移。当做功的力与相应位移彼此相关时，即当位移是由做功的力本身引起时，此功称为**实功**。上述集中力 P 和力偶 M 所做的功均为实功。

当做功的力与相应位移彼此独立无关时，即力在沿其他因素引起的位移上所做的功，称为**虚功**。如图 18 – 5 所示简支梁，当第一组荷载 P_1 作用于结构达到实曲线所示的稳定平衡后，再加上第二组荷载 P_2，这时结构将继续发生微小变形而达到虚曲线位

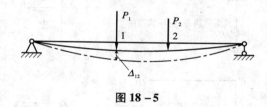

图 18 – 5

置，P_1 方向上产生新的位移 Δ_{12}。这里 Δ_{12} 用了两个下标，第一个角标"1"代表位移发生的地点和方向，即此位移是 P_1 作用点沿 P_1 方向上的位移；第二个角标"2"代表引起位移的原因，即此位移是因 P_2 作用而引起的。显然力 P_1 在 Δ_{12} 位移上所做的功就是虚功。由于位移 Δ_{12} 由零增加到最终值的过程中，P_1 保持不变是常力，因此力 P_1 在 Δ_{12} 位移上所做的功为

$$W_{12} = P_1\Delta_{12}$$

应该指出，当其他因素引起的位移与力方向一致时虚功为正值，反之则为负值。而实功由于力自身所引起的相应位移总是与力的作用方向一致，故总为正值。

二、变形体的虚功原理

变形体的虚功原理可表述为：变形体上第一状态中的外力在第二状态中的位移所做的外力虚功等于变形体上第一状态中的内力沿第二状态中的变形所做的内力虚功，即

$$外力虚功\ W = 内力虚功\ W' \tag{18 – 2}$$

这里，做功的外力和内力称为力状态或第一状态，它们必须满足平衡条件；位移和变形称为位移状态或第二状态，它们必须满足变形和支座约束条件。

式(18 – 2)又称为虚功方程。

虚功原理包含两种应用形式：

(1)虚设位移状态——虚功中力状态是实际的，位移状态是虚拟的，这时，可求实际力

233

状态的未知力。这种形式的应用称为虚位移原理。

（2）虚设力状态——虚功中的力状态是虚拟的，位移状态是实际的，这时，可求实际位移状态的位移。这种形式的应用称为虚力原理。

18.3 静定结构在荷载作用下的位移计算

一、静定结构在荷载作用下的位移公式

下面我们从虚力原理出发，利用虚功方程（18－2）导出荷载作用下结构位移计算的一般公式。

图18－6(a)所示结构，在给定的荷载作用下发生了如图中虚线所示的变形。下面来求结构上任一截面沿任一指定方向上的位移，如 K 截面的水平位移 Δ_K。

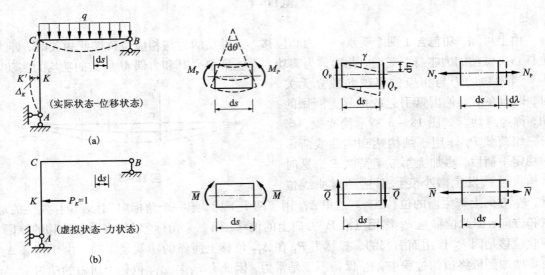

图 18－6

为了利用虚功方程求 K 点的水平位移，应选取如图18－6(b)所示的虚拟力状态，即在该结构的 K 点处沿水平方向加上一个单位荷载 $P_K = 1$。

虚拟状态中的外力对实际状态的位移所做虚功为

$$W = P_K \cdot \Delta_K = \Delta_K \qquad (a)$$

在图18－6(a)上取 ds 微段，以 $d\theta$、$d\eta$、$d\lambda$ 分别表示实际状态微段 ds 的变形，其计算式分别为

$$
\begin{cases}
\text{相对转角} \quad & d\theta = \dfrac{1}{\rho} \cdot ds = K ds \\[2mm]
\text{相对剪切变形} \quad & d\eta = \gamma ds \\[2mm]
\text{相对轴向变形} \quad & d\lambda = \varepsilon ds
\end{cases}
\qquad (b)
$$

由材料力学公式，有

$$
\begin{cases}
d\theta = \dfrac{M_{\mathrm{p}}ds}{EI} \\[2mm]
d\eta = \dfrac{kQ_{\mathrm{p}}ds}{GA} \\[2mm]
d\lambda = \dfrac{N_{\mathrm{p}}ds}{EA}
\end{cases}
\tag{c}
$$

在图 18-6(b)上取 ds 微段，以 $\overline{M}$、$\overline{Q}$、$\overline{N}$ 分别表示虚拟状态微段 ds 的内力，则微段上虚内力在实际变形上所做内力虚功为

$$
dW' = \overline{M}d\theta + \overline{Q}d\eta + \overline{N}d\lambda
\tag{d}
$$

则整根杆件的内力虚功为

$$
W'(l) = \int_l \overline{M}d\theta + \int_l \overline{Q}d\eta + \int_l \overline{N}d\lambda
\tag{e}
$$

整个结构的内力虚功等于各杆内力虚功的代数和，即

$$
W' = \sum \int_l \overline{M}d\theta + \sum \int_l \overline{Q}d\eta + \sum \int_l \overline{N}d\lambda
\tag{f}
$$

根据虚功方程式(18-2)外力虚功 W = 内力虚功 W'，得

$$
\Delta_K = \sum \int_l \overline{M}d\theta + \sum \int_l \overline{Q}d\eta + \sum \int_l \overline{N}d\lambda
\tag{18-3}
$$

将式(c)各项代入式(18-3)，有

$$
\Delta_K = \sum \int_l \frac{M_{\mathrm{p}}\overline{M}}{EI}ds + \sum \int_l \frac{kQ_{\mathrm{p}}\overline{Q}}{GA}ds + \sum \int_l \frac{N_{\mathrm{p}}\overline{N}}{EA}ds
\tag{18-4}
$$

式(18-4)就是静定结构在荷载作用下的位移公式。

这种利用虚功原理，沿所求位移方向虚设单位荷载($P_K = 1$)求结构位移的方法，称为单位荷载法。

二、位移计算公式的简化

1. 梁和刚架

在梁和刚架中，轴向变形和剪切变形的影响甚小，其位移的计算只考虑弯曲变形一项的影响已足够。式(18-4)可简化为：

$$
\Delta = \sum \int_l \frac{M_{\mathrm{p}}\overline{M}}{EI}ds
\tag{18-5}
$$

2. 桁架

在桁架中，杆内只有轴力，且同一杆件的轴力 $\overline{N}$、N_{p} 及 EA 沿杆长 l 均为常数，故式(18-4)可简化为：

$$
\Delta = \sum \int_l \frac{N_{\mathrm{p}}\overline{N}}{EA}ds = \sum \frac{N_{\mathrm{p}}\overline{N}}{EA}\int_l ds = \sum \frac{N_{\mathrm{p}}\overline{N}l}{EA}
\tag{18-6}
$$

三、虚拟状态的选取

欲求结构在荷载作用下的指定位移，须取相应的虚拟状态。即取同一结构，在欲求位移的地方，沿着欲求位移的方位虚加单位荷载。

（1）欲求某点沿某方向的绝对线位移时，应在该点沿所求位移方向加一单位力。如图 18 −7(b)所示，即为求 A 点的水平线位的虚拟状态。

（2）欲求某截面的绝对角位移时，可在该截面处，加一个单位力偶，如图 18 −7(c)所示。

（3）欲求两点沿其连线方向的相对线位移时，应在两点沿其连线方向加一对反向的单位集中力，如图 18 −7(d)所示。

（4）欲求两截面的相对角位移时，应在两截面处加一对反向的单位力偶，如图 18 −7(e)所示。

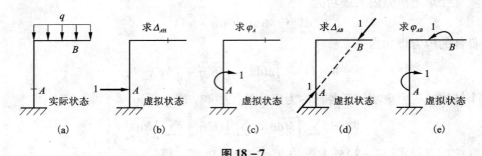

图 18 −7

四、位移计算举例

利用单位荷载法计算结构位移的步骤是：

（1）根据欲求位移选定相应的虚拟状态；

（2）列出结构各杆段在虚拟状态下和实际荷载作用下的内力方程；

（3）将各内力方程分别代入位移计算公式，分段积分求总和即可计算出所求位移。

例 18 −1 求图 18 −8(a)所示悬臂梁 B 端的竖向位移 Δ_{BV}。设 EI 为常数。

解：（1）在 B 截面加一单位力 $P = 1$，建立如图 18 −8(b)所示的虚拟状态。

（2）以 B 点为坐标原点，分别列出实际荷载作用和单位荷载作用下的弯矩方程为：

$$M_p = -\frac{1}{2}qx^2 \quad (0 \leqslant x \leqslant l)$$

$$\overline{M} = -x \quad (0 \leqslant x \leqslant l)$$

（3）将 M_p 及 $\overline{M}$ 代入式(18 −5)，得

$$\Delta_{BV} = \sum \int_0^l \frac{M_p \overline{M}}{EI} \mathrm{d}s = \frac{1}{EI} \int_0^l \left(-\frac{1}{2}qx^2 \right)(-x)\mathrm{d}x = \frac{1}{EI}\left[\frac{qx^4}{8} \right]_0^l = \frac{ql^4}{8EI} (\downarrow)$$

计算结果为正，说明 Δ_{BV} 的方向与虚设单位力方向一致。

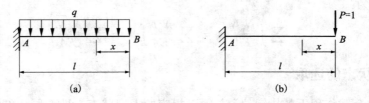

图 18 −8

例18-2　试求图18-9(a)所示桁架 C 点的竖向位移 Δ_{CV}。设各杆材料相同，$E = 2 \times 10^6$ kN/m^2，$A = 3 \times 10^{-3}$ m^2。

解：(1)在 C 点加一单位力，建立如图18-9(b)所示的虚拟状态。

(2)作出荷载作用下的桁架内力图，如图18-9(a)所示

(3)作出单位力作用下的桁架内力图，如图18-9(b)所示

(4)将 $\overline{N}$、N_P 代入式(18-6)，得

$$
\begin{aligned}
\Delta_{CV} &= \sum \int \frac{\overline{N} N_P}{EA} \mathrm{d}s \\
&= \frac{1}{EA}[(-0.67) \times (-10) \times (3) + (1.49) \times (22.36) \times (\sqrt{5}) \\
&\quad + (1.12) \times (22.36) \times (\sqrt{5}) + (-1) \times (-20) \times (2)] \\
&= \frac{190.59}{EA} = 0.03 \text{ m}(\downarrow)
\end{aligned}
$$

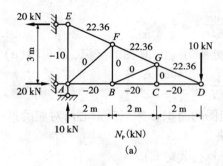

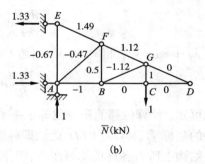

图 18-9

18.4　图乘法

一、图乘法

计算梁及刚架在荷载作用下的位移时，要用公式

$$
\int_l \frac{M_p \overline{M}}{EI} \mathrm{d}s \tag{a}
$$

进行积分计算，比较麻烦。如果所考虑的问题满足下述条件时：①杆轴为直线；②$EI =$ 常数；③$\overline{M}$ 和 M_p 两个弯矩图中至少有一个是直线图形，则可用图乘法来代替积分运算，从而使计算得到简化。

如图18-10所示等截面直杆 AB 上的两个弯矩图，$\overline{M}$ 图为一段直线，而 M_p 图为任意形状。现以 $\overline{M}$ 图的基线为 x 轴，以 $\overline{M}$ 图的延长线与 x 轴的交点 O 为原点，建立 xOy 坐标系，则积分式(a)可写成

$$
\int_A^B \frac{M_p \overline{M}}{EI} \mathrm{d}s \tag{b}
$$

由 $\overline{M}$ 图可知

$$\overline{M} = x \cdot \tan\alpha$$

代入积分式，则（b）式可写成

$$\int_A^B \frac{M_p \overline{M}}{EI} ds = \frac{1}{EI} \int_A^B x \cdot \tan\alpha \cdot M_p dx$$

$$= \frac{\tan\alpha}{EI} \int_A^B x \cdot M_p \cdot dx$$

$$= \frac{\tan\alpha}{EI} \int_A^B x \cdot d\omega \qquad (c)$$

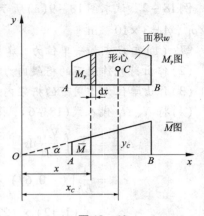

图 18－10

式中 $d\omega = M_p \cdot dx$，为 M_p 图中阴影部分的微面积，而 $x \cdot d\omega$ 就是这个微面积对 y 轴的静矩，整个 M_p 图的面积对 y 轴的静矩可写成

$$\int_A^B x \cdot d\omega = \omega \cdot x_C$$

代入（c）式，则有

$$\int_A^B \frac{M_p \overline{M}}{EI} ds = \frac{\tan\alpha}{EI} \cdot \omega \cdot x_C \qquad (d)$$

但因 $x_C \cdot \tan\alpha = y_C$，而 y_C 为 M_p 图的形心 C 处所对应的 $\overline{M}$ 图的竖标，故可将（d）式写成

$$\int_A^B \frac{M_p \overline{M}}{EI} ds = \frac{1}{EI} \cdot \omega \cdot y_C$$

由此可知，计算位移的积分就等于一个弯矩图的面积 ω 乘以其形心所对应的另一个直线弯矩图上的竖标 y_C，再除以 EI，此法即称**图乘法**。

如果结构上所有各杆段均可图乘，则位移计算公式可写成：

$$\Delta = \sum \int_l \frac{M_p \overline{M}}{EI} ds = \sum \frac{\omega y_C}{EI} \qquad (18-7)$$

二、使用图乘法时应注意的问题

根据上面的推证过程，可知在应用图乘法时应注意下列各点：

（1）必须符合上述 3 个前提条件。

（2）竖标 y_C 只能取自直线图形，如果 M_p 与 $\overline{M}$ 图都是直线，则 y_C 可取自其中任一个图形。

（3）若面积 ω 与 y_C 在杆件的同一侧，则乘积取正号，异侧则取负号。例如对应于图 18－11（a）应为

$$\Delta = \frac{1}{EI} \omega y_C$$

而对应于图 18－11（b）则

$$\Delta = -\frac{1}{EI} \omega y_C$$

（4）当 $\overline{M}$ 为折线图形时，必须分段图乘，然后进行叠加。例如对于图 18－12 应为

$$\Delta = \frac{1}{EI} (\omega_1 \cdot y_1 + \omega_2 \cdot y_2)$$

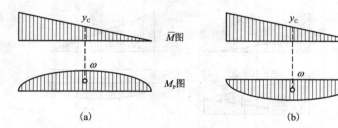

图 18 – 11

（5）当杆件为变截面时亦应分段计算。例如对于图 18 – 13 应为

$$\Delta = \frac{1}{EI_1}\omega_1 \cdot y_1 + \frac{1}{EI_2}\omega_2 \cdot y_2$$

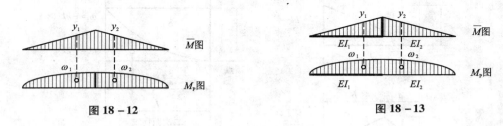

图 18 – 12　　　　　　　　　　　　　图 18 – 13

（6）当图形比较复杂，其面积或形心位置不便确定时，我们可以将图形分解为几个简单图形，按叠加法分别图乘。

对于图 18 – 14 所示两个梯形应用图乘法，可不必求梯形的形心位置，而将梯形分成两个三角形，分别图乘后再叠加。显然

$$\Delta = \frac{1}{EI}[\omega_1(y_1 + y_2) + \omega_2(y_3 + y_4)]$$

其中：

$$\begin{cases} \omega_1 = \dfrac{al}{2}, & \omega_2 = \dfrac{bl}{2} \\[2mm] y_1 = \dfrac{2c}{3}, & y_2 = \dfrac{d}{3} \\[2mm] y_3 = \dfrac{c}{3}, & y_4 = \dfrac{2d}{3} \end{cases}$$

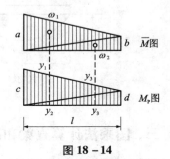

图 18 – 14

代入上式得

$$\Delta = \frac{1}{EI}\left[\frac{al}{2}\left(\frac{2c}{3} + \frac{d}{3}\right) + \frac{bl}{2}\left(\frac{c}{3} + \frac{2d}{3}\right)\right] = \frac{l}{6EI}(2ac + 2bd + ad + bc)$$

对于图 18 – 15 所示由于均布荷载 q 所引起的 M_p 图，可以看成由三角形与相应简支梁在均布荷载作用下的弯矩图叠加而成，后者即为虚线与曲线之间所围部分。故

$$\Delta = \frac{1}{EI}\left[\left(\frac{al}{2}\right) \times \left(\frac{2c}{3} + \frac{d}{3}\right) - \left(\frac{2}{3} \cdot l \cdot \frac{ql^2}{8}\right) \times \left(\frac{c+d}{2}\right)\right]$$

为图乘法计算方便，图 18 – 16 给出了位移计算时常见的几种曲线图形的面积和形心的位置，以便查用。在应用抛物线图形公式时，应注意图形在顶点处的切线必须与基线平行，也就是抛物线的顶点要在中点或端点。通常顶点在中点或端点的抛物线称为"标准抛物线"。

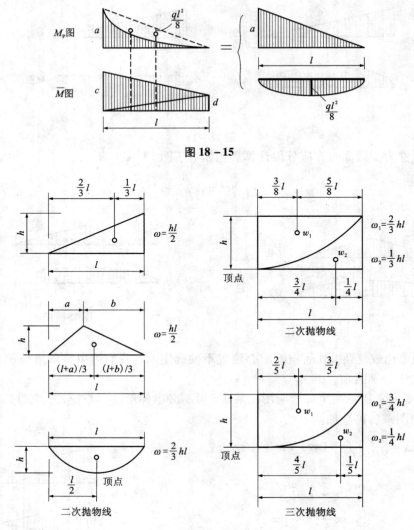

图 18 – 15

图 18 – 16

三、图乘法计算直梁和刚架的位移

图乘法计算位移的步骤是：

（1）画出结构在实际荷载作用下的弯矩图 M_{p}；

（2）根据所求位移设定相应的虚拟状态，画出结构在虚拟状态下的单位弯矩图 $\overline{M}$；

（3）分段计算一个弯矩图形的面积 ω 及其形心所对应的另一个弯矩图形的竖标 y_{c}；

（4）将 ω 与 y_{c} 代入图乘法公式计算所求位移。

例 18 – 3 求图 18 – 17（a）所示简支梁 A 端角位移 φ_A。EI 为常数。

解：（1）实际荷载作用下的弯矩图 M_{p} 如图 18 – 17（b）所示。

（2）在 A 端加单位力偶 $m=1$，其单位弯矩图 $\overline{M}$ 如图 18 – 17（c）所示。

（3）M_{p} 面积及其形心对应 $\overline{M}$ 图的竖标分别为

$$\omega = \frac{2}{3} \times \frac{1}{8}ql^2 \times l = \frac{ql^3}{12}, \quad y_C = \frac{1}{2}$$

（4）计算 φ_A

$$\varphi_A = \frac{1}{EI}\omega y_C = \frac{1}{EI} \times \frac{1}{12}ql^3 \times \frac{1}{2} = \frac{ql^3}{24EI}(\curvearrowleft)$$

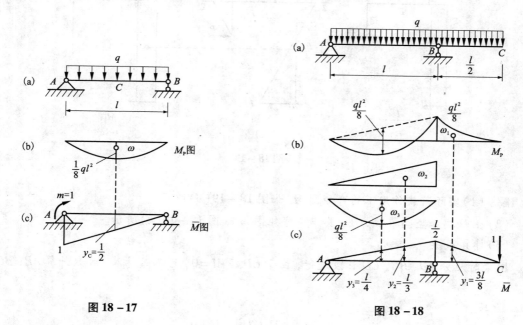

图 18-17　　　　　　　　　　　图 18-18

例 18-4　求图 18-18(a)示外伸梁 C 点的竖向位移 Δ_{CV}。EI 为常数。

解：（1）实际荷载作用下的弯矩图 M_p 如图 18-18(b)所示。

（2）在 C 端加竖向单位力 1，其单位弯矩图 $\overline{M}$ 如图 18-18(c)所示。

（3）计算 ω 和 y_C。

计算 M_p 图面积时，BC 段的 M_p 图是标准二次抛物线，而 AB 段的 M_p 图不是标准二次抛物线。但可将其分解为一个三角形和一个标准二次抛物线图形，如图 18-18(b)所示。

BC 段：

$$\omega_1 = \frac{1}{3} \times \frac{l}{2} \times \frac{1}{8}ql^2 = \frac{1}{48}ql^3, \quad y_1 = \frac{3}{4} \times \frac{l}{2} = \frac{3l}{8}$$

AB 段：

$$\omega_2 = \frac{1}{2}l \times \frac{1}{8}ql^2 = \frac{1}{16}ql^3, \quad y_2 = \frac{2}{3} \times \frac{l}{2} = \frac{l}{3}$$

$$\omega_3 = \frac{2}{3}l \times \frac{1}{8}ql^2 = \frac{1}{12}ql^3, \quad y_3 = \frac{1}{2} \times \frac{l}{2} = \frac{l}{4}$$

（4）计算 Δ_{CV}。

$$\Delta_{CV} = \frac{1}{EI}(\omega_1 y_1 + \omega_2 y_2 - \omega_3 y_3)$$

$$= \frac{1}{EI}\left(\frac{ql^3}{48} \times \frac{3}{8}l + \frac{ql^3}{16} \times \frac{l}{3} - \frac{ql^3}{12} \times \frac{l}{4}\right) = \frac{ql^4}{128EI}(\downarrow)$$

例18-5 求图18-19(a)所示悬臂刚架 D 点的竖向位移 Δ_{DV}。各杆 EI 如图所示且 EI 为常数。

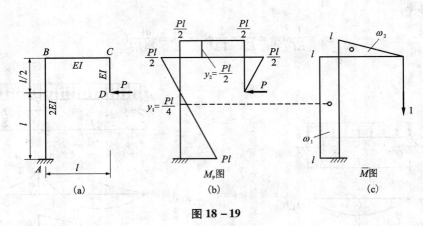

图18-19

解：(1)实际荷载作用下的弯矩图 M_p 如图18-19(b)所示。

(2)在 D 端加竖向单位力1，其单位弯矩图 $\overline{M}$ 如图18-19(c)所示。

(3)计算 ω 和 y_C。

图乘时应分 AB、BC、CD 三段进行，由于 CD 段 $\overline{M}=0$，可不必计入，故只计算 AB、BC 两段。

AB 段：

$$\omega_1 = l \times \frac{3l}{2} = \frac{3l^2}{2} , \quad y_1 = \frac{pl}{4}$$

BC 段：

$$\omega_2 = \frac{1}{2} l \times l = \frac{l^2}{2} , \quad y_2 = \frac{pl}{2}$$

(4)计算 Δ_{DV}。

$$\Delta_{DV} = -\frac{1}{2EI}(\omega_1 y_1) + \frac{1}{EI}(\omega_2 y_2) = -\frac{1}{2EI}\left(\frac{3l^2}{2} \times \frac{pl}{4}\right) + \frac{1}{EI}\left(\frac{l^2}{2} \times \frac{pl}{2}\right) = \frac{pl^3}{16EI}(\downarrow)$$

18.5 静定结构在支座移动时的位移计算

静定结构由于支座移动并不产生任何的内力也无变形，整个结构只发生刚体位移。如图18-20(a)所示刚架，其支座发生竖向位移 C_1、水平位移 C_2 和转角 C_3，致使整个结构移动到了虚线所示位置。

下面利用虚功原理求 K 点沿 $i-i$ 方向的位移 Δ_{Ki}。

图18-20(a)为实际状态。现设虚拟状态，在 K 点沿 $i-i$ 方向加一个单位集中力 $P_K = 1$，如图18-20(b)所示。用 $\overline{R}_1$、$\overline{R}_2$、$\overline{R}_3$ 表示虚拟状态下与实际位移 C_1、C_2、C_3 相对应的支座约束力。则外力虚功为

$$W = P_K \Delta_{Ki} + \sum \overline{R} C$$

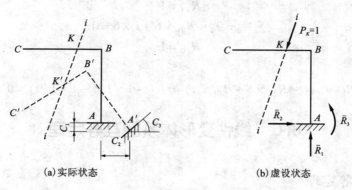

(a)实际状态　　　　　　(b)虚设状态

图 18-20

而内力虚功应等于零,即

$$W' = 0$$

由虚功原理 $W = W'$,即

$$P_K \Delta_{Ki} + \sum \overline{R}C = 0$$

而 $P_K = 1$,代入上式整理得

$$\Delta_{Ki} = -\sum \overline{R}C \tag{18-8}$$

式中: $\overline{R}$ 为虚拟状态下的支座约束力; C 为实际状态下的支座位移。

式(18-8)就是静定结构在支座移动时的位移计算公式。当 $\overline{R}$ 与 C 方向一致时,两者乘积取正号,否则取负号。

例 18-6　图 18-21(a)所示静定刚架,若支座 A 发生图示的位移: $a = 1.0$ cm, $b = 1.5$ cm。试求 C 点的水平位移 Δ_{CH}

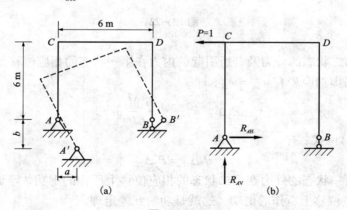

(a)　　　　　　　　　(b)

图 18-21

解:(1)在 C 点处加一水平方向的单位力 $P = 1$。

(2)计算单位荷载作用下的支座约束力。

由于 B 无要计算的位移,故只需计算 A 处的支座约束力

$$\sum F_x = 0, \quad R_{AH} - 1 = 0$$

$$R_{AH} = 1$$
$$\sum M_B = 0, \ -R_{AV} \times 6 + 1 \times 6 = 0$$
$$R_{AV} = 1$$

(3) 计算 Δ_{CH}。

$$\Delta_{CH} = -\sum \overline{R}C = -(-R_{AV} \times b + R_{AH} \times a) = -(-1 \times 1.5 + 1 \times 1.0) = 0.5 \ \text{cm}(\leftarrow)$$

18.6　线性变形体系的互等定理

一、功的互等定理

设有两组外力 P_1 与 P_2 分别作用于同一线弹性结构上，如图 18 – 22 所示，分别称为结构的第一状态和第二状态。第一状态的外力在第二状态的相应位移上所做的虚功 $w_{12} = P_1 \Delta_{12}$，而第一状态的内力在第二状态的变形上所做虚功 $w'_{12} = \sum \int \dfrac{M_1 M_2}{EI} \mathrm{d}s$，根据虚功原理有 $w_{12} = w'_{12}$，即

$$P_1 \Delta_{12} = \sum \int \frac{M_1 M_2}{EI} \mathrm{d}s \tag{a}$$

式中：Δ_{12} 是由 P_2 引起的在力 P_1 作用点沿力 P_1 方向的位移。

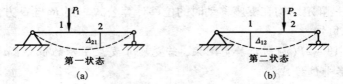

第一状态　（a）　　　　　第二状态　（b）

图 18 – 22

反之，计算第二状态的外力及其所引起的内力在第一状态的相应位移和变形上所做的虚功 w_{21} 和 w'_{21} 时，据虚功原理有 $w_{21} = w'_{21}$，即

$$P_2 \Delta_{21} = \sum \int \frac{M_2 M_1}{EI} \mathrm{d}s \tag{b}$$

比较 (a)、(b) 两式，有

$$P_1 \Delta_{12} = P_2 \Delta_{21} \tag{18 – 9}$$

上式表明：第一状态的外力在第二状态的相应位移上所作的虚功，等于第二状态的外力在第一状态的相应位移上所作的虚功。这就是功的互等定理。

二、位移互等定理

在功的互等定理中，设作用的荷载都是单位力，即 $P_1 = 1$，$P_2 = 1$，为了明显起见，由单位力所引起的位移，用小写字母 δ_{12} 和 δ_{21} 表示，如图 18 – 23 所示。代入功的互等定理式 (18 – 9)，则有

$$1 \cdot \delta_{12} = 1 \cdot \delta_{21}$$

故 $$\delta_{12} = \delta_{21}$$
（18－10）

这就是位移互等定理。它表明：第一个单位力的作用点沿其方向上由于第二个单位力的作用所引起的位移，等于第二个单位力的作用点沿其方向上由于第一个单位力的作用所引起的位移。

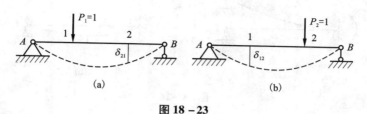

图 18－23

注意：这里的单位力是广义单位力，位移是相应的广义位移。例如图 18－24 的所示的两个状态中，根据位移互等定理，有 $\varphi_A = \Delta_C$，尽管它们一个代表角位移，一个代表线位移，两者含义不同，但在数值上是相等的。

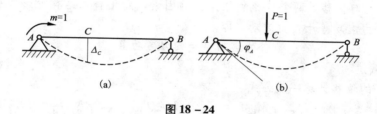

图 18－24

三、约束力互等定理

此定理也是功的互等定理的一个特殊情况。并且只适用于超静定结构。

图 18－25 所示为同一个结构两个支座分别发生单位位移的两种状态。图(a)中支座 1 发生单位位移，即 $\Delta_1 = 1$，在支座 2 引起的支座约束力以 r_{21} 表示；图(b)中支座 2 发生单位位移，即 $\Delta_2 = 1$，在支座 1 引起的支座约束力以 r_{12} 表示。

图 18－25

由功的互等定理可得 $$r_{21}\Delta_2 = r_{12}\Delta_1$$
因为 $\Delta_1 = \Delta_2 = 1$，故 $$r_{21} = r_{12}$$
（18－11）

上式称为约束力互等定理，即支座 1 发生单位位移，在支座 2 处引起的约束力，等于支座 2 发生单位位移，在支座 1 处引起的约束力。

这一定理对结构上任何两个支座都适用，但应注意约束力与位移在作功的关系上应相对应，即集中力对应于线位移，集中力偶对应于角位移。图 18-26 表示约束力互等的另一个例子。应用上述定理可知约束力 r_{21} 与约束力偶 r_{12} 相等，虽然它们一个代表力，一个代表力偶，两者含义不同，但在数值上是相等的。

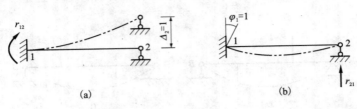

图 18-26

本章小结

1. 虚功与虚功原理

在虚功中，力与位移是两个彼此独立无关的因素。对于杆系结构变形体系的虚功原理，简单地说即为外力虚功等于内力虚功。即

$$外力虚功\ W = 内力虚功\ W'$$

2. 单位荷载法

荷载作用下的位移计算一般公式

$$\Delta_K = \sum \int_l \frac{M_\mathrm{p}\overline{M}}{EI}\mathrm{d}s + \sum \int_l \frac{kQ_\mathrm{p}\overline{Q}}{GA}\mathrm{d}s + \sum \int_l \frac{N_\mathrm{p}\overline{N}}{EA}\mathrm{d}s$$

注意：虚设单位荷载必须与所求广义位移相对应。

3. 图乘法

计算荷载作用下梁和刚架的位移时，可用图乘法代替积分计算。注意图乘法的适用条件，掌握好图乘的分段和叠加技巧。

$$\Delta = \sum \int_l \frac{M_\mathrm{p}\overline{M}}{EI}\mathrm{d}s = \sum \frac{\omega y_C}{EI}$$

4. 静定结构在支座移动时的位移计算

$$\Delta_{Ki} = - \sum \overline{R}C$$

式中：$\overline{R}$ 为虚拟状态下的支座约束力；C 为实际状态下的支座位移

注意：当 $\overline{R}$ 与 C 方向一致时，两者乘积取正号，否则取负号。

5. 互等定理

线性变形体系的三个互等定理在静定结构和超静定结构分析中可得到具体应用，要从原理和概念上搞清楚。

（1）功的互等定理 $P_1\Delta_{12} = P_2\Delta_{21}$

（2）位移互等定理 $\delta_{12} = \delta_{21}$

（3）约束力互等定理 $r_{21} = r_{12}$

自我检测

一、选择题

1. 图 18−27 所示虚拟力状态可求出(　　)。

A. A、B 两截面的相对线位移

B. A、B 两截面的相对角位移

C. A、B 两截面的线位移

D. A、B 两截面的角位移

2. 用单位荷载法求图 18−28 所示结构 A、B 两截面的相对线位移时所取的虚拟状态应是(　　)。

3. 建立虚功方程时,位移状态与力状态的关系是(　　)。

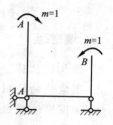

图 18−27

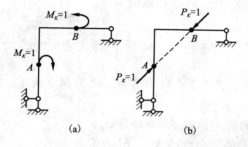 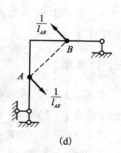

图 18−28

A. 彼此独立无关

B. 位移状态必须是由力状态产生的

C. 互为因果关系

D. 力状态是由位移状态引起的

4. 如图 18−29 所示,用图乘法代替积分 $\int M_\mathrm{P}\overline{M}\mathrm{d}s$,下列图乘结果正确的是(　　)。

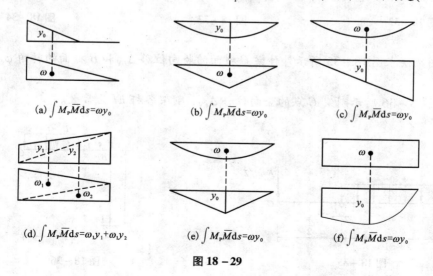

图 18−29

247

5. 图 18−30 所示同一结构的两个受力与变形状态，则在下列关系中正确的是（　　　　）。

A. $\Delta_{D1}=\Delta_{D2}$ 　　　　 B. $\theta_{C1}=\theta_{C2}$ 　　　　 C. $\Delta_{D1}=\theta_{C2}$ 　　　　 D. $\theta_{C1}=\Delta_{D2}$

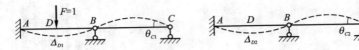

图 18−30

二、填空题

1. 结构的位移除线位移外，还有＿＿＿＿＿＿＿＿位移。

2. 图乘法的使用条件是①＿＿＿＿＿＿＿；②＿＿＿＿＿＿＿；③＿＿＿＿＿＿＿。

3. 用图乘法求位移时，若 M_P 为曲线图形而 $\overline{M}$ 为直线图形，则纵坐标 y_C 必须取自它们中的＿＿＿＿＿＿＿图形。

4. 图乘法计算位移时，ωy_C 乘积的正负号规定为＿＿＿＿＿＿＿。

5. 图 18−31 所示结构，当支座 A 发生转角 θ_A 时，引起 C 点的竖向位移值等于＿＿＿＿＿＿＿。

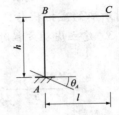

三、计算题

1. 如图 18−32 所示的简支梁，在均布荷载 q 作用下，EI 为常数，试用积分法求：（1）B 支座处的转角；（2）梁跨中 C 点的竖向位移。

2. 用积分法求图 18−33 所示悬臂梁 A 端的竖向位移 Δ_{AV} 和转角 φ_A。

3. 用图乘法求图 18−34 所示悬臂梁 C 截面的竖向位移 Δ_{CV}，EI 为常数。

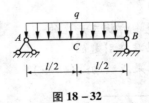  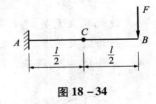

图 18−32 　　　　　　　　　　图 18−33 　　　　　　　　　　图 18−34

4. 用图乘法求图 18−35 所示外伸梁 C 截面的竖向位移 Δ_{CV} 和 B 截面的转角 φ_B，EI 为常数。

5. 求图 18−36 所示刚架 C 点的竖向位移 Δ_{CV}，刚架各杆 EI 为常数。

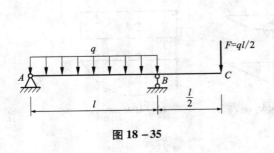 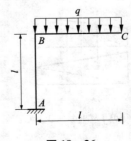

图 18−35 　　　　　　　　　　　　　　图 18−36

6. 图 18 - 37 所示桁架各杆截面均为 $A = 20 \text{ cm}^2$，$E = 2.1 \times 10^4 \text{ kN/cm}^2$，$F = 40 \text{ kN}$，$d = 2$ m，试求结点 C 点的竖向位移 Δ_{CV}。

7. 图 18 - 38 所示三角刚架，$EI =$ 常数，求 E 铰处的竖向位移。

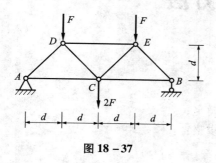

图 18 - 37

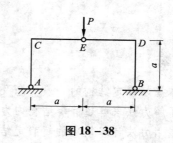

图 18 - 38

8. 试用图乘法计算图 18 - 39 所示刚架截面 D 的竖向位移 Δ_{DV}。刚架各杆 EI 为常数。

9. 已知简支梁 AB 跨度为 l，右支座竖直下沉 Δ，如图 18 - 40 所示，试求梁中点 C 的竖向位移 Δ_{CV}。

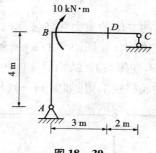

图 18 - 39

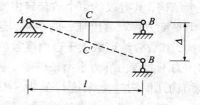

图 18 - 40

10. 如图 18 - 41 所示三铰拱，已知：B 支座向右发生水平位移 a，竖向位移 b。试求顶铰 C 的竖向位移。

11. 图 18 - 42 所示刚架，若支座 A 发生如图所示的位移：$a = 1.0 \text{ cm}$，$b = 1.5 \text{ cm}$。试求 B 点的水平位移 Δ_{BH}、竖直位移 Δ_{BV} 及其总位移 Δ_B。

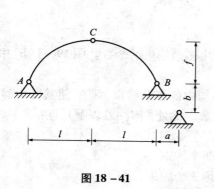

图 18 - 41

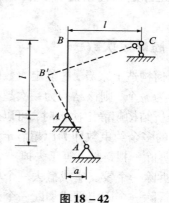

图 18 - 42

第19章 力法

【学习目标】

1. 掌握超静定结构的一般概念及超静定次数的确定;
2. 了解力法求解超静定结构内力的原理及一般步骤;
3. 能用力法计算简单的超静定结构内力。

19.1 超静定结构

一、超静定结构的概念

一个结构,其有效约束个数与自由度数量相等,即结构的支座约束力和各截面的内力都可以用静力平衡方程求解出唯一的结果,这种结构就称为静定结构[如图19-1(a)所示]。如果一个结构,其有效约束数大于自由度数(有多余约束的几何不变体系),结构的支座约束力和各截面的内力不能仅由静力平衡条件唯一确定,该结构被称为超静定结构[如图19-1(b)所示]。

从结构几何构造上来进行分析,图19-1(a)为简支梁,图19-1(b)为连续梁,两者均为几何不变体系。如果将简支梁中的 C 支座链杆去除,则图(a)结构变为几何可变体系。但如将图(b)中 B 支座链杆去除,则结构仍为几何不变体系。因此,支座链杆 C 或 B 为多余约束。由以上分析,可得出如下结论:静定结构是没有多余约束的几何不变体系,而超静定结构则是有多余约束的几何不变体系。

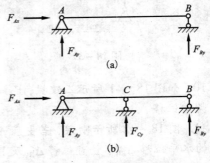

图19-1 静定结构与超静定结构

二、超静定次数

从几何构造上来看,超静定次数即为超静定结构中多余约束的个数。图19-1(b)中,多余约束数为一个,则该结构为一次超静定。

在分析结构超静定次数时,可以逐步将超静定结构中的多余约束拆除,使其变为静定结构,拆除的多余约束数即为原超静定结构的超静定次数。此处,需注意以下几点:

(1)拆除一根链杆,等于去掉一个约束;

(2)拆除一个铰支座或撤去一个单铰,等于去掉两个约束;

(3)拆除一个固定端或切断一个梁式杆,等于拆掉三个约束;

(4)在连续杆中加入一个单铰,等于去掉一个约束;

（5）不能将原结构拆成一个几何可变体系；

（6）要将多余约束全部拆除。

19.2 力法的基本原理

一、力法的基本结构

如图 19 – 2（a）所示为一端固定、另一端铰支的梁，承受均布荷载 q 的作用，EI 为常数，该梁 B 支座链杆为多余约束，是一次超静定结构。对图中 B 支座链杆的多余约束去除，代以多余未知支座约束力 X_1，则原超静定结构可转化为图 19 – 2（b）所示的静定梁。这样含有多余未知力的静定结构成为力法的基本结构。

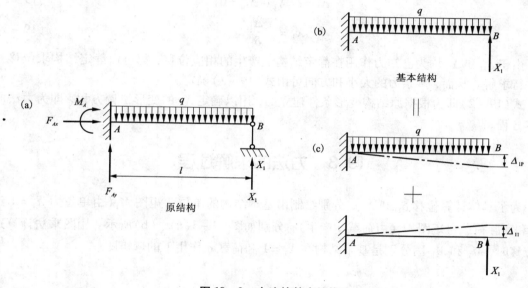

图 19 – 2 力法的基本结构

二、力法的基本未知量

如图 19 – 2（c）所示，只要设法解出基本结构中的多余未知力 X_1，就可将超静定结构化为静定结构，利用静力平衡方程就可求解所有支座约束力和内力。因此，求解多余未知力是力法计算结构内力的关键，多余未知力又被称为力法的基本未知量。但是，多余未知力并不能通过静力平衡条件求得，只能根据基本结构和原结构的受力和变形一致性的原则来确定。

三、力法的基本方程

将原结构与基本结构进行对比分析，原结构在 B 支座处，由于有支座链杆的约束，故不可能有竖向位移；而基本结构中已将支座链杆去掉，则在 B 处有可能发生竖向位移；只有当基本结构中的多余未知力 X_1 等于原结构中 B 处支座约束力相等时，才能使 B 处竖向位移为零。综上所述，用来确定 X_1 的条件是：基本结构在荷载和多余力的作用下，去掉多余约束处的位移应等于原结构中相应的位移。该条件称变形协调条件。

要确定超静定结构的约束力和内力，必须同时考虑静力平衡条件和变形协调条件。

设 Δ_{11} 和 Δ_{1p} 分别表示在多余力 X_1 和荷载 q 单独作用在基本结构上时，B 处沿竖向的位移。符号 Δ 下角标的含义是：第一个角标表示位移的位置和方向；第二个角标表示产生位移的原因。例如：Δ_{11} 表示在 X_1 作用点沿 X_1 方向且由 X_1 所产生的位移；Δ_{1p} 表示在 X_1 作用点沿 X_1 方向由外荷载 q 所产生的位移。

根据叠加原理，得到以下方程：

$$\Delta_1 = \Delta_{11} + \Delta_{1p} = 0 \qquad (19-1)$$

若以 δ_{11} 表示 X_1 为单位力（$\overline{X}_1 = 1$）时，基本结构在 X_1 作用点沿 X_1 方向产生的位移值，则有 $\Delta_{11} = \delta_{11}X_1$，于是式（19-1）可化为：

$$\Delta_1 = \delta_{11}X_1 + \Delta_{1p} = 0 \qquad (19-2)$$

$$X_1 = -\frac{\Delta_{1p}}{\delta_{11}} \qquad (19-3)$$

由于 δ_{11} 和 Δ_{1p} 均为已知力作用在静定结构上产生的相应位移，都可由静定结构求位移方法进行求解。从而，多余力的大小和方向可由式（19-3）确定。

式（19-2）即为根据原结构变形条件建立的，用以确定 X_1 的变形协调方程，即为力法的基本方程。

19.3　力法的求解过程

为了具体计算位移 δ_{11} 和 Δ_{1p}，分别绘制出基本结构的单位弯矩图 $\overline{M}_1$（由单位力 $\overline{X}_1 = 1$ 产生）和实际荷载弯矩图 M_p（由荷载 q 产生），分别如图 19-3（a）、（b）所示。用图乘法计算这些位移时，$\overline{M}_1$ 和 M_p 图分别是基本结构在 $\overline{X}_1 = 1$ 和荷载 q 作用下的弯矩图。

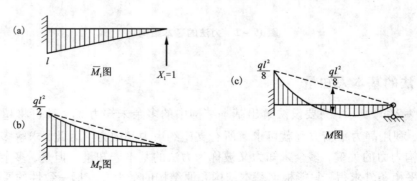

图 19-3　$\overline{M}_1$、M_p 和 M 图

计算 δ_{11} 时，可用 $\overline{M}_1$ 图乘 $\overline{M}_1$ 图，又称 $\overline{M}_1$ 图的自乘，即为

$$\delta_{11} = \sum \int \frac{\overline{M}_1 \overline{M}_1}{EI}\mathrm{d}x = \frac{1}{EI} \times \frac{l^2}{2} \times \frac{2l}{3} = \frac{l^3}{3EI}$$

同理，可用 M_p 图乘 $\overline{M}_1$ 图计算得到 Δ_{1p}，即为

$$\Delta_{1p} = \sum\int\frac{M_p\overline{M}_1}{EI}dx = -\frac{1}{EI}\left(\frac{1}{3}\times l\times\frac{ql^2}{2}\times\frac{3l}{4}\right) = -\frac{ql^4}{8EI}$$

代入力法方程式（19-2），可解出多余力 X_1 如下：

$$X_1 = -\frac{\Delta_{1p}}{\delta_{11}} = -\left(\frac{-ql^4}{8EI}\right)\Big/\frac{l^3}{3EI} = \frac{3ql}{8}(\uparrow)$$

所得 X_1 为正值，说明 X_1 的实际方向与基本结构中的假定方向一致。

多余力 X_1 求得后，可按静定结构求解出其余所有约束力和内力。且超静定结构的实际弯矩图可利用已绘制的 $\overline{M}_1$ 图和 M_p 图按叠加原理绘出，即：

$$M = \overline{M}_1 X_1 + M_p \tag{19-4}$$

用上述方法绘制 M 图时，可将 $\overline{M}_1$ 图纵坐标乘以 X_1 倍，再与 M_p 图的相应纵坐标叠加，即可得到 M 图［如图 19-3(c) 所示］。

也可在多余力 X_1 求得后，将 X_1 作为外荷载与 q 共同施加在基本结构上求结构弯矩。

综上所言，力法是以多余力为基本未知量，取拆除多余约束的静定结构作为基本结构，并根据去除多余约束处的已知位移条件建立基本方程，先将多余力求出，再用静定结构求约束力和内力方法进行求解。

19.4　多次超静定结构的计算

对于多次超静定结构，采用力法进行计算时，其计算原理与一次超静定结构完全相同。下面就多次超静定结构力法求解的基本原理进行说明。

如图 19-4(a) 所示刚架，该结构为一个两次超静定结构。如果取 B 点两根支杆的约束力 X_1 和 X_2 为基本未知量，则基本结构体系如图 19-4(b) 所示，相应的基本结构如图 19-4(c) 所示。

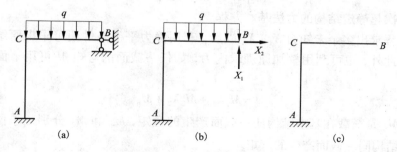

图 19-4　多次超静定刚架

为了确定多余未知力 X_1 和 X_2，可利用多余约束处的变形条件：基本体系在 B 点沿 X_1 和 X_2 方向的位移应与原结构相同，即应等于零。如下：

$$\begin{cases}\Delta_1 = 0 \\ \Delta_2 = 0\end{cases} \tag{19-5}$$

此处，Δ_1 是基本体系沿 X_1 方向的位移，即 B 点的竖向位移；Δ_2 是基本体系沿 X_2 方向的位移，即 B 点的水平位移。

为计算基本体系在荷载和未知力 X_1、X_2 共同作用下的位移 Δ_1、Δ_2，先分别计算基本结构在每种力单独作用下的位移如下：

（1）荷载单独作用时，相应的位移为 Δ_{1p}、Δ_{2p} [图 19 – 5（a）]。

（2）单位力 $\overline{X}_1 = 1$ 单独作用时，相应的位移为 δ_{11}、δ_{21} [图 19 – 5（b）]；未知力 X_1 单独作用时，相应的位移为 $\delta_{11}X_1$、$\delta_{21}X_1$。

（3）单位力 $\overline{X}_2 = 1$ 相应的位移为 δ_{12}、δ_{22} [图 19 – 5（c）]；未知力 X_2 单独作用时，相应的位移为 $\delta_{12}X_2$、$\delta_{22}X_2$。

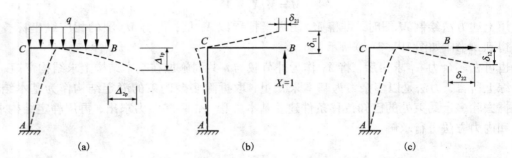

图 19 – 5　外荷载、未知力作用下 B 处位移

由叠加原理，得到以下方程：

$$\Delta_1 = \delta_{11}X_1 + \delta_{12}X_2 + \Delta_{1p}$$
$$\Delta_2 = \delta_{21}X_1 + \delta_{22}X_2 + \Delta_{2p} \tag{19 – 6}$$

由 B 处变形条件[即式（19 – 5）]，可得到：

$$\begin{cases} \delta_{11}X_1 + \delta_{12}X_2 + \Delta_{1p} = 0 \\ \delta_{21}X_1 + \delta_{22}X_2 + \Delta_{2p} = 0 \end{cases} \tag{19 – 7}$$

上式为两次超静定结构的力法基本方程。

由基本方程求出多余未知力 X_1、X_2 以后，利用静力平衡条件便可求出原结构的支座约束力和内力。此外，也可利用叠加原理求内力，如任一截面的弯矩 M 可用下面的叠加公式计算：

$$M = \overline{M}_1 X_1 + \overline{M}_2 X_2 + M_p \tag{19 – 8}$$

公式中，M_p 是荷载在基本结构任一截面产生的弯矩，$\overline{M}_1$ 和 $\overline{M}_2$ 分别是单位力 $\overline{X}_1 = 1$ 和 $\overline{X}_2 = 1$ 在基本结构同一截面产生的弯矩。

19.5　力法计算的应用

根据以上所述，用力法计算超静定结构的步骤可归纳如下：

（1）去掉原结构的多余约束得到一个静定的基本结构，并以力法基本未知量代替相应多余约束的作用，确定力法基本未知量的个数。

（2）建立力法典型方程。根据基本结构在多余力和原荷载的共同作用下，多余约束处的位移应与原结构中相应的位移有相同的位移条件，建立力法典型方程。

（3）求系数和自由项。为此，需分以下两步进行：

①令 $\overline{X}_i = 1$，作基本结构单位弯矩图 $\overline{M}_i$ 和基本结构荷载弯矩图 M_P。

②按照求静定结构位移的方法计算系数和自由项。

（4）解力法典型方程，求出多余未知力。

（5）求出原结构的内力，绘制内力图。

下面分别举例说明力法计算的具体方法。

例 19 – 1 试分析图 19 – 6(a) 所示刚架，EI 为常数。

解：（1）确定超静定次数，选取基本结构

此刚架具有一个多余约束，是一次超静定结构，去掉支座链杆 C 即为静定结构，并用 X_1 代替支座链杆 C 的作用，得基本结构如图 19 – 6(b) 所示。

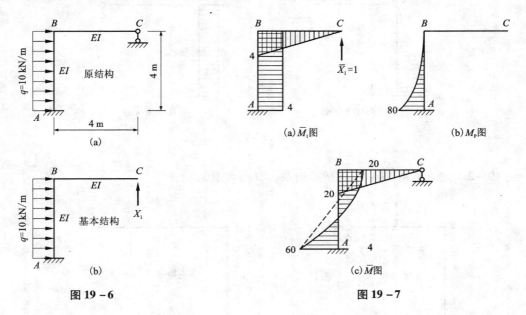

图 19 – 6

图 19 – 7

（2）建立力法典型方程

原结构在支座 C 处的竖向位移 $\Delta_1 = 0$，根据位移条件可得力法的典型方程如下：

$$\delta_{11} X_1 + \Delta_{1p} = 0$$

（3）求系数和自由项

首先作 $\overline{X}_1 = 1$ 单独作用于基本结构的弯矩图 $\overline{M}_1$ 图，如图 19 – 7(a) 所示。再作荷载单独作用于基本结构时的弯矩图 M_P 图，如图 19 – 7(b) 所示。然后利用图乘法求系数和自由项如下：

$$\delta_{11} = \frac{1}{EI}\left(\frac{1}{2} \times 4 \times 4 \times \frac{2}{3} \times 4 + 4 \times 4 \times 4\right) = \frac{256}{3EI}$$

$$\Delta_{1p} = -\frac{1}{EI}\left(\frac{1}{3} \times 80 \times 4 \times 4\right) = -\frac{1280}{3EI}$$

（4）求解多余力。

将 δ_{11}、Δ_{1p} 代入典型方程有

$$\frac{256}{3EI}X_1 - \frac{1280}{3EI} = 0$$

解方程得 $X_1 = 5\ \mathrm{kN}(\uparrow)$（正值说明该力实际方向与基本结构上假设的 X_1 方向相同，即垂直向上）。

（5）绘制内力图。

各杆端弯 $M = \overline{M}_1 X_1 + M_p$ 计算，最后弯矩图如图 19-7(c) 所示。

至于剪力图和轴力图，在多余力求出后，可直接按作静定结构剪力图和轴力图的方法作出，如图 19-8(a)、19-8(b) 所示。

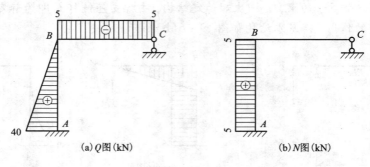

图 19-8

例 19-2　试分析图 19-9(a) 所示刚架，EI 为常数。

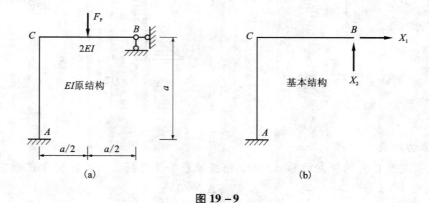

图 19-9

解：（1）确定超静定次数，选取基本结构

此刚架有两个多余联系，是两次超静定结构，去掉刚架 B 处的两根支座链杆即为静定结构，并用 X_1 和 X_2 代替刚架 B 处的作用，得基本结构如图 19-9(b) 所示。

（2）建立力法典型方程

$$\delta_{11}X_1 + \delta_{12}X_2 + \Delta_{1p} = 0$$
$$\delta_{21}X_1 + \delta_{22}X_2 + \Delta_{2p} = 0$$

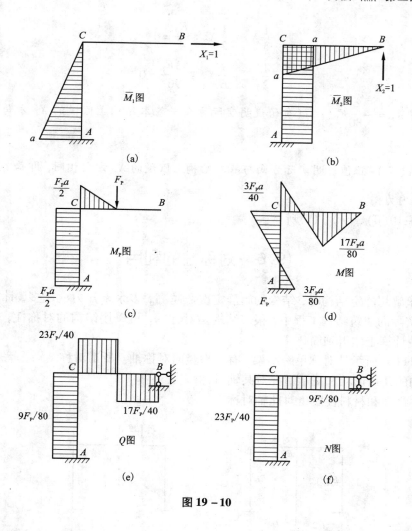

图 19 − 10

（3）绘出各单位弯矩和荷载弯矩图［如图 19 − 10(a)、(b)、(c)所示］利用图乘法求得各系数和自由项。

$$\delta_{11} = \frac{1}{EI}\left(\frac{a^2}{2} \times \frac{2a}{3}\right) = \frac{a^3}{3EI}$$

$$\delta_{22} = \frac{1}{2EI}\left(\frac{a^2}{2} \times \frac{2a}{3}\right) + \frac{1}{EI}\left(a^2 \times a\right) = \frac{7a^3}{6EI}$$

$$\delta_{12} = \delta_{21} = -\frac{1}{EI}\left(\frac{a^2}{2} \times a\right) = -\frac{a^3}{2EI}$$

$$\Delta_{1p} = \frac{1}{EI}\left(\frac{a^2}{2} \times \frac{F_P a}{2}\right) = \frac{F_P a^3}{4EI}$$

$$\Delta_{2p} = -\frac{1}{2EI}\left(\frac{1}{2} \times \frac{F_P a}{2} \times \frac{a}{2} \times \frac{5a}{6}\right) - \frac{1}{EI}\left(\frac{F_P a^2}{2} \times a\right) = -\frac{53F_P a^3}{96EI}$$

（4）求解多余力

将以上系数和自由项代入典型方程，得

257

$$\frac{1}{3}X_1 - \frac{1}{2}X_2 + \frac{F_P}{4} = 0$$

$$-\frac{1}{2}X_1 + \frac{7}{6}X_2 - \frac{53F_P}{96} = 0$$

解方程得 $X_1 = -\frac{9}{80}F_P(\leftarrow)$（负值说明实际方向与基本结构上假设的 X_1 方向相反，即水平向左）。

$X_2 = \frac{17}{40}F_P(\uparrow)$（正值说明实际方向与基本结构上假设的 X_1 方向相同，即垂直向上）。

（5）绘制内力图

如图 19-10(d)、(e)、(f)所示。

19.6 对称性的利用

用力法求解超静定结构时，结构的超静定次数越高，多余未知力就越多，计算工作量也越大。但在实际的建筑结构工程中，很多结构是对称的，可以用结构的对称性，适当选取基本结构，可使计算工作得到简化。

图 19-11(a)所示的对称单跨刚架，有一根竖向对称轴。所谓对称结构，就是指：

（1）结构的几何形状和支承情况对某轴对称；

（2）杆件截面和材料性质也对此轴对称。

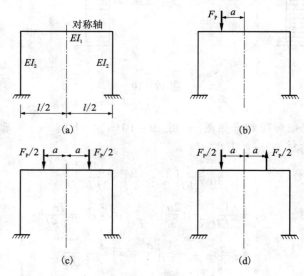

图 19-11

作用在对称结构上的任何荷载，如图 19-11(b)都可分解为两组：一组是对称荷载，如图 19-11(c)，另一组是反对称荷载，如图 19-11(d)。对称荷载绕对称轴对折后，左右两部分的荷载彼此重合（作用点相对应、数值相等、方向相同）；反对称荷载绕对称轴对折后，左右两部分的荷载正好相反（作用点相对应、数值相等、方向相反）。

　　计算超静定对称结构时，为了简化计算，应当选择对称的基本体系，并取对称力或反对称力作为多余未知力。以图 19 – 11(b)所示刚架为例，可沿对称轴上梁的中间截面切开，这样得到的基本体系是对称的，如图 19 – 12(a)。这时多余未知力包括三个未知力 X_1、X_2、X_3。分别是一对弯矩、一对轴力和一对剪力。其中 X_1 和 X_2 是对称力，X_3 是反对称力。显然 $\overline{M}_1$ 图、$\overline{M}_2$ 图是对称图形；$\overline{M}_3$ 图是反对称图形。由图形相乘可知：

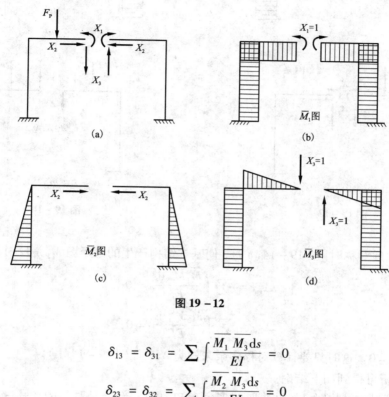

图 19 – 12

$$\delta_{13} = \delta_{31} = \sum \int \frac{\overline{M}_1 \, \overline{M}_3 \mathrm{d}s}{EI} = 0$$

$$\delta_{23} = \delta_{32} = \sum \int \frac{\overline{M}_2 \, \overline{M}_3 \mathrm{d}s}{EI} = 0$$

故力法典型方程简化为：

$$\delta_{11}X_1 + \delta_{12}X_2 + \Delta_{1\mathrm{p}} = 0$$
$$\delta_{21}X_1 + \delta_{22}X_2 + \Delta_{2\mathrm{p}} = 0$$
$$\delta_{33}X_3 + \Delta_{3\mathrm{p}} = 0$$

　　由此可知，力法典型方程将分成两组：一组只包含对称的未知力，即 X_1、X_2；另一组只包含反对称的未知力，即 X_3。因此，解方程组的工作得到简化。

　　若将此荷载分解为对称和反对称两种情况，则计算还可进一步得到简化。如图 19 – 13(a)、(b)所示。

　　(1)外荷载对称时，使基本结构产生的弯矩图 M'_p 是对称的，则得：

$$\Delta_{3\mathrm{p}} = \sum \int \frac{\overline{M}_3 M'_\mathrm{p} \mathrm{d}s}{EI} = 0$$

从而得 $X_3 = 0$。这时只要计算对称多余未知力 X_1 和 X_2，如图 19 – 13(b)。

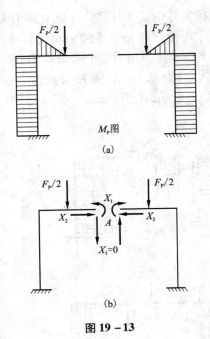

图 19-13

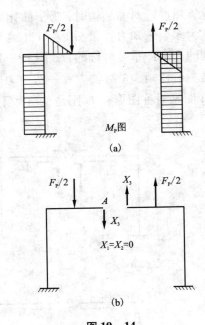

图 19-14

（2）外荷载反对称时[图 19-14(a)]，使基本结构产生的弯矩图 M_P'' 是反对称的，则得

$$\Delta_{1p} = \sum \int \frac{\overline{M_1} M_P'' \mathrm{d}s}{EI} = 0$$

$$\Delta_{2p} = \sum \int \frac{\overline{M_2} M_P'' \mathrm{d}s}{EI} = 0$$

从而得 $X_1 = X_2 = 0$。这时只要计算对称多余未知力 X_3，如图 19-14(b)。

从上述分析可得到如下结论：

（1）在计算对称结构时，如果选取的多余未知力中一部分是对称的，另一部分是反对称的，则力法方程将分成为两组：一组只包含对称未知力，另一组只包含反对称未知力。

（2）结构对称，若外荷载不对称时，可将外荷载分解为对称荷载和反对称荷载，分别计算然后叠加。这时，在对称荷载作用下，反对称未知力为零；在反对称荷载作用下，对称未知力为零。

所以，在计算对称结构时，可直接利用上述结论，使计算得到简化。

例 19-4 利用对称性，计算图 19-15(a)所示刚架，并绘制弯矩图。

解：（1）此结构为三次超静定刚架，且结构及荷载均为对称。在对称轴处切开。取图 19-15(b)所示的基本结构。由对称性的结论可知 $X_3 = 0$，只需考虑对称未知力 X_1 和 X_2。

（2）由切开处的位移条件，建立力法典型方程。

$$\delta_{11} X_1 + \delta_{12} X_2 + \Delta_{1p} = 0$$

$$\delta_{21} X_1 + \delta_{22} X_2 + \Delta_{2p} = 0$$

（3）作 $\overline{M_1}$、$\overline{M_2}$、M_P 图，如图 19-15(c)、(d)、(e)所示。利用图乘法求得各系数和自由项。

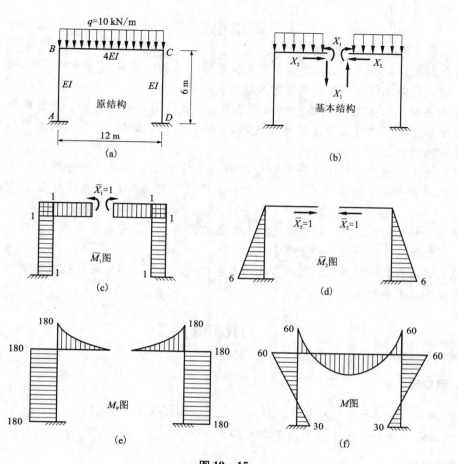

图 19 – 15

$$\delta_{11} = 2\left(\frac{1}{EI} \times 6 \times 1 \times 1 + \frac{1}{4EI} \times 6 \times 1 \times 1\right) = \frac{15}{EI}$$

$$\delta_{22} = 2\left(\frac{1}{EI} \times 6 \times 6 \times \frac{1}{2} \times \frac{2}{3} \times 6\right) = \frac{144}{EI}$$

$$\delta_{12} = \delta_{21} = -2\left(\frac{1}{EI} \times 6 \times 1 \times \frac{1}{2} \times 6\right) = -\frac{36}{EI}$$

$$\Delta_{1p} = -2\left(\frac{1}{EI} \times 180 \times 6 \times 1 + \frac{1}{4EI} \times \frac{1}{3} \times 6 \times 180 \times 1\right) = -\frac{2340}{EI}$$

$$\Delta_{2p} = 2\left(\frac{1}{EI} \times 180 \times 6 \times \frac{1}{2} \times 6\right) = \frac{6480}{EI}$$

（4）求解多余力

将以上系数和自由项代入典型方程，得

$$X_1 = 120 \text{ kN} \cdot \text{m}, \ X_2 = -15 \text{ kN}$$

（5）绘制弯矩图

如图 19 – 15（f）所示。

本章小结

用力法解超静定结构的基本思路是：去掉超静定结构的多余约束并代之以多余未知力，使其变为静定的基本结构。然后根据基本结构在荷载和多余未知力的共同作用下，使多余约束处的变形条件符合原结构在该处的约束条件，以建立力法典型方程，从而解除多余未知力。即取基本结构和列力法典型方程两个步骤，解出多余未知力。最后按照静定结构的方法绘出原结构的内力图。

力法的基本原理是：选择多余未知力作为力法的基本未知量，根据所选择的基本结构（静定结构）与原结构（超静定结构）进行比较，通过位移条件建立力法典型方程以求出未知力。

应用力法解超静定结构，必须考虑三个方面的因素：一是静力平衡条件，二是位移协调条件，三是力和位移的关系——物理方程。

为了使计算简化，要善于选取最合适的基本结构，对于对称结构要能将非对称荷载简化为对称荷载和反对称荷载。

自我检测

一、填空题

1. 力法方程中位移系数 δ_{ij} 代表_____，自由项 Δ_{ip} 代表_____。

2. 力法是以多余（　　　）作为基本未知量。

二、选择题

1. 图 19-16(a)结构的最后弯矩图为（　　　）
   A. 图(b)　　　　　　B. 图(c)　　　　　　C. 图(d)　　　　　　D. 都不对

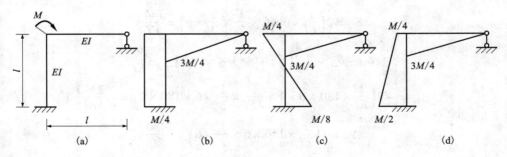

图 19-16

2. 力法方程是沿基本未知量方向的（　　　）
   A. 力的平衡方程　　　　　　　　　　　B. 位移为零方程
   C. 位移协调方程　　　　　　　　　　　D. 力的平衡及位移为零方程

三、简答题

1. 说明静定结构与超静定结构的区别。

2. 用力法解超静定结构的思路是什么？何谓基本结构和基本未知量？为什么要首先计算基本未知量，基本结构与原结构有何异同？

3. 在选取力法基本结构时，应掌握什么原则？如何确定超静定次数？

4. 力法典型方程的意义是什么？其系数和自由项的物理意义是什么？

5. 试述用力法求解超静定结构的步骤。

6. 怎样利用结构的对称性以简化计算？

7. 为什么对称结构在对称荷载作用下，反对称多余未知力等于零？反之，对称结构在反对称荷载作用下，对称的多余未知力等于零？

四、计算题

1. 试分析图 19 – 17 中结构的超静定次数。

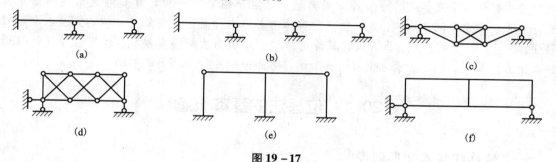

图 19 – 17

2. 试用力法求解图 19 – 18 结构内力，并绘制内力图。

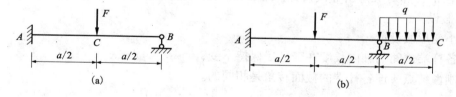

图 19 – 18

3. 试用力法求解图 19 – 19 结构内力，并绘制 M 图。

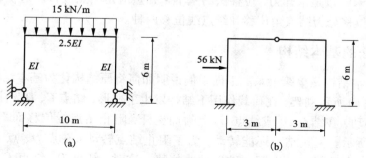

图 19 – 19

第 20 章　位移法

【学习目标】

1. 掌握位移法的基本概念，能正确判定位移法基本未知数数目；
2. 熟悉等截面杆件的转角位移方程与新的符号规定；
3. 掌握位移法基本结构的取法与典型方程的物理概念和解法；
4. 熟练掌握用位移法计算荷载作用下刚架内力的方法。

力法计算超静定结构时，由于基本未知量的数目等于超静定次数，对于实际工程来说，超静定次数往往很高，应用力法计算很繁琐。这里介绍另外一种计算超静定结构的基本方法，这种方法称为位移法，它是以结点位移作为基本未知量求解超静定结构的方法。利用位移法，既可以计算超静定，也可以计算静定结构。对于高次超静定结构，运用位移法计算通常也比力法简便。同时，学习位移法也为学习力矩分配法打下必要的基础。

20.1　位移法的基本概念

一、位移法基本变形假设

位移法的计算对象是由等截面直杆组成的杆系结构，例如刚架、连续梁。在计算中位移法有以下假设：

（1）小变形假设；

（2）各杆端之间的轴向长度在变形后保持不变；

（3）刚性结点所连各杆端的截面转角是相同的。

二、位移法的基本未知量

力法的基本未知量是未知力，位移法的基本未知量就是结点位移。这里的结点指各杆件的连接点，结点位移分为结点角位移和结点线位移两种。

三、位移法的基本结构

位移法的基本结构是单跨梁系。下面举例说明如何将原结构化为基本结构。

如图 20-1(a)所示刚架，在荷载作用下结构发生了变形，结点 C、D 发生了转动和移动。为了阻止结点移动，在结点 D(或结点 C)上附加支杆，阻止结点线位移而不限制结点转动，如图 20-1(b)所示。但是结点还能转动，为了阻止结点转动，在点 D、点 C 上各加一个刚臂，其作用是阻止结点转动而不限制结点的线位移。这时，结点 D、结点 C 均不能移动，也不能转动，成为周围各杆的固定支座。于是杆 AC、杆 CD、杆 DB 均化为两端固定梁，

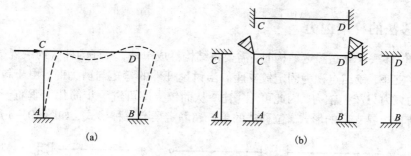

图 20－1

图 20－1(b)所示梁系为图 20－1(a)所示原结构的位移法基本结构。

与此同时，我们也确定了位移法的基本未知量。因为在选定位移法基本结构时，为了使各杆都化为单跨超静定梁，应在每一刚结点上加入附加刚臂以阻止其转动，而附加刚臂的数目恰好等于结构中刚结点的数目；此外，还需加入一定数量的附加支杆以阻止各结点发生线位移，附加支杆的数目显然与原结构各结点的独立线位移数目相等。因此，在位移法中基本未知量的数目就等于基本结构上所应具有的附加约束的数目。

基本结构所需附加刚臂的数目很容易确定，在原结构上，凡属各杆互相刚结的结点(包括组合结点)，都应加入一附加刚臂，而全铰结点不需附加刚臂。故只需清点刚结点的数目。在确定所需附加支杆的数目时，可将结构各刚结点(包括固定端支座)全部改为铰结点，化为铰结体系。若此铰结体系仍为几何不变体系，说明原结构没有结点线位移，无需附加支杆。若增加支杆才能组成几何不变体系，则所需增加的支杆数就等于原结构的独立线位移数目。

例如图 20－2(a)所示刚架，可得如图 20－2(b)所示铰结体系，该体系需增加两根支杆[图 20－2(c)、图 20－2(d)]才能组成几何不变体系。原结构加上这两个支杆后各结点就不能移动了。再加上各刚结点上附加刚臂后，如图 20－2(e)，就形成单跨梁系的基本结构了。

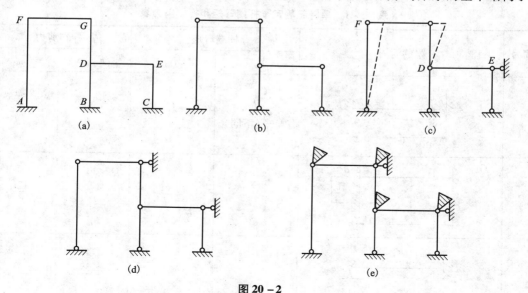

图 20－2

四、位移法的杆端内力

（1）运用位移法计算超静定结构时，需要将结构拆成单杆，单杆的杆端约束视结点而定，刚结点视为固定支座，铰结点视为固定铰支座。当讨论杆件的弯矩与剪力时，由于铰支座在杆轴线方向上的约束力只产生轴力，因此可不考虑，从而铰支座可进一步简化为垂直于杆轴线的可动铰支座。结合边界支座的形式，位移法的单杆超静定梁有三种形式，如图 20-3 所示。

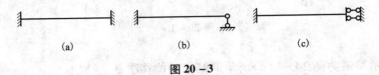

(a)　　　　　(b)　　　　　(c)

图 20-3

（2）位移法规定杆端弯矩使杆端顺时针转向为正，逆时针转向为负（对于结点就变成逆时针转向为正），如图 20-4 所示。要注意的是，这和前面梁的内力计算中规定梁的弯矩下侧受拉时为正是不一样的。剪力、轴力的正负号规定与前面的规定保持一致。

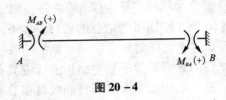

图 20-4

（3）位移法的杆端内力主要是剪力和弯矩，由于位移法下的单杆都是超静定梁，所以不仅荷载会引起杆端内力，杆端支座位移也会引起内力。这些杆端内力可查表 20-1。由荷载引起的弯矩称为固端弯矩，由荷载引起的剪力称为固端剪力。固端剪力使杆端顺时针转向为正，逆时针转向为负，表中的 i 称为线刚度，$i = \dfrac{EI}{l}$，其中 EI 是杆件的抗弯刚度，l 是杆长。

表 20-1　单跨超静定梁杆端弯矩和杆端剪力表

序号	梁的简图	杆端弯矩		杆端剪力	
		M_{AB}	M_{BA}	F_{QAB}	F_{QBA}
1	$\theta = 1$ A ——— B l	$4i$ $i = \dfrac{EI}{l}$（下同）	$2i$	$-\dfrac{6i}{l}$	$-\dfrac{6i}{l}$
2	A ——— B $\Delta = 1$ l	$-\dfrac{6i}{l}$	$-\dfrac{6i}{l}$	$\dfrac{12i}{l^2}$	$\dfrac{12i}{l^2}$
3	$\theta = 1$ A ——— B l	$3i$	0	$-\dfrac{3i}{l}$	$-\dfrac{3i}{l}$

序号	梁的简图	杆端弯矩		杆端剪力	
		M_{AB}	M_{BA}	F_{QAB}	F_{QBA}
4		$-\dfrac{3i}{l}$	0	$\dfrac{3i}{l^2}$	$\dfrac{3i}{l^2}$
5		i	$-i$	0	0
6		$-\dfrac{Fab^2}{l^2}$	$\dfrac{Fa^2 b}{l^2}$	$\dfrac{Fb^2}{l^2}\left(1+\dfrac{2a}{l}\right)$	$\dfrac{Fa^2}{l^2}\left(1+\dfrac{2b}{l}\right)$
7		$-\dfrac{Fl}{8}$	$\dfrac{Fl}{8}$	$\dfrac{F}{2}$	$-\dfrac{F}{2}$
8		$-\dfrac{ql^2}{12}$	$\dfrac{ql^2}{12}$	$\dfrac{ql}{2}$	$-\dfrac{ql}{2}$
9		$-\dfrac{Fab(l+b)}{2l^2}$	0	$\dfrac{Fb}{2l^3}(3l^2-b^2)$	$-\dfrac{Fa^2}{2l^3}(3l-a)$
10		$-\dfrac{3Fl}{16}$	0	$\dfrac{11F}{16}$	$-\dfrac{5F}{16}$
11		$-\dfrac{ql^2}{8}$	0	$\dfrac{5ql}{8}$	$-\dfrac{3ql}{8}$

序号	梁的简图	杆端弯矩		杆端剪力	
		M_{AB}	M_{BA}	F_{QAB}	F_{QBA}
12	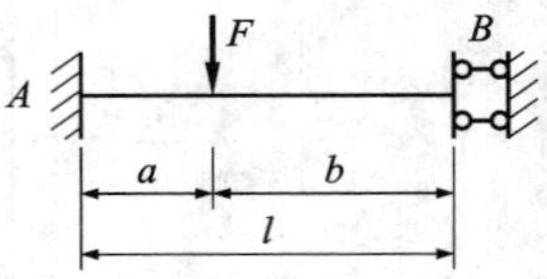	$-\dfrac{Fa(l+b)}{2l}$	$-\dfrac{Fa^2}{2l}$	F	0
13	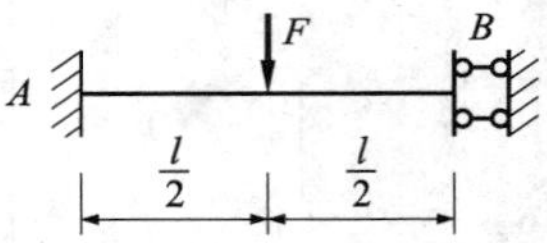	$-\dfrac{3Fl}{8}$	$-\dfrac{Fl}{8}$	F	0
14	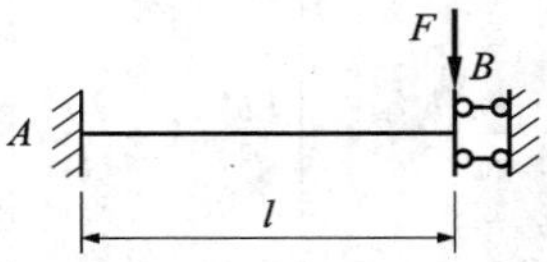	$-\dfrac{Fl}{2}$	$-\dfrac{Fl}{2}$	F	F
15	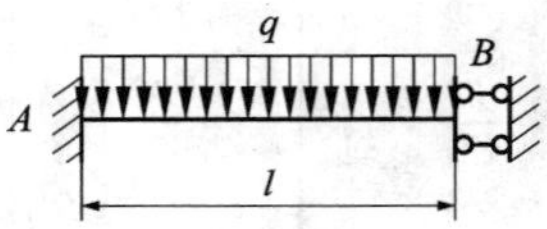	$-\dfrac{ql^2}{3}$	$-\dfrac{ql^2}{6}$	ql	0
16	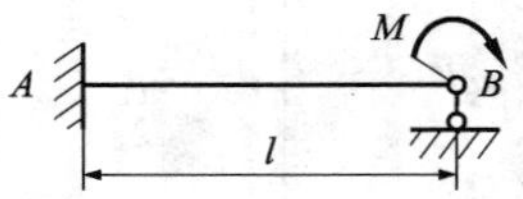	$\dfrac{M}{2}$	M	$-\dfrac{3M}{2l}$	$-\dfrac{3M}{2l}$

20.2 位移法的基本原理

图 20 – 5(a)所示超静定刚架,用位移法计算时,首先要将其变为位移法基本结构。由于原结构只有结点 B 能转动,故需在结点 B 上加一刚臂 1,以阻止其转动。这样就变成了两个两端固定梁 BA 和 BC 组成的位移法基本结构[图 20 – 5(b)]。

比较图 20 – 5(a)、(b),两者是有差别的。原结构的结点 B 能转动(转角以 Z_1 表示,并以顺时针方向为正),而基本结构由于附加刚臂 1 的作用是不能转动的。另一方面,由于附加刚臂 1 阻止了结点转动,所以产生了约束力矩,即给结点加了一个与转角 Z_1 反向的力偶 R_{1p},并规定顺时针方向为正。图 20 – 5(b)中所示为 R_{1p} 的正向,实际发生的 R_{1p} 是负的。

如果要消除基本结构与原结构的区别,需将刚臂 1 即结点 B 转动一个实际的角度 Z_1,如图 20 – 5(c)所示。

转到应有角度时,结构恢复了附加刚臂前的自然状态,去掉刚臂,也会停留在原处,而

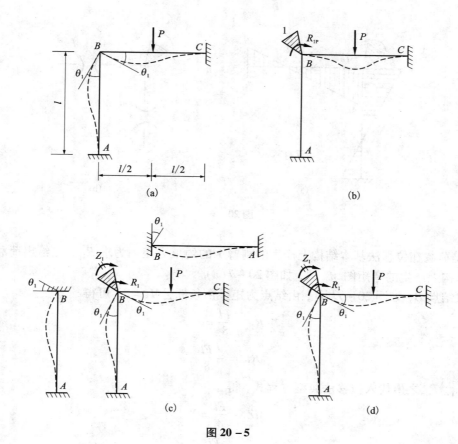

图 20 – 5

不会再转动，即使不去掉刚臂，刚臂也不会起作用，此时刚臂的约束力矩 $R_1 = 0$。

图 20 – 5(c)受两种作用，可分解为图 20 – 5(b)、(d)两种情况。图 20 – 5(b)只有外力 P 的作用而无转角 Z_1 的影响，AB 杆无荷载影响，不发生变形，无内力，BC 杆的内力可用力法求得。图 20 – 5(d)中 AB 和 BC 杆相当于两端固定梁在 B 端发生支座移动，转角大小为 Z_1 的情况，其内力同样可用力法求得。

这样，附加刚臂 1 的约束力矩 R_1 由两部分组成：一个是由外力 P 在基本结构上产生的刚臂 1 的约束力矩 R_{1p}，一个是由结点转角 Z_1 产生的刚臂 1 的约束力矩 R_{11}，则

$$R_1 = R_{11} + R_{1p} = 0$$

而 $R_{11} = r_{11} \times Z_1$

其中 r_{11} 是单位转角 $Z_1 = 1$ 产生的刚臂 1 的约束力矩，则

$$r_{11} \times Z_1 + R_{1p} = 0$$

该式为位移法典型方程。

为求 r_{11}，需要绘出单位结点转角 $Z_1 = 1$ 产生的弯矩图 $\overline{M_1}$ 图，如图 20 – 6(a)。

截取结点 B，如图 20 – 6(b)，由平衡条件 $\sum M_B = 0$，可得

$$r_{11} - 4i - 4i = 0$$

$$r_{11} = 8i$$

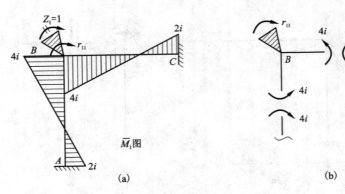

图 20 - 6

R_{1p} 是荷载在位移法基本结构上产生的刚臂 1 的约束力矩。为求 R_{1p}，先给出荷载在位移法基本结构上产生的弯矩图 M_P 图，如图 20 - 7(a)。

截取结点 B，如图 20 - 7(b)，由结点力矩平衡条件 $\sum M_B = 0$，可得

$$R_{1p} + \frac{Fl}{8} = 0$$

即

$$R_{1p} = -\frac{Fl}{8}$$

将 r_{11}、R_{1p} 之值代入位移法典型方程式，得

$$8iZ_1 - \frac{Fl}{8} = 0$$

$$Z_1 = \frac{Fl}{64i}$$

求出 Z_1 后，原结构的最后弯矩图可按叠加法公式 $M = \overline{M_1}Z_1 + M_P$ 绘制，如图 20 - 8。

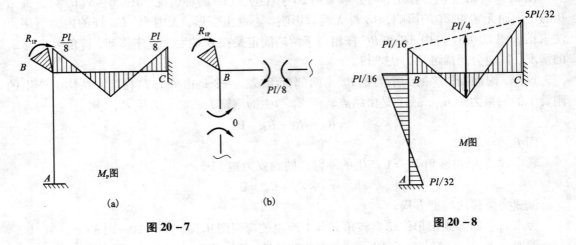

图 20 - 7

图 20 - 8

270

20.3 位移法的应用

利用位移法求解超静定结构的一般步骤如下：

（1）将原结构转化为基本结构。

（2）列位移法典型方程。

（3）绘单位弯矩图（$\overline{M}_1$图）和荷载弯矩图（M_P图）。

（4）求系数（r_{11}）和自由项（R_{1p}）。

（5）解方程，求未知量（Z_1）。

（6）用叠加法绘最后弯矩图。

例 20 – 1 用位移法解如图 20 – 9（a）所示结构，并作弯矩图。已知各杆的长度为 l，刚度 EI 为常数。

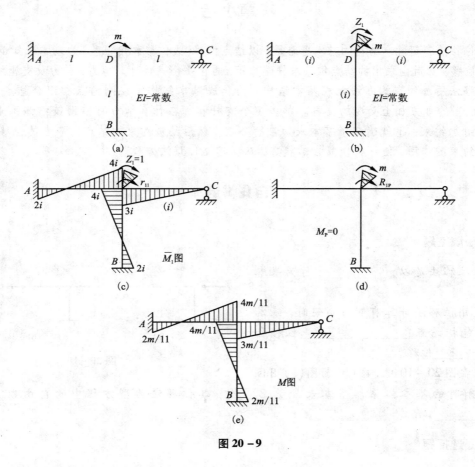

图 20 – 9

解： 基本结构如图 20 – 9（b）所示。

位移法方程为

$$r_{11}Z_1 + R_{1p} = 0$$

绘 $\overline{M}_1$ 图，如图 20 – 9（c），求 r_{11}：

$$r_{11} = 4i + 4i + 3i = 11i$$

如图 20-9(d)所示，结点 D 被刚臂锁住，加外力偶后不能转动，所以各杆均无弯曲变形，因此无弯矩图，即 $M_P = 0$。

截取结点 D，由结点力矩平衡条件 $\sum M_D = 0$，得

$$R_{1p} + m = 0$$

则
$$R_{1p} = -m$$

解方程，求 Z_1:

$$Z_1 = -\frac{R_{1p}}{r_{11}} = \frac{m}{11i}$$

按叠加法绘最后弯矩图，如图 20-9(e)所示：

$$M = \overline{M_1} Z_1 + M_{1p} = \overline{M_1} Z_1$$

本章小结

用位移法解超静定结构的基本思路是：以结点位移(线位移和角位移)为基本未知量，先求出结点位移，然后由求出的结点位移求杆端弯矩，再由平衡条件计算剪力、轴力及支座约束力。

位移法用加约束的办法化成基本结构。为化成基本结构需在刚结点和组合结点处加刚臂，在适当的地方加上必要的支杆。加多少个支杆和加在什么地方可借助铰结体系来判断。确定了附加约束，也就确定了基本未知量的个数。然后给被约束的结点以应有的位移，以消除附加约束的作用，使结构恢复自然状态，从而建立位移法方程。

自我检测

一、填空题

1. 位移法是以_____作为基本未知量。

2. 用位移法计算有侧移刚架时，基本未知量包括结点_____位移和_____位移。

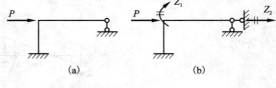

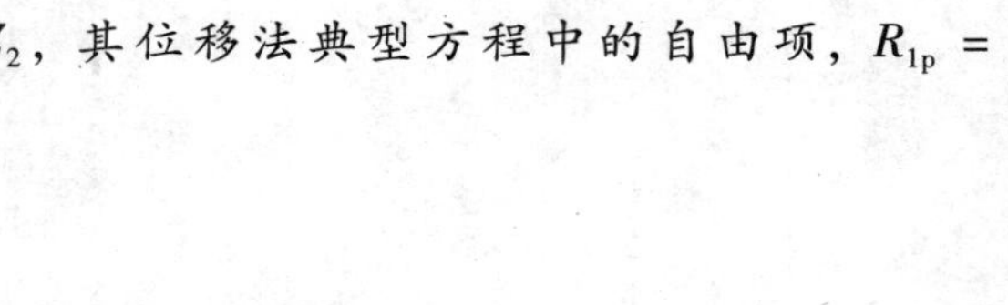

(a)　　　　　　(b)

图 20-10

3. 在图 20-10 中，图(b)为图(a)用位移法求解时的基本体系和基本未知量 Z_1、Z_2，其位移法典型方程中的自由项，$R_{1p} =$ _____，$R_{2p} =$ _____。

二、选择题

1. 位移法中，将铰接端的角位移、滑动支承端的线位移作为基本未知量（　　　）

A. 绝对不可　　　B. 必须　　　　C. 可以，但不必　　　D. 一定条件下可以

2. 位移法典型方程中主系数 r_{11} 一定为（　　　）

A. 等于零　　　B. 大于零　　　C. 小于零　　　D. 大于等于零

272

三、简答题

1. 位移法的基本未知量是什么？如何确定其数目？
2. 杆端弯矩的正负号如何确定？
3. 位移法求解未知量的方程是如何建立的？
4. 确定图 20-11 所示超静定结构的位移法基本未知量。

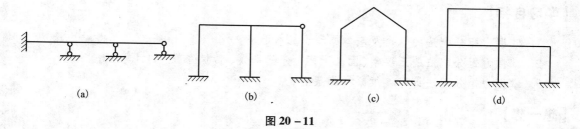

图 20-11

四、计算题

1. 用位移法求图 20-12 所示梁的弯矩图，EI 为常数。

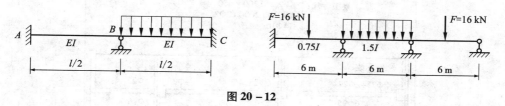

图 20-12

2. 用位移法绘制图 20-13 所示刚架的弯矩图。

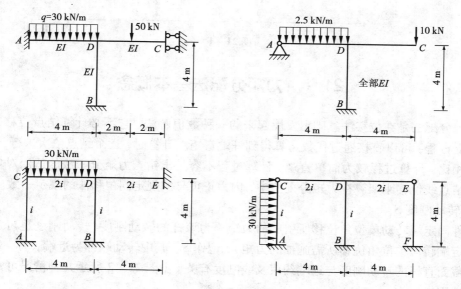

图 20-13

第21章 力矩分配法

【学习目标】

1. 掌握力矩分配法的概念及基本原理、基本思路。
2. 掌握力矩分配法的三要素(固端弯矩、分配系数、传递系数)的计算。
3. 掌握力矩分配法计算连续梁和刚架。

【想一想】

1. 如图21-1所示的二跨连续梁,为什么在支座、梁下部要配置受力钢筋?
2. 钢筋用量的多少跟什么因素有直接关系?

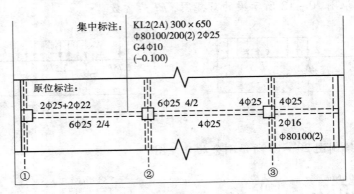

图 21-1

21.1 力矩分配法基本概念

力矩分配法是在位移法基础上发展起来的一种数值解法,它不必计算结点位移,也无须求解联立方程,可以直接通过代数运算得到杆端弯矩。计算时,逐个结点依次进行,和力法、位移法相比,计算过程较为简单直观,计算过程不容易出错。力矩分配法的适用对象是连续梁和无结点线位移刚架。在力矩分配法中,内力正负号的规定同位移法的规定一致。

1. 转动刚度 S

杆件固定端转动单位角位移所引起的力矩称为该杆的转动刚度(转动刚度也可定义为使杆件固定端转动单位角位移所需施加的力矩),记作 S。其中转动端称为近端,另一端称为远端。等截面直杆的转动刚度与远端约束及线刚度有关,由图21-2所示几种情况可知:

远端固定: $S = 4i$

远端铰支: $S = 3i$

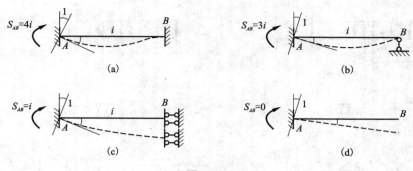

图 21 – 2

远端双滑动支座：$\qquad\qquad S = i$

远端自由：$\qquad\qquad S = 0$（i 为线刚度）

2. 传递系数 C

对于单跨超静定梁，当一端发生单位转角 $\varphi = 1$ 而具有弯矩（称为近端弯矩），其另一端即远端一般也将产生弯矩（称为远端弯矩）。通常将远端弯矩与近端弯矩的比值，称为杆件由近端向远端的传递系数，并由 C 表示。显然，对不同的远端支撑情况，其传递系数也将不同。如表 21 – 1。

表 21 – 1　转动刚度与传递系数表

约束条件	转动刚度 S	传递系数 C
近端固定、远端固定	$4i$	$1/2$
近端固定、远端铰支	$3i$	0
近端固定、远端双滑动	i	-1
近端固定、远端自由	0	0

21.2　力矩分配法基本原理

下面以如图 21 – 3 所示的刚架为例，说明力矩分配法的基本原理。

此结构在荷载作用下刚结点 B 处不产生线位移，只产生一个角位移 θ。

1. 用力矩分配法计算此结构时，可以将各杆的杆端弯矩看成是由下面两种状态引起的：

（1）一种是在刚结点 B 处附加控制转动的附加刚臂，如图 21 – 3（b）所示，不发生角位移时，由荷载引起的杆端弯矩。这时，刚架就成了三个互被隔离的单跨超静定梁。这种状态称为固定状态。

先对固定状态进行计算。在此状态中刚结点不产生角位移，把荷载引起的杆端弯矩称为固端弯矩，用 M_{ij}^{F} 表示。如图 21 – 3（c）所示。其总和 M_{B}^{F} 为：

$$M_{B}^{F} = M_{BA}^{F} + M_{BC}^{F} + M_{BD}^{F}$$

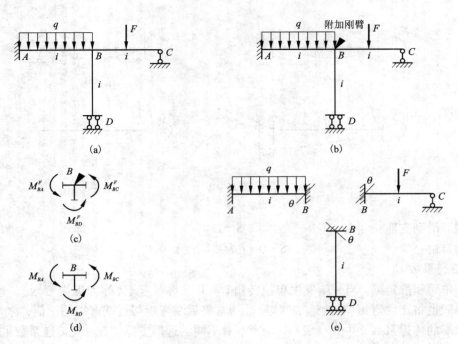

图 21 - 3

一般地，M_B^F 不等于零，称为结点不平衡力矩。

（2）为了使结构受力状态与变形状态不改变，现放松转动约束，即去掉刚臂，如图 21 - 3（d）所示，我们把这个状态称为放松状态。这时，结点 B 将产生角位移，并在各杆端（包括近端和远端）引起杆端弯矩，记作 M'。由位移法可知，杆端最终（实际）弯矩由荷载下的固端弯矩与位移下的弯矩两部分组成，如果求出了放松状态下的各杆端位移弯矩，则固端弯矩与位移弯矩的代数和就是最终杆端弯矩，据此就可以绘制弯矩图。下面通过位移法来讨论如何根据不平衡力矩计算各杆端位移弯矩。将刚架拆成单杆，如图 21 - 3（e）所示。

2. 近端分配弯矩的计算及分配系数。

刚架只有一个刚结点 B，对于 AB 杆而言，B 端为近端，A 端为远端，远端为固定支座，转动刚度 $S_{BA}=4i$。同理 BC 杆的 B 端是近端，C 端是远端，远端为铰支座，转动刚度 $S_{BC}=3i$。BD 杆的 B 端是近端，D 端是远端，远端为双滑动支座，转动刚度 $S_{BD}=i$。根据位移法写出各杆近端（B 端）的杆端弯矩表达式：

$$M_{BA}=M'_{BA}+M_{BA}^F=4i\theta+M_{BA}^F=S_{BA}\theta+M_{BA}^F$$

$$M_{BC}=M'_{BC}+M_{BC}^F=3i\theta+M_{BC}^F=S_{BC}\theta+M_{BC}^F$$

$$M_{BD}=M'_{BD}+M_{BD}^F=i\theta+M_{BD}^F=S_{BD}\theta+M_{BD}^F$$

式中：

$$M_{BA}^F=\frac{ql^2}{12},\ M_{BC}^F=-\frac{3Fl}{16},\ M_{BD}^F=0$$

显然，杆的近端分配弯矩为：

$$M'_{BA}=S_{BA}\theta,\ M'_{BC}=S_{BC}\theta,\ M'_{BD}=S_{BD}\theta$$

由 B 结点的力矩平衡条件 $\sum M = 0$［图 21-3(d)］，得

$$M_{BA} + M_{BC} + M_{BD} = 0$$

即

$$S_{BA}\theta + M_{BA}^F + S_{BC}\theta + M_{BC}^F + S_{BD}\theta + M_{BD}^F = 0$$

解得未知量 θ 为：

$$\theta = \frac{(-M_{BA}^F - M_{BC}^F - M_{BD}^F)}{S_{BA} + S_{BC} + S_{BD}} = \frac{(-\sum M_B^F)}{\sum S_B}$$

将解得的未知量代回杆近端分配弯矩的表达式，得到

$$M_{BA}' = S_{BA}\theta = \frac{S_{BA}}{\sum S_B}(-\sum M_B^F)$$

$$M_{BC}' = S_{BC}\theta = \frac{S_{BC}}{\sum S_B}(-\sum M_B^F)$$

$$M_{BD}' = S_{BD}\theta = \frac{S_{BD}}{\sum S_B}(-\sum M_B^F)$$

上式中括号前的系数称为分配系数，记作 μ，即

$$\mu_{BA} = \frac{S_{BA}}{\sum S_B}, \ \mu_{BC} = \frac{S_{BC}}{\sum S_B}, \ \mu_{BD} = \frac{S_{BD}}{\sum S_B}$$

由分配系数的表达式可知，一个杆件的杆端分配系数等于自身杆端转动刚度除以杆端结点所连各杆的杆端转动刚度之和。显然，

$$\mu_{BA} + \mu_{BC} + \mu_{BD} = 1$$

由此可知，一个结点所连各杆的近端杆端位移弯矩总和在数值上等于结点不平衡力矩，但符号相反，即

$$M_{BA}' + M_{BC}' + M_{BD}' = \frac{S_{BA}}{\sum S_B}(-\sum M_B^F) + \frac{S_{BC}}{\sum S_B}(-\sum M_B^F) + \frac{S_{BD}}{\sum S_B}(-\sum M_B^F) = (-\sum M_B^F)$$

而各杆的近端分配弯矩是将不平衡力矩变号后按比例分配得到的。

由以上讨论可知，力矩分配法的思想就是首先将刚结点锁定，得到荷载单独作用下的杆端弯矩，然后任取一个结点作为起始结点，计算其不平衡力矩。接着放松该结点，允许产生角位移，并依据平衡条件，通过分配不平衡力矩得到位移引起的杆近端分配弯矩，再由杆近端分配弯矩传递得到杆远端传递弯矩。该结点的计算结束后，仍将其锁定，再换一个刚结点，重复上述计算过程，直至计算结束。由于力矩分配法属于逐次逼近法，因此计算可能不只一个轮次（所有结点计算一遍称为一个轮次），当误差在允许范围内时即可停止计算。最后计算各结点的固端弯矩、分配弯矩与传递弯矩的代数和，得到最终杆端弯矩，据此绘制弯矩图。

21.3　用力矩分配法计算连续梁和无侧移刚架

力矩分配法的计算步骤如下：

(1)将各刚结点看作是锁定的，查表得到各杆的固端弯矩；

(2)计算各杆的线刚度 $i = \dfrac{EI}{l}$、转动刚度 S，确定刚结点处各杆的分配系数 μ，并用结点处总分配系数为 1 进行验算；

（3）计算刚结点处的不平衡力矩 $\sum M^F$，将结点不平衡力矩变号分配，得近端分配弯矩；

（4）根据远端约束条件确定传递系数 C，计算远端传递弯矩；

（5）依次对各结点循环进行分配、传递计算，当误差在允许范围内时，终止计算，然后将各杆端的固端弯矩、分配弯矩与传递弯矩进行代数相加，得出最后的杆端弯矩；

（6）根据最终杆端弯矩值及位移法下的弯矩正负号规定，用叠加法绘制弯矩图。

例 21 - 1 用力矩分配法求图 21 - 4(a)所示两跨连续梁的弯矩图。

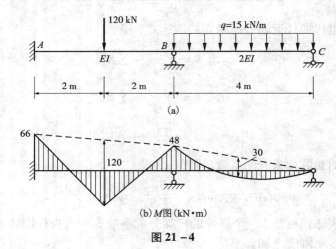

图 21 - 4

解：该梁只有一个刚结点 B。

（1）查表求出各杆端的固端弯矩。

$$M_{AB}^F = -\frac{Fl}{8} = -\frac{120 \times 4}{8} = -60 \text{ kN} \cdot \text{m}$$

$$M_{BA}^F = \frac{Fl}{8} = \frac{120 \times 4}{8} = 60 \text{ kN} \cdot \text{m}$$

$$M_{BC}^F = -\frac{ql^2}{8} = -\frac{15 \times 4^2}{8} = -30 \text{ kN} \cdot \text{m}$$

$$M_{CB}^F = 0$$

（2）计算各杆的线刚度、转动刚度与分配系数。

线刚度：

$$i_{AB} = \frac{EI}{4}, \quad i_{BC} = \frac{2EI}{4} = \frac{EI}{2}$$

转动刚度：

$$S_{BA} = 4i_{AB} = EI, \quad S_{BC} = 3i_{BC} = \frac{3EI}{2}$$

分配系数：

$$\mu_{BA} = \frac{S_{BA}}{S_{BA} + S_{BC}} = \frac{EI}{EI + \frac{3EI}{2}} = 0.4, \quad \mu_{BC} = \frac{S_{BC}}{S_{BA} + S_{BC}} = \frac{\frac{3EI}{2}}{EI + \frac{3EI}{2}} = 0.6$$

$$\mu_{BA} + \mu_{BC} = 0.4 + 0.6 = 1$$

278

（3）通过列表方式计算分配弯矩与传递弯矩。

分配系数			0.4	0.6	
杆端	M_{AB}		M_{BA}	M_{BC}	M_{CB}
固端弯矩	−60		60	−30	0
力矩分配与传递	−6	←（$C=1/2$）	−12	−18	（$C=0$）→	0
杆端最后弯矩	−66		48	−48	0

将固端弯矩和分配系数填入表中，然后根据表中数据进行计算。

B 结点不平衡力矩：

$$M_B^F = M_{BA}^F + M_{BC}^F = 60 - 30 = 30 \text{ kN·m}$$
$$M'_{BA} = \mu_{BA}(-M_B) = 0.4 \times (-30) = -12 \text{ kN·m}$$
$$M'_{BC} = \mu_{BC}(-M_B) = 0.6 \times (-30) = -18 \text{ kN·m}$$

（4）叠加计算，得出最后的杆端弯矩，作弯矩图，如图 21−4（b）。

例 21−2　用力矩分配法求图 21−5（a）所示无结点线位移刚架的弯矩图。

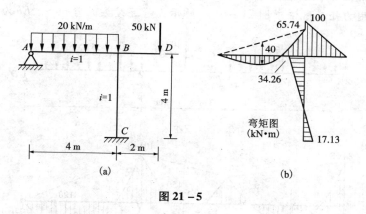

图 21−5

解：（1）确定刚结点 B 处各杆的分配系数

为计算方便，令 $\dfrac{EI}{4} = 1$，有

$$S_{BA} = 3 \times 1 = 3 \quad S_{BC} = 4 \times 1 = 4 \quad S_{BD} = 0$$

这里 BD 杆为近端固定，远端自由，属于静定结构，转动刚度为 0。

$$\mu_{BA} = \frac{3}{3+4} = 0.429$$

$$\mu_{BC} = \frac{4}{3+4} = 0.571$$

$$\mu_{BD} = 0$$

（2）计算固端弯矩

$$M_{BA}^F = \frac{ql^2}{8} = \frac{20 \times 4^2}{8} = 40 \text{ kN·m}$$

$$M_{BD}^F = -Fl = -50 \times 2 = -100 \text{ kN·m}$$
$$M_{BC}^F = 0$$

（3）力矩分配计算见下表

分配系数		0.429	0.571	0	
杆端	M_{AB}	M_{BA}	M_{BC}	M_{BD}	M_{DB}
固端弯矩	0	40	0	−100	0
分配传递计算	0	←——— 25.74	34.26	0	———→ 0
杆端弯矩	0	65.74	34.26	−100	0
			M_{CB}		
			0		
			17.13		
			17.13		

显然，刚结点 B 满足结点力矩平衡条件：$\sum M_B = 0$，弯矩图如图 21-5(b)所示。

例 21-3　用力矩分配法求图 21-6(a)所示三跨连续梁的弯矩图，EI 为常数。

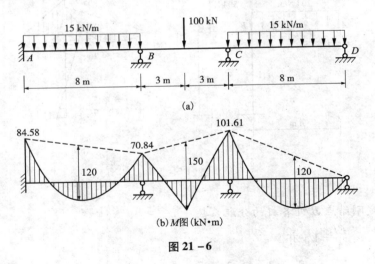

图 21-6

解：（1）计算各杆端的固端弯矩

$$M_{AB}^F = -\frac{ql^2}{12} = -\frac{15 \times 8^2}{12} = -80 \text{ kN·m} \qquad M_{BA}^F = \frac{ql^2}{12} = \frac{15 \times 8^2}{12} = 80 \text{ kN·m}$$

$$M_{BC}^F = -\frac{Fl}{8} = -\frac{100 \times 6}{8} = -75 \text{ kN·m} \qquad M_{CB}^F = \frac{Fl}{8} = 75 \text{ kN·m}$$

$$M_{CD}^F = -\frac{ql^2}{8} = -\frac{15 \times 8^2}{8} = -120 \text{ kN·m} \qquad M_{DC}^F = 0$$

（2）确定各刚结点处各杆的分配系数

为了计算简便，可令 $EI = 1$：

B 结点处：

$$S_{BA}=4i_{AB}=4\times\frac{1}{8}=\frac{1}{2} \qquad S_{BC}=4i_{BC}=4\times\frac{1}{6}=\frac{2}{3}$$

$$\mu_{BA}=\frac{\dfrac{1}{2}}{\dfrac{1}{2}+\dfrac{2}{3}}=0.429 \qquad \mu_{BC}=\frac{\dfrac{2}{3}}{\dfrac{1}{2}+\dfrac{2}{3}}=0.571$$

C 结点处：

$$S_{CB}=4i_{BC}=4\times\frac{1}{6}=\frac{2}{3} \qquad S_{CD}=3i_{CD}=3\times\frac{1}{8}=\frac{3}{8}$$

$$\mu_{CB}=\frac{\dfrac{2}{3}}{\dfrac{2}{3}+\dfrac{3}{8}}=0.64 \qquad \mu_{CD}=\frac{\dfrac{3}{8}}{\dfrac{2}{3}+\dfrac{3}{8}}=0.36$$

（3）将分配系数和固端弯矩填入计算表中

首先计算 C 结点，C 结点的不平衡力矩为 -45 kN·m，放松 C 结点，将不平衡力矩变号分配并进行传递，C 结点暂时处于平衡状态，然后锁定 C 结点。接着计算 B 结点，B 结点处的不平衡力矩除了固端弯矩外，还有 C 结点传过来的传递弯矩，所以 B 结点处的不平衡力矩为：

$$80-75+14.4=19.4 \text{ kN·m}$$

放松 B 结点，将不平衡力矩变号分配并进行传递，B 结点暂时处于平衡状态，然后锁定 B 结点。第一轮计算完成。

原来 C 结点处于平衡状态，但是现在 B 结点处传来一个传递弯矩，形成一个新的不平衡力矩，所以必须开始新一轮计算。

第二轮计算结束后，如果新的不平衡力矩值很小，在允许误差范围内，则可以停止计算，否则应继续下一轮计算。

停止分配、传递计算后，将杆端所有固端弯矩、分配弯矩、传递弯矩(即表中同一列的弯矩值)代数相加，得到杆端最终弯矩，如下列计算表所示。

分配系数		0.429	0.571		0.64	0.36	
固端弯矩	−80	80	−75		75	−120	0
分配传递计算			14.4 ←		28.8	16.2 →	0
	−4.16 ←	−8.32	−11.08 →		−5.54		
			1.78 ←		3.55	1.99 →	0
	−0.38 ←	−0.76	−1.02 →		−0.51		
			0.17 ←		0.33	0.18 →	0
	−0.04 ←	−0.07	−0.10 →		−0.05		
			0.02 ←		0.03	0.02 →	0
		−0.01	−0.01				
杆端弯矩	−84.58	70.84	−70.84		101.61	−101.61	0

根据杆端最终弯矩就可绘制弯矩图，如图 21－6(b)所示。显然，刚结点 B 满足结点力矩平衡条件：$\sum M_B = 0$。刚结点 C 也满足结点力矩平衡条件：$\sum M_C = 0$。

例 21－4 用力矩分配法求图 21－7(a)所示连续梁的弯矩图，EI 为常数。

解：为了计算简便，可以在 C 支座处将整个梁分为两部分，悬臂段 CD 为静定结构，其内力由平衡条件即可求得，可按悬臂梁进行计算。F 力的作用根据等效原理简化到 C 点，为一个力和一个力偶，力直接作用在支座上，不引起弯矩，只需考虑集中力偶 M，视其为荷载，如图 21－7(b)所示，如此就只需根据简化后的单结点连续梁进行计算。

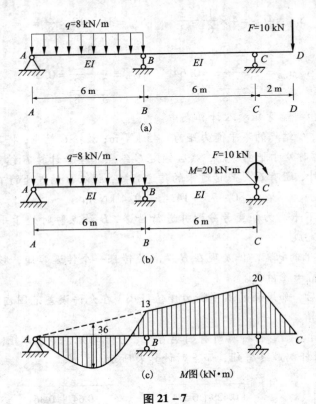

图 21－7

(1)计算固定弯矩

$$M_{AB}^F = 0$$

$$M_{BA}^F = \frac{ql^2}{8} = \frac{8 \times 6^2}{8} = 36 \text{ kN} \cdot \text{m}$$

$$M_{BC}^F = \frac{M}{2} = 10 \text{ kN} \cdot \text{m}$$

$$M_{CB}^F = M = 20 \text{ kN} \cdot \text{m}$$

(2)确定刚结点处各杆的分配系数

$$S_{BA} = 3i_{AB} = \frac{3EI}{6} = \frac{1}{2}$$

$$S_{BC} = 3i_{BC} = \frac{3EI}{6} = \frac{1}{2}$$

$$\mu_{BA} = \frac{\dfrac{1}{2}}{\dfrac{1}{2} + \dfrac{1}{2}} = 0.5$$

$$\mu_{BC} = \frac{\dfrac{1}{2}}{\dfrac{1}{2} + \dfrac{1}{2}} = 0.5$$

（3）分配弯矩、传递弯矩及最后杆端弯矩的叠加见下列计算表。显然，刚结点 B、C 均满足结点力矩平衡条件。弯矩图如图 21 – 7（c）所示。

		0.5	0.5	
	M_{AB}	M_{BA}	M_{BC}	M_{CB}
固端弯矩	0	36	10	20
分配、传递计算	0 ⟵ (C=0)	−23	−23 ⟶ (C=0)	0
杆端弯矩	0	13	−13	20

本章小结

　　力矩分配法是建立在位移法基础上的一种数值逼近法，不需要求解未知量。对于单结点结构，计算结果是精确结果；对于两个及两个以上结点的结构，力矩分配法是一种近似计算方法，但其误差是收敛的，换句话说，可以循环计算直至误差在允许范围内。

　　力矩分配法的计算步骤如下：

　　1. 将各刚结点看作是锁定的（即将结构拆成单杆），查表 20 – 1 得到各杆的固端弯矩；

　　2. 计算各杆的线刚度 $i = \dfrac{EI}{l}$、转动刚度 S，确定刚结点处各杆的分配系数 μ，并用结点处总分配系数为 1 进行验算；

　　3. 计算刚结点处的不平衡力矩 $\sum M^F$，将结点不平衡力矩变号分配得近端位移弯矩；

　　4. 根据远端约束条件确定传递系数 C，计算远端位移弯矩；

　　5. 依次对各结点循环进行分配、传递计算，当误差在允许范围内时，终止计算，然后将各杆端的固端弯矩与位移弯矩进行代数相加，得出最后的杆端弯矩；

　　6. 根据最终杆端弯矩值及位移法下的弯矩正负号规定绘制弯矩图。

自我检测

一、填空题

1. 传递系数 C 等于_____弯矩和_____弯矩之比；当远端为固定端时，C

$=$ _____ ，当远端为铰时 $C =$ _____ 。

2. 单跨超静定梁在荷载单独作用下引起的杆端弯矩称为_____。

3. 力矩分配法的三个基本要素为转动刚度、_____和_____。

二、选择题

1. 力矩分配法中的传递弯矩等于（　　　）。

A. 固端弯矩 　　　　　　　　　　　　B. 分配弯矩乘以传递系数

C. 固端弯矩乘以传递系数 　　　　　　D. 不平衡力矩乘以传递系数

2. 等截面直杆的弯矩传递系数 C 与下列什么因素有关（　　　）。

A. 荷载 　　　　　　　　　　　　　　B. 远端支承

C. 材料的性质 　　　　　　　　　　　D. 线刚度 I

3. 当杆件转动刚度 $S_{AB} = 3i$ 时，杆件的 B 端为（　　　）。

A. 自由端 　　　　　　　　　　　　　B. 固定端

C. 铰支座 　　　　　　　　　　　　　D. 定向支座

三、计算题

1. 试用力矩分配法计算图 21-8 所示超静定梁，并绘制弯矩图，EI 均为常数。

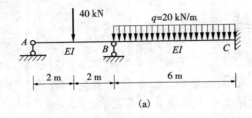
(a)

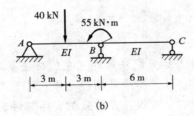
(b)

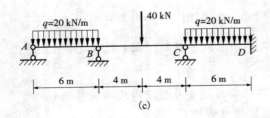
(c)

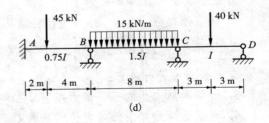
(d)

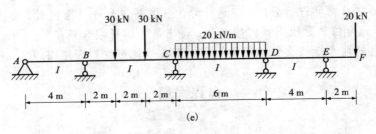
(e)

图 21-8

2. 试用力矩分配法计算图 21－9 所示刚架, 作出弯矩图, EI 均为常数。

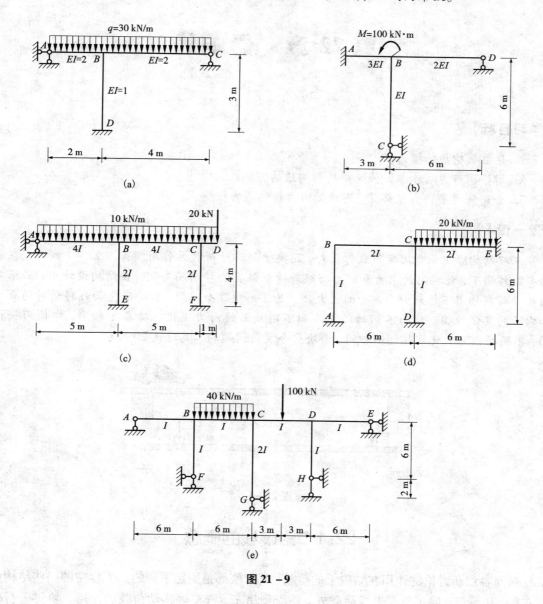

(a)

(b)

(c)

(d)

(e)

图 21－9

第 22 章　影　响　线

1. 建立影响线的概念。
2. 讨论用静力法作单跨静定梁的影响线的方法。
3. 介绍静定梁内力包络图、连续梁内力包络图的作法。

【读一读】

　　工程结构除了承受固定荷载作用外，还要受到移动荷载的作用。如图 22 - 1 所示，在移动荷载作用下，结构的约束力和内力将随着荷载位置的移动而变化，在结构设计中，必须求出移动荷载作用下约束力和内力的最大值。为了解决这个问题，需要研究荷载移动时约束力和内力的变化规律。然而不同的约束力和不同截面的内力变化规律各不相同，即使同一截面，不同的内力变化规律也不相同，解决这个复杂问题的工具就是影响线。

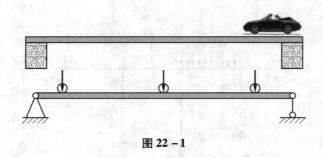

图 22 - 1

22.1　影响线的概念

　　前面各章所讨论的作用在结构上的荷载，其数值都是固定不变的。工程中的一些结构如吊车梁、桥梁等，除了承受上述荷载外，还受到吊车、汽车等移动荷载的作用。桥梁上行驶的火车、汽车、活动的人群，吊车梁上行驶的吊车等，这类作用位置经常变动的荷载称为**移动荷载**。常见的移动荷载有：间距保持不变的几个集中力（称为行列荷载）和均布荷载。为了简化问题，我们往往先从单个移动荷载的分析入手，再根据叠加原理来分析多个荷载以及均布荷载作用的情形。

　　为了叙述简练，本章把工程计算中的各种物理量和几何量（约束力、内力和位移等等）统称为"量值"。

　　由于移动荷载的作用位置是变化的，使得结构的支座约束力、截面内力、应力、变形等等也是变化的。因此，在移动荷载作用下，我们不仅要了解结构不同部位处量值的变化规律，还要了解结构同一点处的量值随荷载位置变化而变化的规律，以便找出可能发生的最大内力是多少，发生的位置在哪里，此时荷载位置又怎样，从而保证结构的安全设计和施工。在竖向单位移动荷载作用下，结构内力、约束力或变形的量值随竖向单位荷载位置移动而变化的规律图像称为**影响线**。由于在竖向单位移动荷载作用下结构中的量值与荷载呈线性关系，因此根据叠加原理来分析结构在各种移动荷载组合下的支座约束力、截面内力、应力、变形等量值。

绘制影响线时，用水平轴表示荷载的作用位置，纵轴表示结构某一指定位置某一量值的大小，正量值画在水平轴的上方，负量值画在水平轴的下方。

22.2　单跨静定梁的影响线

利用静力平衡条件建立量值关于荷载作用位置的函数关系，进而绘制该量值影响线的方法称为**静力法**。

一、简支梁影响线

下面以图 22 – 2(a)所示简支梁 AB 为例来说明简支梁影响线的作法。

1. 约束力影响线

(1)F_{Ay}影响线

图 22 – 2(a)所示的简支梁，作用有单位移动荷载 $F_0 = 1$。取 A 点为坐标原点，以 x 表示荷载作用点的横坐标，下面分析 A 支座约束力 F_{Ay} 随移动荷载作用点坐标 x 的变化而变化的规律，亦即根据静力平衡条件建立 A 支座的约束力 F_{Ay} 关于移动荷载作用点坐标 x 的函数式，假设支座约束力向上为正。

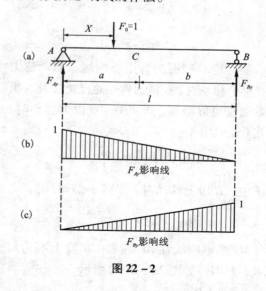

图 22 – 2

当 $0 \leqslant x \leqslant l$ 时，根据平衡条件 $\sum M_B = 0$，得

$$-F_{Ay} \cdot l + F_0 \cdot (l - x) = 0$$

解得

$$F_{Ay} = \frac{l - x}{l}$$

上式表示 F_{Ay} 关于荷载位置坐标 x 的变化规律，是一个直线函数关系，由此可以作出 F_{Ay} 的影响线，如图 22 – 2(b)所示。从中可以看出：

荷载作用在 A 点时，即 $x = 0$ 时，$F_{Ay} = 1$。

荷载作用在 B 点时，即 $x = l$ 时，$F_{Ay} = 0$。

显然，当 $x = 0$ 时，F_{Ay} 达到最大，所以，A 点是 F_{Ay} 的荷载最不利位置。在荷载移动过程中，F_{Ay} 的值在 0 和 1 之间变动。

(2)F_{By}影响线

当 $0 \leqslant x \leqslant l$ 时，根据平衡条件 $\sum M_A = 0$，得

$$F_{By} \cdot l - F_0 \cdot x = 0$$

解得

$$F_{By} = \frac{x}{l}$$

上式表示 F_{By} 关于荷载位置坐标 x 的变化规律，也是一个直线函数关系，由此可以作出 F_{By} 的影响线，如图 22 - 2(c)所示。从中可以看出：

荷载作用在 A 点时，即 $x = 0$ 时，$F_{By} = 0$；

荷载作用在 B 点时，即 $x = l$ 时，$F_{By} = 1$。

显然，当 $x = l$ 时，F_{By} 达到最大值，所以，B 点是 F_{By} 的荷载最不利位置。在荷载移动过程中，F_{By} 的值在 0 和 1 之间变动。

2. 内力影响线

下面讨论简支梁在移动荷载作用下，C 截面内力的影响线。在研究内力影响线时，剪力正负号规定和弯矩正负号规定仍然和以前相同。

如图 22 - 3(a)所示梁，前已求得两支座约束力的影响线为：

$$F_{Ay} = \frac{l - x}{l}$$

$$F_{By} = \frac{x}{l}$$

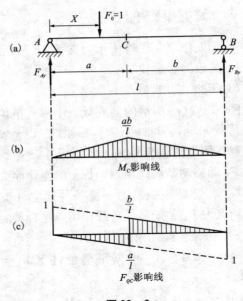

图 22 - 3

先讨论 C 截面的弯矩影响线。当单位力 F 在梁上移动时，C 截面弯矩也随之变化，根据截面法可以得知，当 F 在 AC 段上移动时，即当 $0 \leqslant x \leqslant a$ 时，

$$M_C = F_{By} \cdot b = \frac{bx}{l}$$

当 F 在 CB 段上移动时，即当 $a \leqslant x \leqslant l$ 时，

$$M_C = F_{Ay} \cdot a = a \frac{l - x}{l}$$

M_C 的影响线在 AC 段和 CB 段上都为斜直线，其图像如图 22 - 3(b)所示。

3. 剪力影响线

下面讨论 C 截面的剪力影响线。当单位力 F 在梁上移动时，C 截面弯矩也随之变化，根据截面法可以得知，当 F 在 AC 段上移动时，即当 $0 \leqslant x \leqslant a$ 时，

$$F_{QC} = -F_{By} = -\frac{x}{l}$$

当 F 在 CB 段上移动时，即当 $a \leqslant x \leqslant l$ 时，

$$F_{QC} = F_{Ay} = \frac{l - x}{l}$$

F_{QC} 的影响线在 AC 段和 CB 段上都为斜直线，其图像如图 22 - 3(c)所示。

二、外伸梁的影响线

1. 作图 22 −4(a)所示外伸梁支座约束力的影响线。

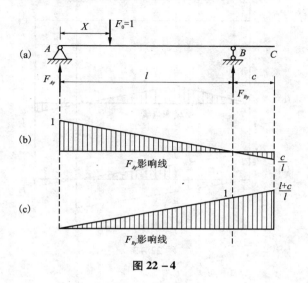

图 22 −4

解：设 A 点为坐标原点。

讨论 A 支座约束力的影响线。注意到单位力 F 在 AB 段移动时对 B 点之矩的转向与其在 BC 段移动时对 B 点之矩的转向是不同的，因此应分段讨论。

当 $0 \leqslant x \leqslant l$ 时，由 $\sum M_B = 0$，得

$$F_{Ay} = \frac{l - x}{l}$$

当 $l \leqslant x \leqslant l + C$ 时，由 $\sum M_B = 0$，整理后得

$$F_{Ay} = \frac{l - x}{l}$$

显然，两段影响线是同一条直线，作图如图 22 −4(b)所示。

讨论 B 支座约束力的影响线。

由 $\sum M_A = 0$，整理后得

$$F_{By} = \frac{x}{l}$$

B 支座的约束力影响线如图 22 −4(c)所示。

2. 作图 22 −5 示外伸梁 C 截面弯矩、剪力的影响线。

解：由上可知

$$F_{Ay} = \frac{l - x}{l}$$

$$F_{By} = \frac{x}{l}$$

当 F 位于 C 左侧时，

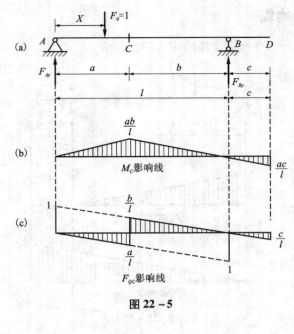

图 22-5

$$M_C = F_{By} \cdot b$$
$$F_{QC} = -F_{By}$$

当 F 位于 C 右侧时，

$$M_C = F_{Ay} \cdot a$$
$$F_{QC} = F_{Ay}$$

C 截面弯矩、剪力的影响线如图 22-5(b)、(c)所示。

22.3 影响线的应用

作影响线的目的主要是利用它来确定移动荷载的最不利位置。为此，首先讨论当荷载位置已知时如何应用某量值的影响线求该量值的数值，这是解决前述问题的基础。

一、利用影响线求固定荷载下的量值

现已知道，影响线的横坐标表示单位集中力的作用位置，纵坐标表示单位集中力作用在该位置时的量值大小。如将集中力的固定作用位置视为荷载移动过程中的某个位置，就可以利用影响线计算固定集中力下的量值。影响线反映的是单位集中荷载下量值的大小，而当集中荷载不等于 1 时，只需将相应的影响线值（注意正负号）乘以荷载大小即可。如果多个集中荷载同时作用，可运用叠加法，每个荷载分别计算后进行叠加。

例 22-1 求图 22-6(a)所示多跨静定梁 K 截面弯矩。

解：首先绘制 K 截面弯矩的影响线，如图 22-6(b)所示。根据影响线的定义，当 F_1 单独作用时：

$$M_{k1} = F_1 \cdot y_1 = 20 \times (-0.5) = -10 \text{ kN} \cdot \text{m}$$

当 F_2 单独作用时：

$$M_{k2} = F_2 \cdot y_2 = 10 \times 0.5 = 5 \text{ kN} \cdot \text{m}$$

当 F_3 单独作用时：

$$M_{k3} = F_3 \cdot y_3 = 30 \times 0.5 = 15 \text{ kN} \cdot \text{m}$$

从而由叠加法：

$$M_k = M_{k1} + M_{k2} + M_{k3} = -10 + 5 + 15 = 10 \text{ kN} \cdot \text{m}$$

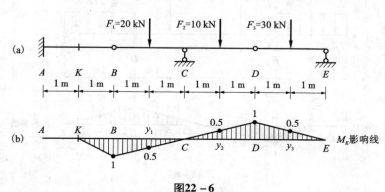

图22 − 6

一般来说，如果有一组集中荷载 F_i 同时作用，所求量值 Z 的表达式为：

$$Z = F_1 y_1 + F_2 y_2 + \cdots + F_n y_n = \sum F_i y_i$$

如果在梁 AB 段上作用一个均布荷载 q，如图 22 − 7(a)所示，可把分布长度为 $\mathrm{d}x$ 的微段上的分布荷载总和 $q\mathrm{d}x$ 看作集中荷载，所引起的量值为 $yq\mathrm{d}x$，如图 22 − 7(a)阴影所示。将无穷多个 $\mathrm{d}x$ 上的集中力引起的量值进行叠加，即沿荷载整个分布长度积分，则 AB 段均布荷载所引起的量值为

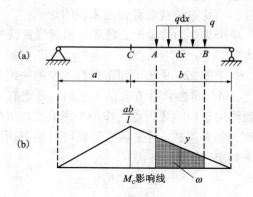

图 22 −7

$$Z = \int_A^B yq\mathrm{d}x = q\int_A^B y\mathrm{d}x = q\omega$$

其中 ω 就是影响线在 AB 段的面积，如图 22 − 7(b)阴影所示。

上式表明，均布荷载引起的量值等于荷载集度乘以影响线对应荷载作用段的面积。在应用中，要注意面积的正负，影响线上部面积取为正，下部取为负。

当有多个均布荷载时，其量值计算式为：

$$Z = q_1 \cdot \omega_1 + q_2 \cdot \omega_2 + \cdots + q_n \cdot \omega_n = \sum q_i \cdot \omega_i$$

当集中力和均布荷载同时出现时，其量值计算式为：

$$Z = \sum F_i \cdot y_i + \sum q_i \cdot \omega_i$$

例 22 − 2　利用影响线求图 22 − 8(a)所示多跨静定梁 K 截面的弯矩 M_K。

解：(1)先作出 M_K 的影响线，如图 22 − 8(b)所示。

(2)确定 q_i，ω_i 的值：

$$y_1 = -0.5, \ y_2 = 0.5$$

$$\omega_1 = -\frac{1 \times 1}{2} = -0.5, \quad \omega_2 = \frac{1 \times 2}{2} = 1$$

从而

$$M_K = \sum F_i \cdot y_i + \sum q_i \cdot \omega_i = F_1 \cdot y_1 + F_2 \cdot y_2 + q_1 \cdot \omega_1 + q_2 \cdot \omega_2$$
$$= 20 \times (-0.5) + 10 \times 0.5 + 4 \times (-0.5) + 2 \times 1 = -5 \text{ kN·m}$$

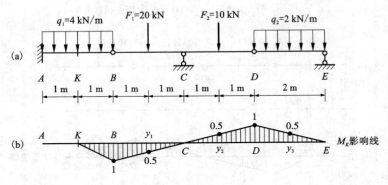

图22-8

二、荷载最不利位置的确定

使量值取得最大值时的荷载位置就是荷载的最不利位置，荷载最不利位置确定后，将荷载按最不利位置作用，然后将其视为固定荷载，即可利用影响线计算其极值。下面分集中荷载和移动均布荷载两种情况来说明。

单个集中力移动时，荷载的不利位置就是影响线的顶点。当荷载作用于该点时，量值取最大值。

对于图22-9所示间距保持不变的一组集中荷载来说，可以推断：量值取最大值时，必定有一个集中荷载作用于影响线顶点。作用于影响线顶点的集中荷载称为临界荷载，对于临界荷载可以用下面两个判别式来判定（推导从略）：

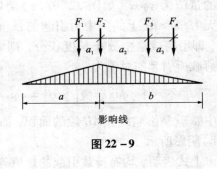

图22-9

$$\frac{\sum F_左 + F_K}{a} \geqslant \frac{\sum F_右}{b}$$

$$\frac{\sum F_左}{a} \leqslant \frac{F_K + \sum F_右}{b}$$

满足上面两个式子的 F_K 就是临界荷载，$\sum F_左$、$\sum F_右$ 分别代表 F_K 以左的荷载总和与 F_K 以右的荷载总和。有时会出现多个满足上面判别式的临界荷载，这时将每个临界荷载置于影响线顶点计算量值，然后进行比较，根据最大量值确定一组荷载的最不利荷载位置。对于荷载个数不多的情况，工程中往往不进行判定，直接将各个荷载分别置于影响线的顶点计算其量值，最大量值所对应的荷载位置就是这组荷载的最不利位置，这时位于顶点的集中力就是临界荷载。

例22-3 求图22-10(a)所示简支梁在图示吊车荷载作用下，截面 K 的最大弯矩。

解： 先作 M_K 的影响线，如图22-10(b)所示。

选 F_2 作为临界荷载 F_K 来考察,将 F_2 置于影响线的顶点处,如图 22 – 10(c)所示,此时力 F_1 落在梁外,不予考虑,代入临界荷载的判别式,有

$$\frac{F_2}{2.4} > \frac{F_3 + F_4}{9.6}, \quad \text{即} \frac{152}{2.4} > \frac{152 + 152}{9.6}$$

$$\frac{0}{2.4} < \frac{F_2 + F_3 + F_4}{9.6}, \quad \text{即} \frac{0}{24} < \frac{152 + 152 + 152}{9.6}$$

上式均满足,所以 F_2 是临界荷载。将其他集中荷载分别置于顶点,用同样的方法可以判定都不是临界荷载。所以图 22 – 10(c)所示 F_2 作用在 K 点时为 M_K 的最不利荷载位置。

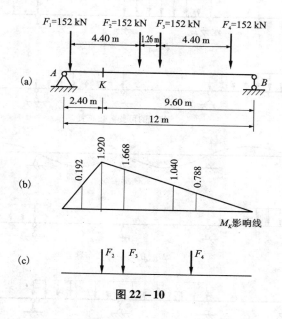

图 22 – 10

利用影响线可以求得 M_K 的极值:

$$M_{K(\max)} = 152 \times (1.920 + 1.668 + 0.788) = 665.15 \text{ kN·m}$$

当移动荷载为均布可变荷载时,由于可变荷载的分布长度也是变化的,注意到均布荷载下的量值等于均布荷载集度乘以影响线对应分布长度的面积,所以,只要把均布荷载布满整个正影响线区域,就可以得到正的最大量值;同样,只要把均布荷载布满整个负影响线区域,就可以得到负的最大量值。图 22 – 11(a)所示的连续梁,讨论其跨中截面 K 的弯矩 M_K 和支座截面弯矩 M_C 的不利荷载位置。图 22 – 11(b)给出了 K 截面弯矩 M_K 的影响线,其对应的最大正弯矩的荷载最不利位置如图 22 – 11(c)所示,其对应的最大负弯矩的荷载最不利位置如图 22 – 11(d)所示。图 22 – 11(e)给出了 B 支座截面弯矩 M_C 的影响线,其对应的最大正弯矩的荷载最不利位置如图 22 – 11(f)所示,其对应的最大负弯矩的荷载最不利位置如图 22 – 11(g)所示。工程中进行结构设计时,必须针对梁的危险状态进行计算,由图 22 – 11 可知,并不是整个梁上布满均布荷载时才是梁的危险状态。显然,只有按照下列方式进行可变荷载的布置,才是截面弯矩的危险状态,即对于任意跨的跨中截面最大正弯矩,可变荷载的最不利布置是"本跨布置,隔跨布置"。对于任意的中间支座截面最大负弯矩,可变荷载的最不利布置是"相邻跨布置,隔跨布置"。

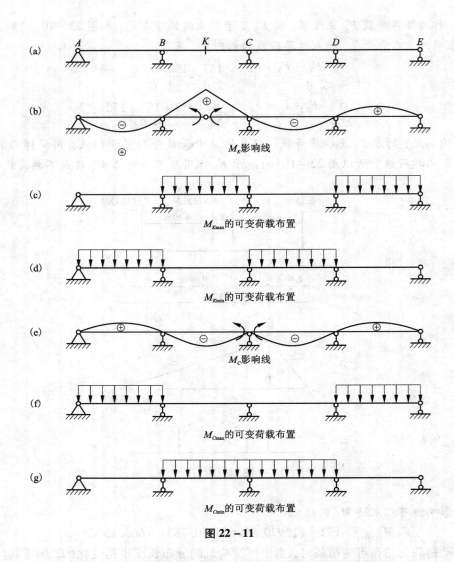

图 22-11

22.4 绝对最大弯矩及内力包络图的概念

在固定荷载作用下，通过绘制梁的弯矩图可以得到整个梁的最大、最小弯矩值。同样在移动荷载下，我们不仅要了解某个截面的内力变化规律，更关心整个梁的危险弯矩，这个危险弯矩就称为梁的绝对最大弯矩。

由前面的讨论可知，在移动荷载下，量值也是随着荷载位置的变化而变化。因此，在荷载的变化范围内，量值必定有一个最大值和一个最小值。将梁沿长度方向分为 n 等分，即等距离地取 $(n+1)$ 个截面，分别作这些截面的内力影响线，讨论内力的极值。将求得的各截面内力的最大值连线，将求得的内力最小值连线，由此得到的图像称为内力包络图。包络图与梁的内力图一样，全面反映了内力沿梁轴线的分布规律。但是梁内力图中，每一个截面只有一个确定的内力值。而梁的包络图中，每一个截面有两个内力极值，一个极大值，一个极小值，截面内力在这两个值之间变动，即包络图囊括了整个梁的内力在荷载移动过程中的所有取值。显然,弯矩包络图上的最大值就是梁的绝对最大弯矩。图 22 – 12 给出了简支梁在间距给定的一组移动荷载下的弯矩包络图和剪力包络图。这里,取 $n = 10$,n 越大,绘制的包络图越精确,但计算量也随之增大。

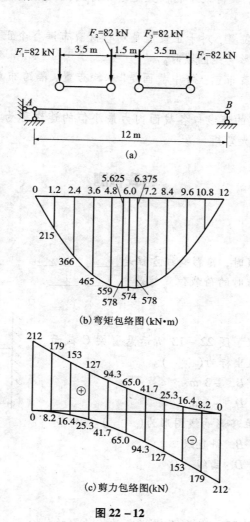

(a)

(b)弯矩包络图(kN·m)

(c)剪力包络图(kN)

图 22 – 12

本章小结

1. 影响线是在竖向单位移动荷载作用下,结构内力、约束力或变形的量值随竖向单位荷载位置移动而变化的规律。影响线的横坐标表示单位移动荷载作用位置,纵坐标表示单位移动荷载作用下结构某一指定位置某一量值的大小。

2. 根据静力平衡条件建立量值关于单位移动荷载作用位置的函数方程,据此函数绘制影响线的方法称为静力法。

3. 固定荷载作用下的量值计算式为:

$$Z = \sum F_i \cdot y_i + \sum q_i \cdot \omega_i$$

4. 荷载的不利位置

单个集中力的荷载不利位置在影响线的顶点；

一组等间距的集中力，其荷载不利位置是临界荷载(有时临界荷载不止一个)作用在影响线的顶点时的位置；

均布可变荷载的不利位置，对于正量值是均布荷载布满整个正影响线区域时，对于负量值是均布荷载布满整个负影响线区域时。

对于连续梁的可变荷载布置：跨中截面是"本跨布置，隔跨布置"，支座截面是"相邻跨布置，隔跨布置"。

5. 各截面内力最大值的连线与各截面内力最小值的连线称为内力包络图；弯矩包络图上的最大弯矩称为绝对最大弯矩。

自我检测

一、填空题

1. 用静力法作影响线时，其影响线方程是＿＿＿＿＿＿。
2. 使量值取得最大值时的荷载位置就是＿＿＿＿＿＿。

二、选择题

1. 根据影响线的定义，图 22 – 13 所示悬臂梁 C 截面的弯矩影响线在 C 点的纵坐标为(　　)。

A. 0 　　　　　　　　B. − 3 m

C. − 2 m 　　　　　　D. − 1 m

2. 静定梁某零截面位移影响线图形为(　　)。

A. 平直线 　　　　　　B. 斜直线

C. 折线 　　　　　　　D. 曲线

图 22 – 13

三、计算题

1. 用静力法绘制如图 22 – 14 所示梁指定量值的影响线。

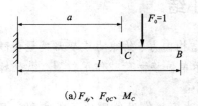

(a) F_{Ay}、F_{QC}、M_C

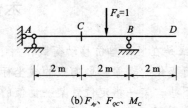

(b) F_{Ay}、F_{QC}、M_C

图 22 – 14

296

2. 利用影响线求图 22 - 15 所示结构指定的量值。

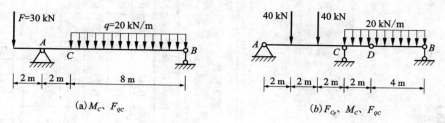

(a) M_C、F_{QC} (b) F_{C_y}、M_C、F_{QC}

图 22 - 15

3. 绘制图 22 - 16 所示连续梁的内力 M_A、M_K、M_C、F_{QK} 的影响线轮廓。

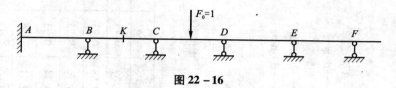

图 22 - 16

附录　热轧型钢常用参数表

附表 1　等边角钢截面尺寸、截面面积、理论重量及截面特性（GB/T 706—2008）

b——边宽度;
d——边厚度;
r——内圆弧半径;
r_1——边端圆弧半径;
z_0——重心距离

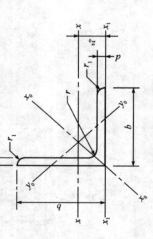

等边角钢截面图

型号	截面尺寸/mm			截面面积 /cm²	理论重量 /(kg·m⁻¹)	外表面积 /(m²·m⁻¹)	惯性矩 /cm⁴				惯性半径 /cm			截面模数 /cm³			重心距离 /cm
	b	d	r				I_x	I_{x1}	I_{x0}	I_{y0}	i_x	i_{x0}	i_{y0}	W_x	W_{x0}	W_{y0}	z_0
2	20	3	3.5	1.132	0.889	0.078	0.40	0.81	0.63	0.17	0.59	0.75	0.39	0.29	0.45	0.20	0.60
		4		1.459	1.145	0.077	0.50	1.09	0.78	0.22	0.58	0.73	0.38	0.36	0.55	0.24	0.64
2.5	25	3	3.5	1.432	1.124	0.098	0.82	1.57	1.29	0.34	0.76	0.95	0.49	0.46	0.73	0.33	0.73
		4		1.859	1.459	0.097	1.03	2.11	1.62	0.43	0.74	0.93	0.48	0.59	0.92	0.40	0.76
3.0	30	3		1.749	1.373	0.117	1.46	2.71	2.31	0.61	0.91	1.15	0.59	0.68	1.09	0.51	0.85
		4		2.276	1.786	0.117	1.84	3.63	2.92	0.77	0.90	1.13	0.58	0.87	1.37	0.62	0.89
3.6	36	3	4.5	2.109	1.656	0.141	2.58	4.68	4.09	1.07	1.11	1.39	0.71	0.99	1.61	0.76	1.00
		4		2.756	2.163	0.141	3.29	6.25	5.22	1.37	1.09	1.38	0.70	1.28	2.05	0.93	1.04
		5		3.382	2.654	0.141	3.95	7.84	6.24	1.65	1.08	1.36	0.70	1.56	2.45	1.00	1.07

续附表 1

型号	b	d	r	截面面积 /cm²	理论重量 /(kg·m⁻¹)	外表面积 /(m²·m⁻¹)	I_x	I_{x1}	I_{x0}	I_{y0}	i_x	i_{x0}	i_{y0}	W_x	W_{x0}	W_{y0}	z_0
							惯性矩 /cm⁴				惯性半径 /cm			截面模数 /cm³			重心距离 /cm
4	40	3	5	2.359	1.852	0.157	3.59	6.41	5.69	1.49	1.23	1.55	0.79	1.23	2.01	0.96	1.09
		4		3.086	2.422	0.157	4.60	8.56	7.29	1.91	1.22	1.54	0.79	1.60	2.58	1.19	1.13
		5		3.791	2.976	0.156	5.53	10.74	8.76	2.30	1.21	1.52	0.78	1.96	3.10	1.39	1.17
4.5	45	3	5	2.659	2.088	0.177	5.17	9.12	8.20	2.14	1.40	1.76	0.89	1.58	2.58	1.24	1.22
		4		3.486	2.736	0.177	6.65	12.18	10.56	2.75	1.38	1.74	0.89	2.05	3.32	1.54	1.26
		5		4.292	3.369	0.176	8.04	15.2	12.74	3.33	1.37	1.72	0.88	2.51	4.00	1.81	1.30
		6		5.076	3.985	0.176	9.33	18.36	14.76	3.89	1.36	1.70	0.8	2.95	4.64	2.06	1.33
5	50	3	5.5	2.971	2.332	0.197	7.18	12.5	11.37	2.98	1.55	1.96	1.00	1.96	3.22	1.57	1.34
		4		3.897	3.059	0.197	9.26	16.69	14.70	3.82	1.54	1.94	0.99	2.56	4.16	1.96	1.38
		5		4.803	3.770	0.196	11.21	20.90	17.79	4.64	1.53	1.92	0.98	3.13	5.03	2.31	1.42
		6		5.688	4.465	0.196	13.05	25.14	20.68	5.42	1.52	1.91	0.98	3.68	5.85	2.63	1.46
5.6	56	3	6	3.343	2.624	0.221	10.19	17.56	16.14	4.24	1.75	2.20	1.13	2.48	4.08	2.02	1.48
		4		4.390	3.446	0.220	13.18	23.43	20.92	5.46	1.73	2.18	1.11	3.24	5.28	2.52	1.53
		5		5.415	4.251	0.220	16.02	29.33	25.42	6.61	1.72	2.17	1.10	3.97	6.42	2.98	1.57
		6		6.420	5.040	0.220	18.69	35.26	29.66	7.73	1.71	2.15	1.10	4.68	7.49	3.40	1.61
		7		7.404	5.812	0.219	21.23	41.23	33.63	8.82	1.69	2.13	1.09	5.36	8.49	3.80	1.64
		8		8.367	6.568	0.219	23.63	47.24	37.37	9.89	1.68	2.11	1.09	6.03	9.44	4.16	1.68
6	60	5	6.5	5.829	4.576	0.236	19.89	36.05	31.57	8.21	1.85	2.33	1.19	4.59	7.44	3.48	1.67
		6		6.914	5.427	0.235	23.25	43.33	36.89	9.60	1.83	2.31	1.18	5.41	8.70	3.98	1.70
		7		7.977	6.262	0.235	26.44	50.65	41.92	10.96	1.82	2.29	1.17	6.21	9.88	4.45	1.74
		8		9.020	7.081	0.235	29.47	58.02	46.66	12.28	1.81	2.27	1.17	6.98	11.00	4.88	1.78

型号	截面尺寸/mm			截面面积/cm²	理论重量/(kg·m⁻¹)	外表面积/(m²·m⁻¹)	惯性矩/cm⁴				惯性半径/cm			截面模数/cm³			重心距离/cm
	b	d	r				I_x	I_{x1}	I_{x0}	I_{y0}	i_x	i_{x0}	i_{y0}	W_x	W_{x0}	W_{y0}	z_0
6.3	63	4		4.978	3.907	0.248	19.03	33.35	30.17	7.89	1.96	2.46	1.26	4.13	6.78	3.29	1.70
		5		6.143	4.822	0.248	23.17	41.73	36.77	9.57	1.94	2.45	1.25	5.08	8.25	3.90	1.74
		6	7	7.288	5.721	0.247	27.12	50.14	43.03	11.20	1.93	2.43	1.24	6.00	9.66	4.46	1.78
		7		8.412	6.603	0.247	30.87	58.60	48.96	12.79	1.92	2.41	1.23	6.88	10.99	4.98	1.82
		8		9.515	7.469	0.247	34.46	67.11	54.56	14.33	1.90	2.40	1.23	7.75	12.25	5.47	1.85
		10		11.657	9.151	0.246	41.09	84.31	64.85	17.33	1.88	2.36	1.22	9.39	14.56	6.36	1.93
7	70	4		5.570	4.372	0.275	26.39	45.74	41.80	10.99	2.18	2.74	1.40	5.14	8.44	4.17	1.86
		5		6.875	5.397	0.275	32.21	57.21	51.08	13.31	2.16	2.73	1.39	6.32	10.32	4.95	1.91
		6	8	8.160	6.406	0.275	37.77	68.73	59.93	15.61	2.15	2.71	1.38	7.48	12.11	5.67	1.95
		7		9.424	7.398	0.275	43.09	80.29	68.35	1T82	2.14	2.69	1.38	8.59	13.81	6.34	1.99
		8		10.667	8.373	0.274	48.17	91.92	76.37	19.98	2.12	2.68	1.37	9.68	15.43	6.98	2.03
7.5	75	5		7.412	5.818	0.295	39.97	70.56	63.30	16.63	2.33	2.92	1.50	7.32	11.94	5.77	2.04
		6		8.797	6.905	0.294	46.95	84.55	74.38	19.51	2.31	2.90	1.49	8.64	14.02	6.67	2.07
		7		10.160	7.976	0.294	53.57	98.71	84.96	22.18	2.30	2.89	1.48	9.93	16.02	7.44	2.11
		8	9	11.503	9.030	0.294	59.96	112.97	95.07	24.86	2.28	2.88	1.47	11.20	17.93	8.19	2.15
		9		12.825	10.068	0.294	66.10	127.30	104.71	27.48	2.27	2.86	1.46	12.43	19.75	8.89	2.18
		10		14.126	11.089	0.293	71.98	141.71	113.92	30.05	2.26	2.84	1.46	13.64	21.48	9.56	2.22
8	80	5		7.912	6.211	0.315	48.79	85.36	77.33	20.25	2.48	3.13	1.60	8.34	13.67	6.66	2.15
		6		9.397	7.376	0.314	57.35	102.50	90.98	23.72	2.47	3.11	1.59	9.87	16.08	7.65	2.19
		7		10.860	8.525	0.314	65.58	119.70	104.07	27.09	2.46	3.10	1.58	11.37	18.40	8.58	2.23
		8		12.303	9.658	0.314	73.49	136.97	116.60	30.39	2.44	3.08	1.57	12.83	20.61	9.46	2.27
		9		13.725	10.774	0.314	81.11	154.31	128.60	33.61	2.43	3.06	1.56	14.25	22.73	10.29	2.31
		10		15.126	11.874	0.313	88.43	171.74	140.09	36.77	2.42	3.04	1.56	15.64	24.76	11.08	2.35

续附表 1

型号	截面尺寸/mm			截面面积/cm²	理论重量/(kg·m⁻¹)	外表面积/(m²·m⁻¹)	惯性矩/cm⁴				惯性半径/cm			截面模数/cm³			重心距离/cm
	b	d	r				I_x	I_{x1}	I_{x0}	I_{y0}	i_x	i_{x0}	i_{y0}	W_x	W_{x0}	W_{y0}	z_0
9	90	6	10	10.637	8.350	0.354	82.77	145.87	131.26	34.28	2.79	3.51	1.80	12.61	20.63	9.95	2.44
		7		12.301	9.656	0.354	94.83	170.30	150.47	39.18	2.78	3.50	1.78	14.54	23.64	11.19	2.48
		8		13.944	10.946	0.353	106.47	194.80	168.97	43.97	2.76	3.48	1.78	16.42	26.55	12.35	2.52
		9		15.566	12.219	0.353	117.72	219.39	186.77	48.66	2.75	3.46	1.77	18.27	29.35	13.46	2.56
		10		17.167	13.476	0.353	128.58	244.07	203.90	53.26	2.74	3.45	1.76	20.07	32.04	14.52	2.59
		12		20.306	15.940	0.352	149.22	293.76	236.21	62.22	2.71	3.41	1.75	23.57	37.12	16.49	2.67
10	100	6	12	11.932	9.366	0.393	114.95	200.07	181.98	47.92	3.10	3.90	2.00	15.68	25.74	12.69	2.67
		7		13.796	10.830	0.393	131.86	233.54	208.97	54.74	3.09	3.89	1.99	18.10	29.55	14.26	2.71
		8		15.638	12.276	0.393	148.24	267.09	235.07	61.41	3.08	3.88	1.98	20.47	33.24	15.75	2.76
		9		17.462	13.708	0.392	164.12	300.73	260.30	67.95	3.07	3.86	1.97	22.79	36.81	17.18	2.80
		10		19.261	15.120	0.392	179.51	334.48	284.68	74.35	3.05	3.84	1.96	25.06	40.26	18.54	2.84
		12		22.800	17.898	0.391	208.90	402.34	330.95	86.84	3.03	3.81	1.95	29.48	46.80	21.08	2.91
		14		26.256	20.611	0.391	236.53	470.75	374.06	99.00	3.00	3.77	1.94	33.73	52.90	23.44	2.99
		16		29.627	23.257	0.390	262.53	539.80	414.16	110.89	2.98	3.74	1.94	37.82	58.57	25.63	3.06
11	110	7	12	15.196	11.928	0.433	177.16	310.64	280.94	73.38	3.41	4.30	2.20	22.05	36.12	17.51	2.96
		8		17.238	13.532	0.433	199.46	355.20	316.49	82.42	3.40	4.28	2.19	24.95	40.69	19.39	3.01
		10		21.261	16.690	0.432	242.19	444.65	384.39	99.98	3.38	4.25	2.17	30.60	49.42	22.91	3.09
		12		25.200	19.782	0.431	282.55	534.60	448.17	116.93	3.35	4.22	2.15	36.05	57.62	26.15	3.16
		14		29.056	22.809	0.431	320.71	625.16	508.01	133.40	3.32	4.18	2.14	41.31	65.31	29.14	3.24

型号	截面尺寸 /mm			截面面积 /cm²	理论重量 /(kg·m⁻¹)	外表面积 /(m²·m⁻¹)	惯性矩 /cm⁴				惯性半径 /cm			截面模数 /cm³			重心距离 /cm
	b	d	r				I_x	I_{x1}	I_{x0}	I_{y0}	i_x	i_{x0}	i_{y0}	W_x	W_{x0}	W_{y0}	z_0
12.5	125	8		19.750	15.504	0.492	297.03	501.01	470.89	123.16	3.88	4.88	2.50	32.52	53.28	25.86	3.37
		10		24.373	19.133	0.491	361.67	651.93	573.89	149.46	3.85	4.85	2.48	39.97	64.93	30.62	3.45
		12		28.912	22.696	0.491	423.16	783.42	671.44	174.88	3.83	4.82	2.46	41.17	75.96	35.03	3.53
		14		33.367	26.193	0.490	481.65	915.61	763.73	199.57	3.80	4.78	2.45	54.16	86.41	39.13	3.61
		16		37.739	29.625	0.489	537.31	1048.62	850.98	223.65	3.77	4.75	2.43	60.93	96.28	42.96	3.68
14	140	10	14	27.373	21.488	0.551	514.65	915.11	817.27	212.04	4.34	5.46	2.78	50.58	82.56	39.20	3.82
		12		32.512	25.522	0.551	603.68	1099.28	958.79	248.57	4.31	5.43	2.76	59.80	96.85	45.02	3.90
		14		37.567	29.490	0.550	688.81	1284.22	1093.56	284.06	4.28	5.40	2.75	68.75	110.47	50.45	3.98
		16		42.539	33.393	0.549	770.24	1470.07	1221.81	318.67	4.26	5.36	2.74	77.46	123.42	55.55	4.06
15	150	8		23.750	18.644	0.592	521.37	899.55	827.49	215.25	4.69	5.90	3.01	47.36	78.02	38.14	3.99
		10		29.373	23.058	0.591	637.50	1125.09	1012.79	262.21	4.66	5.87	2.99	58.35	95.49	45.51	4.08
		12		34.912	27.406	0.591	748.85	1351.26	1189.97	307.73	4.63	5.84	2.97	69.04	112.19	52.38	4.15
		14		40.367	31.688	0.590	855.64	1578.25	1359.30	351.98	4.60	5.80	2.95	79.45	128.16	58.83	4.23
		15		43.063	33.804	0.590	907.39	1692.10	1441.09	373.69	4.59	5.78	2.95	84.56	135.87	61.90	4.27
		16		45.739	35.905	0.589	958.08	1806.21	1521.02	395.14	4.58	5.77	2.94	89.59	143.40	64.89	4.31
16	160	10	16	31.502	24.729	0.630	779.53	1365.33	1237.30	321.76	4.98	6.27	3.20	66.70	109.36	52.76	4.31
		12		37.441	29.391	0.630	916.58	1639.57	1455.68	377.49	4.95	6.24	3.18	78.98	128.67	60.74	4.39
		14		43.296	33.987	0.629	1048.36	1914.68	1665.02	431.70	4.92	6.20	3.16	90.95	147.17	68.24	4.47
		16		49.067	38.518	0.629	1175.08	2190.82	1865.57	484.59	4.89	6.17	3.14	102.63	164.89	75.31	4.55
18	180	12		42.241	33.159	0.710	1321.35	2332.80	2100.10	542.61	5.59	7.05	3.58	100.82	165.00	78.41	4.89
		14		48.896	38.388	0.709	1514.48	2723.48	2407.42	621.53	5.56	7.02	3.56	116.25	189.14	88.38	4.97
		16		55.467	43.542	0.709	1700.99	3115.29	2703.37	698.60	5.54	6.98	3.55	131.13	212.40	97.83	5.05
		18		61.955	48.634	0.708	1875.12	3502.43	2988.24	762.01	5.50	6.94	3.51	145.64	234.78	105.14	5.13

续附表1

型号	截面尺寸/mm			截面面积/cm²	理论重量/(kg·m⁻¹)	外表面积/(m²·m⁻¹)	惯性矩/cm⁴				惯性半径/cm			截面模数/cm³			重心距离/cm
	b	d	r				I_x	I_{x1}	I_{x0}	I_{y0}	i_x	i_{x0}	i_{y0}	W_x	W_{x0}	W_{y0}	z_0
20	200	14	18	54.642	42.894	0.788	2103.55	3734.10	3343.26	863.83	6.20	7.82	3.98	144.70	236.40	111.82	5.46
		16		62.013	48.680	0.788	2366.15	4270.39	3760.89	971.41	6.18	7.79	3.96	163.65	265.93	123.96	5.54
		18		69.301	54.401	0.787	2620.64	4808.13	4164.54	1076.74	6.15	7.75	3.94	182.22	294.48	135.52	5.62
		20		76.505	60.056	0.787	2867.30	5347.51	4554.55	1180.04	6.12	7.72	3.93	200.42	322.06	146.55	5.69
		24		90.661	71.168	0.785	3338.25	6457.16	5294.97	1381.53	6.07	7.64	3.90	236.17	374.41	166.65	5.87
22	220	16	21	68.664	53.901	0.866	3187.36	5681.62	5063.73	1310.99	6.81	8.59	4.37	199.55	325.51	153.81	6.03
		18		76.752	60.250	0.866	3534.30	6395.93	5615.32	1453.27	6.79	8.55	4.35	222.37	360.97	168.29	6.11
		20		84.756	66.533	0.865	3871.49	7112.04	6150.08	1592.9C	6.76	8.52	4.34	244.77	395.34	182.16	6.18
		22		92.676	72.751	0.865	4199.23	7830.19	6668.37	1730.10	6.73	8.48	4.32	266.78	428.66	195.45	6.26
		24		100.512	78.902	0.864	4517.83	8550.57	7170.55	1865.11	6.70	8.45	4.31	288.39	460.94	208.21	6.33
		26		108.264	84.987	0.864	4827.58	9273.39	7656.98	1998.17	6.68	8.41	4.30	309.62	492.21	220.49	6.41
25	250	18	24	87.842	68.956	0.985	5268.22	9379.11	8369.04	2167.41	7.74	9.76	4.97	290.12	473.42	224.03	6.84
		20		97.045	76.180	0.984	5779.34	10426.97	9181.94	2376.74	7.72	9.73	4.95	319.66	519.41	242.85	6.92
		24		115.201	90.433	0.983	6763.93	12529.74	1074a67	2785.19	7.66	9.66	4.92	377.34	607.70	278.38	7.07
		26		124.154	97.461	0.982	7238.08	1358118	11491.33	2984.84	7.63	9.62	4.90	405.50	650.05	295.19	7.15
		28		133.022	104.422	0.982	7700.60	1464362	12219.39	3181.81	7.61	9.58	4.89	433.22	691.23	311.42	7.22
		30		141.807	111.318	0.981	8151.80	15705.3C	12927.26	3376.34	7.58	9.55	4.88	460.51	731.28	327.12	7.30
		32		150.508	118.149	0.981	8592.01	16770.41	13615.32	3568.71	7.56	9.51	4.87	487.39	770.20	342.33	7.37
		35		163.402	128.271	0.980	9232.44	18374.95	14611.16	3853.72	7.52	9.46	4.86	526.97	826.53	364.30	7.48

注：截面图中的 $r_1=1/3d$ 及表中 r 的数据用于孔型设计，不做交货条件。

附表 2 不等边角钢截面尺寸、截面面积、理论重量及截面特性（GB/T 706—2008）

B——长边宽度；
b——短边宽度；
d——边厚度；
r——内圆弧半径；
r_1——边端圆弧半径；
x_0——重心距离；
y_0——重心距离；

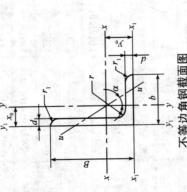

不等边角钢截面图

型号	截面尺寸 /mm				截面面积 /cm²	理论重量 /(kg·m⁻¹)	外表面积 /(m²·m⁻¹)	惯性矩 /cm⁴					惯性半径 /cm			截面模数 /cm³			tan α	重心距离 /cm	
	B	b	d	r				I_x	I_{x1}	I_y	I_{y1}	I_u	i_x	i_y	i_u	W_x	W_y	W_u		x_0	y_0
2.5/1.6	25	16	3	3.5	1.162	0.912	0.080	0.70	1.56	0.22	0.43	0.14	0.78	0.44	0.34	0.43	0.19	0.16	0.392	0.42	0.86
			4		1.499	1.176	0.079	0.88	2.09	0.27	0.59	0.17	0.77	0.43	0.34	0.55	0.24	0.20	0.381	0.46	1.86
3.2/2	32	20	3	3.5	1.492	1.171	0.102	1.53	3.27	0.46	0.82	0.28	1.01	0.55	0.43	0.72	0.30	0.25	0.382	0.49	0.90
			4		1.939	1.522	0.101	1.93	4.37	0.57	1.12	0.35	1.00	0.54	0.42	0.93	0.39	0.32	0.374	0.53	1.08
4/2.5	40	25	3	4	1.890	1.484	0.127	3.08	5.39	0.93	1.59	0.56	1.28	0.70	0.54	1.15	0.49	0.40	0.385	0.59	1.12
			4		2.467	1.936	0.127	3.93	8.53	1.18	2.14	0.71	1.36	0.69	0.54	1.49	0.63	0.52	0.381	0.63	1.32
4.5/2.8	45	28	3	5	2.149	1.687	0.143	445	9.10	1.34	2.23	0.80	1.44	0.79	0.61	1.47	0.62	0.51	0.383	0.64	1.37
			4		2.806	2.203	0.143	5.69	12.13	1.70	3.00	1.02	1.42	0.78	0.60	1.91	0.80	0.66	0.380	0.68	1.47
5/3.2	50	32	3	5.5	2.431	1.908	0.161	6.24	12.49	2.02	3.31	1.20	1.60	0.91	0.70	1.84	0.82	0.68	0.404	0.73	1.51
			4		3.177	2.494	0.160	8.02	16.65	2.58	4.45	1.53	1.59	0.90	0.69	2.39	1.06	0.87	0.402	0.77	1.60
5.6/3.6	56	36	3	6	2.743	2.153	0.181	8.88	17.54	292	4.70	1.73	1.80	1.03	0.79	2.32	1.05	0.87	0.408	0.80	1.65
			4		3.590	2.818	0.180	11.45	23.39	3.76	6.33	2.23	1.79	1.02	0.79	3.03	1.37	1.13	0.408	0.85	1.78
			5		4.415	3.466	0.180	13.86	29.25	4.49	7.94	2.67	1.77	1.01	0.78	3.71	1.65	1.36	0.404	0.88	1.82

续附表 2

型号	截面尺寸/mm				截面面积/cm²	理论重量/(kg·m⁻¹)	外表面积/(m²·m⁻¹)	惯性矩/cm⁴					惯性半径/cm			截面模数/cm³			tan α	重心距离/cm	
	B	b	d	r				I_x	I_{x1}	I_y	I_{y1}	I_u	i_x	i_y	i_u	W_x	W_y	W_u		x_0	y_0
6.3/4	63	40	4	7	4.058	3.185	0.202	16.49	33.50	5.23	8.63	3.12	2.02	1.14	0.88	3.87	1.70	1.40	0.398	0.92	1.87
			5		4.993	3.920	0.202	20.02	41.63	6.31	10.86	3.76	2.00	1.12	0.87	4.74	2.07	1.71	0.396	0.95	2.04
			6		5.908	4.638	0.201	23.36	49.98	7.29	13.12	4.34	1.96	1.11	0.86	5.59	2.43	1.99	0.393	0.99	2.08
			7		6.802	5.339	0.201	26.53	58.07	8.24	15.47	4.97	1.98	1.10	0.86	6.40	2.78	2.29	0.389	1.03	2.12
7/4.5	70	45	4	7.5	4.547	3.570	0.226	23.17	45.92	7.55	12.26	4.40	2.26	1.29	0.98	4.86	2.17	1.77	0.410	1.02	2.15
			5		5.609	4.403	0.225	27.95	57.10	9.13	15.39	5.40	2.23	1.28	0.98	5.92	2.65	2.19	0.407	1.06	2.24
			6		6.647	5.218	0.225	32.54	68.35	10.62	18.58	6.35	2.21	1.26	0.98	6.95	3.12	2.59	0.404	1.09	2.28
			8		7.657	6.011	0.225	37.22	79.99	12.01	21.84	7.16	2.20	1.25	0.97	8.03	3.57	2.94	0.402	1.13	2.32
7.5/5	75	50	5	8	6.125	4.808	0.245	34.86	70.00	12.61	21.04	7.41	2.39	1.44	1.10	6.83	3.30	2.74	0.435	1.17	2.36
			6		7.260	5.699	0.245	41.12	84.30	14.70	25.37	8.54	2.38	1.42	1.08	8.12	3.88	3.19	0.435	1.21	2.40
			8		9.467	7.431	0.244	52.39	112.50	18.53	34.23	10.87	2.35	1.40	1.07	10.52	4.99	4.10	0.429	1.29	2.44
			10		11.590	9.098	0.244	62.71	140.80	21.96	43.43	13.10	2.33	1.38	1.06	12.79	6.04	4.99	0.423	1.36	2.52
8/5	80	50	5	8	6.375	5.005	0.255	41.96	85.21	12.82	21.06	7.66	2.56	1.42	1.10	7.78	3.32	2.74	0.388	1.14	2.60
			6		7.560	5.935	0.255	49.49	102.53	14.95	25.41	8.85	2.56	1.41	1.08	9.25	3.91	3.20	0.387	1.18	2.65
			7		8.724	6.848	0.255	56.16	119.33	16.96	29.82	10.18	2.54	1.39	1.08	10.58	4.48	3.70	0.384	1.21	2.69
			8		9.867	7.745	0.254	62.83	136.41	18.85	34.32	11.38	2.52	1.38	1.07	11.92	5.03	4.16	0.381	1.25	2.73
9/5.6	90	56	5	9	7.212	5.661	0.287	60.45	121.52	18.32	29.53	10.98	2.90	1.59	1.23	9.92	4.21	3.49	0.385	1.25	2.91
			6		8.557	6.717	0.286	71.03	145.59	21.42	35.58	12.90	2.88	1.58	1.23	11.74	4.96	4.13	0.384	1.29	2.95
			7		9.880	7.756	0.286	81.01	169.60	24.36	41.71	14.67	2.86	1.57	1.22	13.49	5.70	4.72	0.382	1.33	3.00
			8		11.183	8.779	0.286	91.03	194.17	27.15	47.93	16.34	2.85	1.56	1.21	15.27	6.41	5.29	0.380	1.36	3.04

型号	B	b	d	r	截面面积 /cm²	理论重量 /(kg·m⁻¹)	外表面积 /(m²·m⁻¹)	I_x	I_{x1}	I_y	I_{y1}	I_u	i_x	i_y	i_u	W_x	W_y	W_u	$\tan\alpha$	x_0	y_0
								惯性矩 /cm⁴					惯性半径 /cm			截面模数 /cm³				重心距离 /cm	
10/6.3	100	63	6	10	9.617	7.550	0.320	99.06	199.71	30.94	50.50	18.42	3.21	1.79	1.38	14.64	6.35	5.25	0.394	1.43	3.24
			7		11.111	8.722	0.320	11345	233.00	35.26	59.14	21.00	3.20	1.78	1.38	16.88	7.29	6.02	0.394	1.47	3.28
			8		12.534	9.878	0.319	127.37	266.32	39.39	67.88	23.50	3.18	1.77	1.37	19.08	8.21	6.78	0.394	1.50	3.32
			10		15.467	12.142	0.319	15381	333.06	47.12	85.73	28.33	3.15	1.74	1.35	23.32	9.98	8.24	0.387	1.58	3.40
10/8	100	80	6	10	10.637	8.350	0.354	107.04	199.83	61.24	102.68	31.65	3.17	2.40	1.72	15.19	10.16	8.37	0.627	1.97	2.95
			7		12.301	9.656	0.354	12273	233.20	70.08	119.98	36.17	3.16	2.39	1.72	17.52	11.71	9.60	0.626	2.01	3.0
			8		13.944	10.946	0.353	137.92	266.61	78.58	137.37	40.58	3.14	2.37	1.71	19.81	13.21	10.80	0.625	2.05	3.04
			10		17.167	13.476	0.353	166.87	333.63	94.65	172.48	49.10	3.12	2.35	1.69	24.24	16.12	13.12	0.622	2.13	3.12
11/7	110	70	6	10	10.637	8.350	0.354	133.37	265.78	42.92	69.08	25.36	3.54	2.01	1.54	17.85	7.90	6.53	0.403	1.57	3.53
			7		12.301	9.656	0.354	153.00	310.07	49.01	80.82	28.95	3.53	2.00	1.53	20.60	9.09	7.50	0.402	1.61	3.57
			8	11	13.944	10.946	0.353	172.04	354.39	54.87	92.70	32.45	3.51	1.98	1.53	23.30	10.25	8.45	0.401	1.65	3.62
			10		17.167	13.476	0.353	208.39	443.13	65.88	116.83	39.20	3.48	1.96	1.51	28.54	12.48	10.29	0.397	1.72	3.70
12.5/8	125	80	7		14.096	11.066	0.403	227.98	454.99	74.42	120.32	43.81	4.02	2.30	1.76	26.86	12.01	9.92	0.408	1.80	4.01
			8	11	15.989	12.551	0.403	256.77	519.99	83.49	137.85	49.15	4.01	2.28	1.75	30.41	13.56	11.18	0.407	1.84	4.06
			10		19.712	15.474	0.402	312.04	650.09	100.67	173.40	59.45	3.98	2.26	1.74	37.33	16.56	13.64	0.404	1.92	4.14
			12		23.351	18.330	0.402	364.41	780.39	116.67	209.67	69.35	3.95	2.24	1.72	44.01	19.43	16.01	0.400	2.00	4.22
14/9	140	90	8		18.038	14.160	0.453	36564	730.53	120.69	195.79	70.83	4.50	2.59	1.98	38.48	17.34	14.31	0.411	2.04	4.50
			10	12	22.261	17.475	0.452	445.50	913.20	140.03	245.92	85.82	4.47	2.56	1.96	47.31	21.22	17.48	0.409	2.12	4.58
			12		26.400	20.724	0.451	521.59	1096.09	169.69	296.89	100.21	4.44	2.54	1.95	55.87	24.95	20.54	0.406	2.19	4.66
			14		30.456	23.908	0.451	594.10	1279.26	192.10	348.82	114.13	4.42	2.51	1.94	64.18	28.54	23.52	0.403	2.27	4.74

续附表 2

型号	截面尺寸/mm B	b	d	r	截面面积 /cm²	理论重量 /(kg·m⁻¹)	外表面积 /(m²·m⁻¹)	惯性矩/cm⁴ I_x	I_{x1}	I_y	I_{y1}	I_u	惯性半径/cm i_x	i_y	i_u	截面模数/cm³ W_x	W_y	W_u	tan α	重心距离/cm x_0	y_0
15/9	150	90	8	12	18.839	14.788	0.473	442.05	898.35	122.80	195.96	74.14	4.84	2.55	1.98	43.86	17.47	14.48	0.364	1.97	4.92
			10		23.261	18.260	0.472	539.24	1122.85	148.62	246.26	89.86	4.81	2.53	1.97	53.97	21.38	17.69	0.362	2.05	5.01
			12		27.600	21.666	0.471	632.08	1347.50	172.85	297.46	104.95	4.79	2.50	1.95	63.79	25.14	20.80	0.359	2.12	5.09
			14		31.856	25.007	0.471	720.77	1572.38	195.62	349.74	119.53	4.76	2.48	1.94	73.33	28.77	23.84	0.356	2.20	5.17
			15		33.952	26.652	0.471	763.62	1684.93	206.50	376.33	126.67	4.74	2.47	1.93	77.99	30.53	25.33	0.354	2.24	5.21
			16		36.027	28.281	0.470	805.51	1797.55	217.07	403.24	133.72	4.73	2.45	1.93	82.60	32.27	26.82	0.352	2.27	5.25
16/10	160	100	10	13	25.315	19.872	0.512	668.69	1362.89	205.03	336.59	121.74	5.14	2.85	2.19	62.13	25.56	21.92	0.390	2.28	5.24
			12		30.054	23.592	0.511	784.91	1635.56	239.06	405.94	142.33	5.11	2.82	2.17	73.49	31.28	25.79	0.388	2.36	5.32
			14		34.709	27.247	0.510	896.30	1908.50	271.20	476.42	162.23	5.08	2.80	2.16	84.56	35.83	29.56	0.385	2.43	5.40
			16		39.281	30.835	0.510	1003.04	2181.79	301.60	548.22	182.57	5.05	2.77	2.16	95.33	40.24	33.44	0.382	2.51	5.48
18/11	180	110	10	14	28.373	22.273	0.571	956.25	1940.40	278.11	447.22	166.50	5.80	3.13	2.42	78.96	32.49	26.88	0.376	2.44	5.89
			12		33.712	26.440	0.571	1124.72	2328.38	325.03	538.94	194.87	5.78	3.10	2.40	93.53	38.32	31.66	0.384	2.52	5.98
			14		38.967	30.589	0.570	1286.91	2716.60	369.55	631.95	222.30	5.75	3.08	2.39	107.76	43.97	36.32	0.372	2.59	6.06
			16		44.139	34.649	0.569	1443.06	3105.15	411.85	726.46	248.94	5.72	3.06	2.38	121.64	49.44	40.87	0.369	2.67	6.14
20/12.5	200	125	12	18	37.912	29.761	0.641	1570.90	3193.85	483.16	787.74	285.79	6.44	3.57	2.74	116.73	49.99	41.23	0.392	2.83	6.54
			14		43.867	34.436	0.640	1800.97	3726.17	550.83	922.47	326.58	6.41	3.54	2.73	134.65	57.44	47.34	0.390	2.91	6.62
			16		49.739	39.045	0.639	2023.35	4258.86	615.44	1058.86	366.21	6.38	3.52	2.71	152.18	64.89	53.32	0.388	2.99	6.70
			18		55.526	43.588	0.639	2238.30	4792.00	677.19	1197.13	404.83	6.35	3.49	2.70	169.33	71.74	59.18	0.385	3.06	6.78

注：截面图中 $r_1 = 1/3d$ 及表中 r 的数据用于孔型设计，不做交货条件。

附表3 工字钢截面尺寸、截面面积、理论重量及截面特征（GB/T 706—2008）

h——高度；
b——腿宽度；
d——腰厚度；
t——平均腿厚度；
r——内圆弧半径；
r_1——腿端圆弧半径；

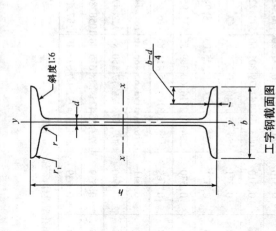

工字钢截面图

型号	截面尺寸/mm						截面面积 /cm²	理论重量 /(kg·m⁻¹)	惯性矩 /cm⁴		惯性半径 /cm		截面模数 /cm³	
	h	b	d	t	r	r_1			I_x	I_y	i_x	i_y	W_x	W_y
10	100	68	4.5	7.6	6.5	3.3	14.345	11.261	245	33.0	4.14	1.52	49.0	9.72
12	120	74	5.0	8.4	7.0	3.5	17.818	13.987	436	46.9	4.95	1.62	72.7	12.7
12.6	126	74	5.0	8.4	7.0	3.5	18.118	14.223	488	46.9	5.20	1.61	77.5	12.7
14	140	80	5.5	9.1	7.5	3.8	21.516	16.890	712	64.4	5.76	1.73	102	16.1
16	160	88	6.0	9.9	8.0	4.0	26.131	20.513	1130	93.1	6.58	1.89	141	21.2
18	180	94	6.5	10.7	8.5	4.3	30.756	24.143	1660	122	7.36	2.00	185	26.0
20a	200	100	7.0	11.4	9.0	4.5	35.578	27.929	2370	158	8.15	2.12	237	31.5
22b	200	102	9.0	11.4	9.0	4.5	39.578	31.069	2500	169	7.96	2.06	250	33.1

斜度 1:6

$\dfrac{b-d}{4}$

续附表 3

型号	截面尺寸 /mm						截面面积 /cm²	理论重量 /(kg·m⁻¹)	惯性矩 /cm⁴		惯性半径 /cm		截面模数 /cm³	
	h	b	d	t	r	r_1			I_x	I_y	i_x	i_y	W_x	W_y
22a	220	110	7.5	12.3	9.5	4.8	42.128	33.070	3400	225	8.99	2.31	309	40.9
22b		112	9.5				46.528	36.524	3570	239	8.78	2.27	325	42.7
24a	240	116	8.0	13.0	10.0	5.0	47.741	37.477	4570	280	9.77	2.42	381	48.4
24b		118	10.0				52.541	41.245	4800	297	9.57	2.38	400	50.4
25a	250	116	8.0				48.541	38.105	5020	280	10.2	2.40	402	48.3
25b		118	10.0				53.541	42.030	5280	309	9.94	2.40	423	52.4
27a	270	122	8.5	13.7	10.5	5.3	54.554	42.825	6550	345	10.9	2.51	485	56.6
27b		124	10.5				59.954	47.064	6870	366	10.7	2.47	509	58.9
28a	280	122	8.5				55.404	43.492	7110	345	11.3	2.50	508	56.6
28b		124	10.5				61.004	47.888	7480	379	11.1	2.49	534	61.2
30a	300	126	9.0	14.4	11.0	5.5	61.254	48.084	8950	400	12.1	2.55	597	63.5
30b		128	11.0				67.254	52.794	9400	422	11.8	2.50	627	65.9
30c		130	13.0				73.254	57.504	9850	445	11.6	2.46	657	68.5
32a	320	130	9.5	15.0	11.5	5.8	67.156	52.717	11100	460	12.8	2.62	692	70.8
32b		132	11.5				73.556	57.741	11600	502	12.6	2.61	726	76.0
32c		134	13.5				79.956	62.765	12200	544	12.3	2.61	760	81.2
36a	360	136	10.0	15.8	12.0	6.0	76.480	60.037	15800	552	14.4	2.69	875	81.2
36b		138	12.0				83.680	65.689	16500	582	14.1	2.64	919	84.3
36c		140	14.4				90.880	71.341	17300	612	13.8	2.60	962	87.4

型号	截面尺寸 /mm						截面面积 /cm²	理论重量 /(kg·m⁻¹)	惯性矩 /cm⁴		惯性半径 /cm		截面模数 /cm³	
	h	b	d	t	r	r_1			I_x	I_y	i_x	i_y	W_x	W_y
40a	400	142	10.5	16.5	12.5	6.3	86.112	67.598	21700	660	15.9	2.77	1090	93.2
40b		144	12.5				94.112	73.878	22800	692	15.6	2.71	1140	96.2
40c		146	14.5				102.112	80.158	23900	727	15.2	2.65	1190	99.6
45a	450	150	11.5	18.0	13.5	6.8	102.446	80.420	32200	855	17.7	2.89	1430	114
45b		152	13.5				111.446	87.485	33800	894	17.4	2.84	1500	118
45c		154	15.5				120.446	94.550	35300	938	17.1	2.79	1570	122
50a	500	158	12.0	20.0	14.0	7.0	119.304	93.654	46500	1120	19.7	3.07	1860	142
50b		160	14.0				129.304	101.504	48600	1170	19.4	3.01	1940	146
50c		162	16.0				139.304	109.354	50600	1220	19.0	2.96	2080	151
55a	550	166	12.5	21.0			134.185	105.335	62900	1370	21.6	3.19	2290	164
55b		168	14.5				145.185	113.970	65600	1420	21.2	3.14	2390	170
55c		170	16.5				156.185	122.605	68400	1480	20.9	3.08	2490	175
56a	560	166	12.5		14.5	7.3	135.435	106.316	65600	1370	22.0	3.18	2340	165
56b		168	14.5				146.635	115.108	68500	1490	21.6	3.16	2450	174
56c		170	16.5				157.835	123.900	71400	1560	21.3	3.16	2550	183
63a	630	176	13.0				154.658	121.407	93900	1700	24.5	3.31	2980	193
63b		178	15.0				167.258	131.298	98100	1810	24.2	3.29	3160	204
63c		180	17.0				179.858	141.189	120000	1920	23.8	3.27	3300	214

注：表中 r、r_1 的数据用于孔型设计，不做交货条件。

附表4 槽钢截面尺寸、截面面积、理论重量及截面特性（GB/T 706—2008）

h—高度;
b—腿宽度;
d—腰厚度;
t—平均腿厚度;
r—内圆弧半径;
r_1—腿端圆弧半径;
z_0——yy 轴与 $y_1 y_1$ 轴间距

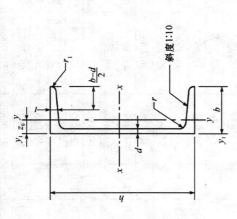

槽钢截面图

型号	截面尺寸 /mm						截面面积 /cm²	理论重量 /(kg·m⁻¹)	惯性矩 /cm⁴			惯性半径 /cm		截面模数 /cm³		重心距离 /cm
	h	b	d	t	r	r_1			I_x	I_y	I_{y1}	i_x	i_y	W_x	W_y	z_0
5	50	37	4.5	7.0	7.0	3.5	6.928	5.438	26.0	8.30	20.9	1.94	1.10	10.4	3.55	1.35
6.3	63	40	4.8	7.5	7.5	3.8	8.451	6.634	50.8	11.9	28.4	2.45	1.19	16.1	4.50	1.36
6.5	65	40	4.3	7.5	7.5	3.8	8.547	6.709	55.2	12.0	28.3	2.54	1.19	17.0	4.59	1.38
8	80	43	5.0	8.0	8.0	4.0	10.248	8.045	101	16.6	37.4	3.15	1.27	25.3	5.79	1.43
10	100	48	5.3	8.5	8.5	4.2	12.748	10.007	198	25.6	54.9	3.95	1.41	39.7	7.80	1.52
12	120	53	5.5	9.0	9.0	4.5	15.362	12.059	346	37.4	77.7	4.75	1.56	57.7	10.2	1.62
12.6	126	53	5.5	9.0	9.0	4.5	15.692	12.318	391	38.0	77.1	4.95	1.57	62.1	10.2	1.59
14a	140	58	6.0	9.5	9.5	4.8	18.516	14.535	564	53.2	107	5.52	1.70	80.5	13.0	1.71
14b	140	60	8.0	9.5	9.5	4.8	21.316	16.733	609	61.1	121	5.35	1.69	87.1	14.1	1.67
16a	160	63	6.5	10.0	10.0	5.0	21.962	17.24	866	73.3	144	6.28	1.83	108	16.3	1.80
16b	160	65	8.5	10.0	10.0	5.0	25.162	19.752	935	83.4	161	6.10	1.82	117	17.6	1.75
18a	180	68	7.0	10.5	10.5	5.2	25.699	20.174	1270	98.6	190	7.04	1.96	141	20.0	1.88
18b	180	70	9.0	10.5	10.5	5.2	29.299	23.000	1370	111	210	6.84	1.95	152	21.5	1.84

型号	截面尺寸/mm						截面面积 /cm²	理论重量 /(kg·m⁻¹)	惯性矩 /cm⁴			惯性半径 /cm		截面模数 /cm³		重心距离 /cm
	h	b	d	t	r	r_1			I_x	I_y	I_{y1}	i_x	i_y	W_x	W_y	z_0
20a	220	73	7.0	11.0	11.0	5.5	28.837	22.637	1780	128	244	7.86	2.11	178	24.2	2.01
20b	220	75	9.0				32.837	25.777	1910	144	268	7.64	2.09	191	25.9	1.95
22a	220	77	7.0	11.5	11.5	5.8	31.846	24.999	2390	158	298	8.67	2.23	218	28.2	2.10
22b	220	79	9.0				36.246	28.453	2570	176	326	8.42	2.21	234	30.1	2.03
24a	240	78	7.0	12.0	12.0	6.0	34.217	26.860	3050	174	325	9.45	2.25	254	30.5	2.10
24b	240	80	9.0				39.017	30.628	3280	194	355	9.17	2.23	274	32.5	2.03
24c	240	82	11.0				43.817	34.396	3510	213	388	8.96	2.21	293	34.4	2.00
25a	250	78	7.0				34.917	27.410	3370	176	322	9.82	2.24	270	30.6	2.07
25b	250	80	9.0				39.917	31.335	3530	196	353	9.41	2.22	282	32.7	1.98
25c	250	82	11.0				44.917	35.260	3690	218	384	9.07	2.21	295	35.9	1.92
27a	270	82	7.5	12.5	12.5	6.2	39.284	30.838	4360	216	393	10.5	2.34	323	35.5	2.13
27b	270	84	9.5				44.684	35.077	4690	239	428	10.3	2.31	347	37.7	2.06
27c	270	86	11.0				50.084	39.316	5020	261	467	10.1	2.28	372	39.8	2.03
28a	280	82	7.5				40.034	31.427	4760	218	388	10.9	2.33	340	35.7	2.10
28b	280	84	9.5				45.634	35.823	5130	242	428	10.6	2.30	366	37.9	2.02
28c	280	86	11.5				51.234	40.219	5500	268	463	10.4	2.29	393	40.3	1.95
30a	300	85	7.5	13.5	13.5	6.8	43.902	34.463	6050	260	467	11.7	2.43	403	41.1	2.17
30b	300	87	9.5				49.902	39.173	6500	289	515	11.4	2.41	433	44.0	2.13
30c	300	89	13.0				55.902	43.883	6950	316	560	11.2	2.38	463	46.4	2.09
32a	320	88	8.0	14.0	14.0	7.0	48.513	38.083	7600	305	552	12.5	2.50	475	46.5	2.24
32b	320	90	10.0				54.913	43.107	8140	336	593	12.2	2.47	509	49.2	2.16
32c	320	92	12.0				61.313	48.131	8690	374	643	11.9	2.47	543	52.6	2.09
36a	360	96	9.0	16.0	16.0	8.0	60.910	47.814	11900	455	818	14.0	2.73	660	63.5	2.44
36b	360	98	11.0				68.110	53.466	12700	497	880	13.6	2.70	703	66.9	2.37
36c	360	100	13.0				75.310	59.118	13400	536	948	13.4	2.67	746	70.0	2.34
40a	400	100	10.5	18.0	18.0	9.0	75.068	58.928	17600	592	1070	15.3	2.81	879	78.8	2.49
40b	400	102	12.5				83.068	65.208	18600	640	1140	15.0	2.78	932	82.5	2.44
40c	400	104	14.5				91.068	71.488	19700	688	1220	14.7	2.75	986	86.2	2.42

注：表中 r，r_1 的数据用于孔型设计，不做交货条件。

参考文献

［1］龙驭球，包世华. 结构力学. 北京：高等教育出版社，1979

［2］沈伦序. 建筑力学. 北京：高等教育出版社，1985

［3］李廉锟. 结构力学（第3版）. 北京：高等教育出版社，1997

［4］范钦珊. 工程力学教程（第1版）. 北京：高等教育出版社，1998

［5］李前程，安学敏. 建筑力学. 北京：中国建筑工业出版社，1998

［6］周国瑾，施美丽，张景良. 建筑力学. 上海：同济大学出版社，1999

［7］于光瑜，秦惠民. 建筑力学. 北京：高等教育出版社，1999

［8］张流芳. 材料力学. 武汉：武汉工业大学出版社，1999

［9］王焕定等. 结构力学（第1版）. 北京：高等教育出版社，2000

［10］薛明德. 力学与工程技术的进步（第1版）. 北京：高等教育出版社，2001

［11］孙训方. 材料力学. 北京：高等教育出版社，2001

［12］张曦. 建筑力学. 北京：中国建筑工业出版社，2002

［13］理论力学. 材料力学. 结构力学. 北京：科学出版社，2002

［14］武建华. 材料力学. 重庆：重庆大学出版社，2002

［15］卢光斌. 土木工程力学. 北京：机械工业出版社，2003

［16］张良成. 工程力学与建筑构造. 北京：科学出版社，2002

［17］陈应龙. 建筑力学. 北京：高等教育出版社，2000

［18］梁春光. 建筑力学（上册）. 武汉：武汉理工大学出版社，2004

［19］赵爱民. 建筑力学（下册）. 武汉：武汉理工大学出版社，2004

［20］于英. 建筑力学（第2版）. 北京：中国建筑工业出版社，2007

［21］吕令毅，吕子华. 建筑力学（第2版）. 北京：中国建筑工业出版社，2010

［22］沈养中. 建筑力学. 北京：中国建筑工业出版社，2010

［23］沈养中. 建筑力学. 北京：高等教育出版社，2011

［24］石立安. 建筑力学. 武汉：华中科技大学出版社，2011

［25］胡兴福. 建筑力学与结构. 武汉：武汉理工大学出版社，2012

图书在版编目(CIP)数据

建筑力学/刘可定,谭敏主编. —长沙:中南大学出版社,2013.2
ISBN 978 - 7 - 5487 - 0792 - 9

Ⅰ. 建... Ⅱ. ①刘...②谭... Ⅲ. 建筑科学 – 力学 – 高等职业
教育 – 教材 Ⅳ. TU311

中国版本图书馆 CIP 数据核字(2013)第 020840 号

建筑力学

(第 3 版)

刘可定 谭 敏 主编

□**责任编辑**	周兴武	
□**责任印制**	易红卫	
□**出版发行**	中南大学出版社	
	社址:长沙市麓山南路	邮编:410083
	发行科电话:0731-88876770	传真:0731-88710482
□**印　　装**	长沙德三印刷有限公司	

□**开　　本**	787×1092　1/16	□**印张** 20.5	□**字数** 512 千字	
□**版　　次**	2016 年 8 月第 3 版	□**印次**	2016 年 8 月第 1 次印刷	
□**书　　号**	ISBN 978 - 7 - 5487 - 0792 - 9			
□**定　　价**	48.00 元			